最新 圖 學

鄭世喜·鄭寅聖
李奉九 共著

東明社

최신 도학(부록포함)

초판 발행 1982년 1월 10일
18쇄 발행 2015년 1월 19일

공저자 정세희, 정인성, 이봉구
펴낸이 최국주
펴낸곳 동명사
출판등록 1950년 11월 1일(제1-76호)
주소 (우 413-756) 경기도 파주시 회동길 50(문발동)
전화 031-955-7200(대표)~2, 7203(편집부), 7204(물류)
팩스 031-955-7205
전자우편 webmaster@dmsbook.com
홈페이지 www.dmsbook.com

ISBN 978-89-411-0195-6 93530
값 17,000원

東明社

머 리 말

圖學은 物體를 대상으로 표현하는 圖式幾何學으로서, 大學에서 物體를 對象으로 하는 一般教育 및 理工系의 系列基礎過程의 必須的 科目이다.

圖學을 學習함으로써 空間에 있는 物體를 圖面上에 표시할 수 있고, 또한 표시된 圖面으로 物體를 연상할 수 있으므로 事物에 대한 造形的 概念을 배양하고, 조직적이며 치밀한 思考力을 계발할 수 있다. 이로써 製圖를 할 수 있으며, 나아가서 더 좋은 設計를 할 수 있을 것이다.

이 책은 3角法으로 엮었다. 특히 이 책은 基本概念을 쉽게 이해할 수 있도록 要點을 간략하게 설명하였고 作圖要領을 쉽게 그림으로 나타내었으며, 作圖의 特殊性에 따라 이해를 돕기 위한 참고사항을 첨가하였다. 또 각 대학의 教科日程에 맞게 취사 선택할 수 있도록 하였으며, 특히 實驗大學의 課題中心學習에 기여할 수 있도록 圖學演習册을 別册으로 만들었다.

그러나 저자의 淺學菲才로 말미암아 얼마만큼 讀者 여러분의 뜻에 맞을 것인가는 심히 의문스러우며, 이 책의 불충분하고 미비한 점에 대해서는 앞으로 版을 거듭할 때 修訂補完할 것을 약속드린다.

끝으로 이 책의 出版을 맡아 주신 東明社 여러분에게 심심한 謝意를 표하는 바이다.

1983年 1月

著 者 識

차 례

圖學의 학습 방법

인간이 생활을 하면서 空間에 있는 대상물을 바라보고 視覺에 느껴지는 外觀뿐만 아니라 그 배후나 보이지 않는 내부까지도 표현하려는 것은 인류가 가진 욕망의 하나이며, 문화가 발전함에 따라 그 경향은 더욱 심해지고 그 표현 수단도 진보해 가고 있다. 空間의 對象物을 1平面上에 표현하는 수단으로서는 繪畵, 製圖의 圖形 및 圖學의 投像 세 분야가 있으며, 각각 독자적으로 발달하여 오늘에 이르렀다.

"繪畵"는 삼라만상을 주관적으로 특정한 平面 위에 표현한 造形藝術로서 주관의 표현만을 목표로 하고 발달하여 왔으며, 그려진 그림 자체가 이미 훌륭한 하나의 완성품이다. 그러나 이 그림에는 어떤 실용적이고 특정한 용도에 사용하려는 명백한 목적이 처음부터 있었던 것이 아니고, 그려진 그림이 보는 사람에게 어떻게 받아들여지거나 또 그 그림이 무엇에 사용되거나 작가에게는 아무런 관계도 없는 일이며, 작가 자신의 예술적 신념에 따라 마음대로 표현한 것이다.

"製圖의 圖形"은 근본적으로 물건을 제작한다는 특정한 용도에 사용되는 것으로 製圖만으로는 완성품이라고 할 수 없다. 또 製圖에 의해서 만들어지는 물건은 모두 경제적인 근거를 갖는 것이며, 그 사용 목적이 처음부터 정해져 있으므로 이것을 표시할 製圖 역시 명확한 과학적 근거에 입각해야 한다. 특히 工學製圖는 그려진 그대로의 물건을 제작하기 위한 수단으로 작성되는 것이므로 그 목적에 따르는 工學的 表現方法인 圖形은 물론, 그 밖의 각종 기호, 문자, 선, 숫자까지도 제도적 근거에 입각하여 그려지는 것이다. 그렇게 하여야 표현자의 意圖를 정확하게 제작자에게 전할 수 있다.

"圖學의 投像"은 空間에 있는 立體 또는 圖形의 位置와 形狀을 平面에 그리는 방법이며, 製圖의 기초로서 工學을 공부하는 사람은 반드시 연구해야만 하는 학문으로서 平面 및 立體幾何學을 圖式的으로 푸는 것을 목적으로 한다.

고대 이집트 시대에 시작되어 그리이스 등을 거쳐 발달해 온 것으로, Napoleon 시대에 이르러 Gaspard Monge(1746~1815)에 의해서 투상을 기준으로 한 圖法幾何學으로 대성되었으며, 실용적이라기보다는 이론적인 경향이 많다.

圖學은 空間의 對象物을 주로 正投像圖法에 의하여 표현하고 있으며 그 이외의 圖式解法도 포함하고 있다. 圖學은 對象物의 표현보다도 그 原理를 탐구하거나 計算算出하는 목적으로 된 것이며, 表現者의 理念을 전달할 목적의 것은 아니다. 그러나 우수한 기술자가 되려면 이 두 가지 圖法에 모두 능통해야 함은 물론이다.

圖學學習의 제 1 요건은 問題解析의 正確性과 構想力의 擴充에 있다. 다른 사람의 해석과 결과를 모방하려 시도하는 것처럼 어리석은 일은 없다. 따라서 독자적인 노력 없이 이 학문에 능통할 수는 없다. 자기가 해결한 문제의 해석이 다른 사람과 어떤 점에서 차이가 있는가를 알아내는 것이 각자의 문제 해결 능력을 가지게 하는 유일한 길이다.

그러므로 철저한 과제의 완수를 위한 끈기 있는 노력을 계속함으로써 정확한 결과를 얻도록 하는 것이 圖學學習의 태도이다.

第 1 章 直線과 多角形

1-1 線

도면에 나타나는 圖形은 모두 선에 의하여 나타나므로 線은 도면의 기본 요소라고 할 수 있다. 그러므로 선은 여러 가지 목적을 위하여 필요한 모든 선을 습관적인 기호로 규정하여 선의 종류라고 한다.

일반적으로 製圖에서 가장 많이 사용되는 선의 종류로서 實線(full line), 치수線(dimension line), 破線(broken line), 1點鎖線(chain line) 및 2點鎖線(two dot chain line)의 5종류가 있다.

그림 1-1에서와 같이 실선은 굵기가 0.4~0.8 mm 이며, 물체가 보이는 부분의 형상을 표시하는 선이고, 치수선은 굵기가 0.2 mm 이하이며 물체의 크기를 표시하는 선이고, 파선의 굵기는 실선의 약 $\frac{1}{2}$이며 물체의 보이지 않는 부분의 형태를 표시하는 데 사용된다. 1점쇄선은 굵기가 0.2 mm 이하이며 도형의 중심선으로 많이 사용되며, 2점쇄선은 0.2 mm 이하 굵기로 물체의 관계 위치와 加工 여부를 표시하는 想像線(phantom line)으로 사용된다.

선의 굵기는 도형의 대소 또는 도면의 크기에 따라 약간의 조절이 가능하다. 도학에서는 위에서 설명한 규정은 없으나 實用製圖의 규격에 따라 도형의 선을 명확하게 그려야 한다.

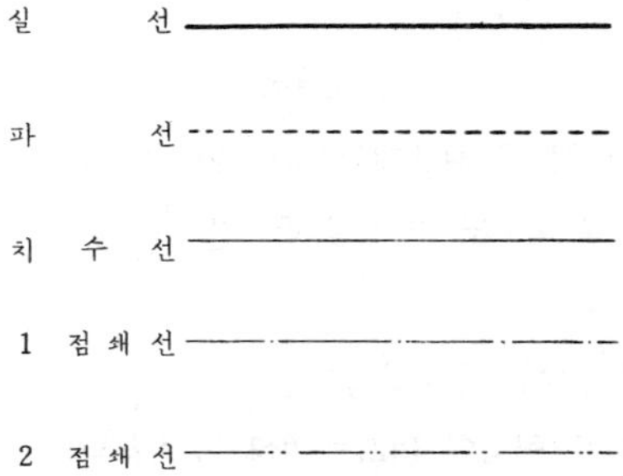

〈그림 1-1〉

1-2 基 本 作 圖

여기서 컴퍼스와 直線定規만으로 작도 가능한 작도법을 正式의 圖法이라고 한다. 실제 제도에서는 3角定規 및 분도기 등을 사용하게 된다. 이 正式의 圖法은 平面幾何學을 공부한 독자는 이미 알고 있겠지만, 앞으로 製圖와 立體圖學에 이용되는 것만을 생각하여 보기로 한다.

작도 1-1 角을 이루는 2직선에 접하는 반지름 R의 원호를 그려라(그림 1-2).

① 2변으로부터 반지름 R의 거리에 평행선을 그려 교점 C를 정한다.

② 중심 C에서 반지름 R의 원호를 그린다.

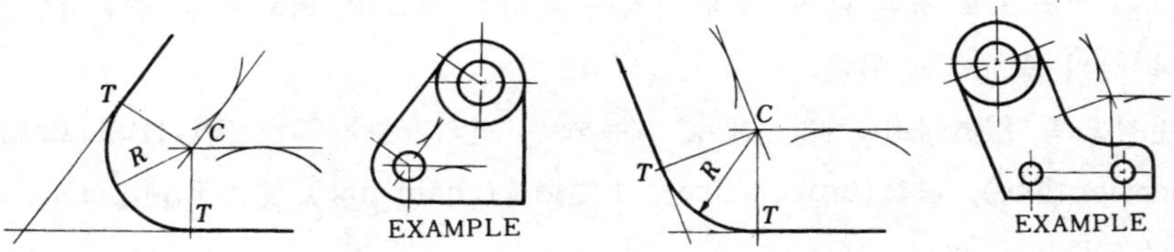

〈그림 1-2〉

작도 1-2 반지름 OT의 원호와 직선 AB에 접하는 반지름 R의 원호를 그려라(그림 1-3).

① 원호의 반지름 OT와 R의 合 또는 差를 반지름으로 중심 O에서 원호를 그린다.

② 직선으로부터 R의 거리에 평행선을 그려 교점 C를 구한다.

③ 중심 C에서 반지름 R의 원호를 그린다.

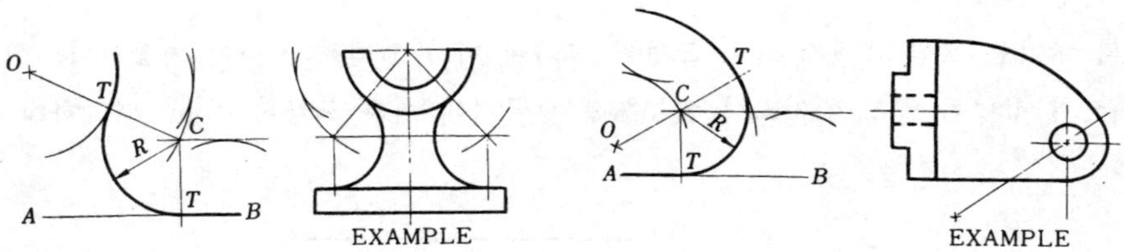

〈그림 1-3〉

작도 1-3. 반지름 AT, BT의 두 원호에 접하는 반지름 R의 원호를 그려라(그림 1-4).

① 반지름 AT, BT와 R의 合 또는 差를 반지름으로 중심 A와 B에서 원호를 그려 교점 C를 정한다.

② 중심 C에서 반지름 R의 원호를 그린다.

작도 1-4. 반지름 R, r의 두 원호에 접하는 반지름 HK의·원호를 그려라(그림 1-5).

① 반지름 HK와 R, r의 合 또는 差를 반지름으로 원호를 그려 교점 G를 정한다.

② 중심 G에서 반지름 HK의 원호를 그린다.

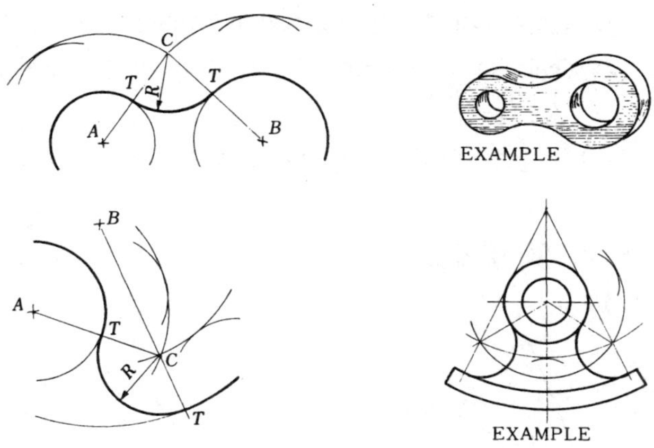

〈그림 1-4〉

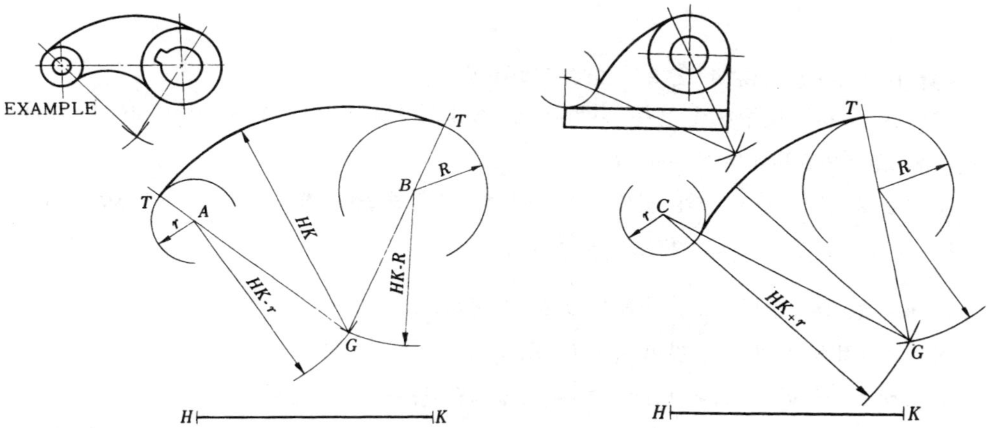

〈그림 1-5〉

작도 1-5. 주어진 선에 평행선을 그리는 법(그림 1-6).

주어진 선상 임의의 점에 컴퍼스의 중심을 잡고 반지름 r의 원호를 옮겨가면서 그린 다음 원호에 접선을 그리면 평행선을 그릴 수 있다.

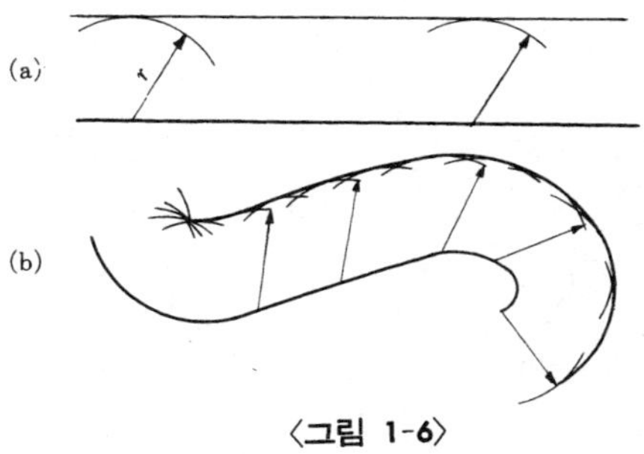

〈그림 1-6〉

작도 1-6. 주어진 선상 임의의 점에 주어진 각을 옮기거나 그리는 방법(그림 1-7)

① 주어진 각의 頂點(vertex)에 컴퍼스의 중심을 잡고 임의의 반지름 R로 원호 BC를 그린다.

② 주어진 선상 임의의 점 A'에 컴퍼스의 중심을 잡고 반지름 R로 원호 $B'C'$를 그린다.

③ 원호 $B'C'$ 상에서 BC와 같은 길이를 컴퍼스로 잡으면 C' 점을 얻어 주어진 각과 같은 각을 그릴 수 있다.

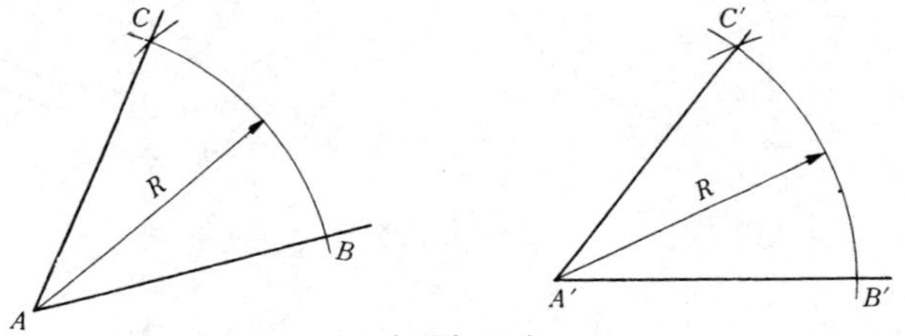

〈그림 1-7〉

작도 1-7. 주어진 선분의 $\frac{m}{n}$의 길이를 구하는 법

① 그림 1-8에서 주어진 선분 AB의 점 A에서 임의의 방향으로 직선 AC를 그리고 이것을 A점으로부터 n등분한다.

② BC를 맺고, AC 상의 分點에서 AB에 平行線을 그으면 $a_1b_1 = \frac{1}{n}AB$　$a_2b_2 = \frac{2}{n}AB, \cdots,$　a_{n-1}　$b_{n-1} = \frac{n-1}{n}AB$가 된다.

③ $n = 10$, $m=2$일 때 $\frac{2}{10}AB$는 $a_2\,b_2$가 된다.

직각 3각형을 이용하는 것이 편리하다.

n과 m이 클 때는 그림 1-9와 같은 방법으로 하는 것이 좋다.

① 그림 1-9에서 분모 24를 약수 6×4로 나누어 직선 AB를 6등분하고, B에서 수선 BC를 그어 4등분하여 직 4각형 $ABCD$를 만든다.

② 사선(1 D, 21′, 32′, …)을 그어 4, 5 사이의 교점 F를 잡아 EF를 연결하면 AB의 17/24의 직선이 된다.

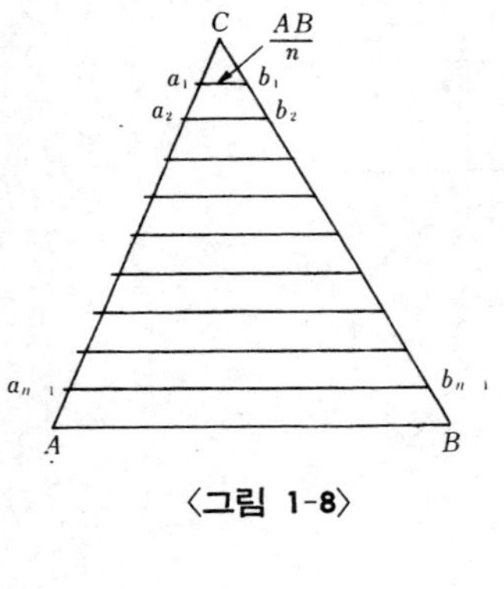

〈그림 1-8〉

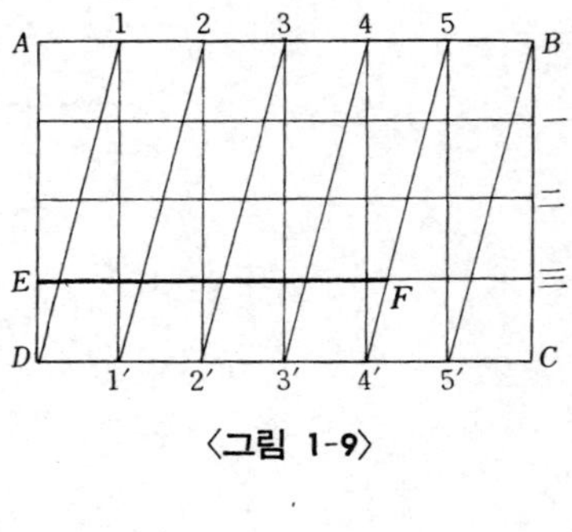

〈그림 1-9〉

작도 1-8. 주어진 두 직선이 이루는 각을 교점을 쓰지 말고 2등분하여라(그림 1-10).

① 직선 CD 상의 임의의 점 E에서 AB에 평행선 EF를 그린다.

② $\angle CEF$를 2등분하는 선 EG를 그린다.

③ GE를 수직 2등분하는 선 IH를 연결하면 된다.

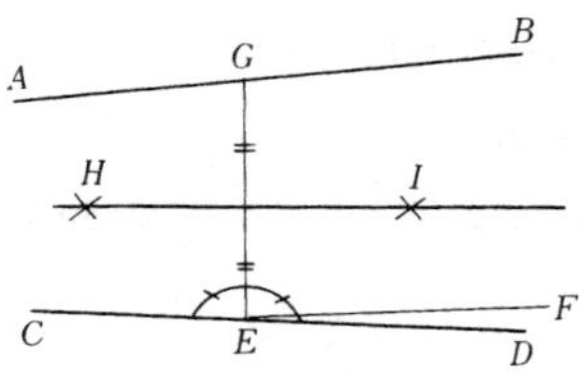

〈그림 1-10〉

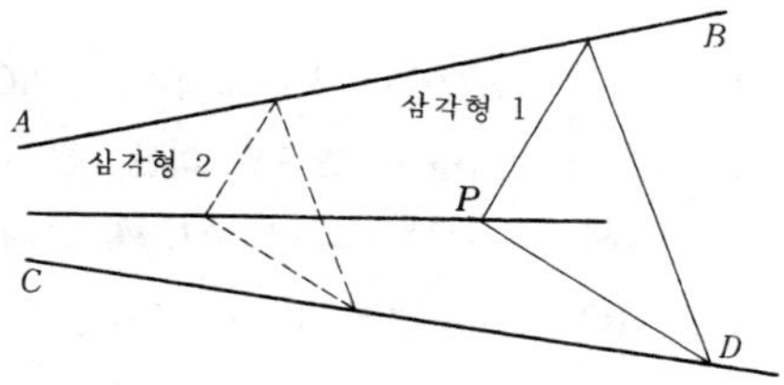

〈그림 1-11〉

작도 1-9. 두 직선 AB, CD의 교점과 주어진 점 P를 지나는 직선을 그려라(교점이 나타나 있지 않을 때).

① 그림 1-11에서 점 P와 직선 AB, CD상에 임의의 3각형 1을 그린다.

② 다른 점에 닮은 3각형 2를 그린다.

③ 점 P를 지나고 3각형 2의 대응점을 지나는 직선을 그리면 두 직선의 교점을 지나는 직선이 된다.

작도 1-10. 주어진 3각형에 내접하는 원을 그려라.

① 3각형 ABC에서 $\angle A$와 $\angle C$의 2등분선을 그어 그 교점 O를 구한다.

② 교점 O에서 한 변에 수직선을 내려 그 교점 F를 잡는다.

③ OF를 반지름으로 하는 원을 그린다.

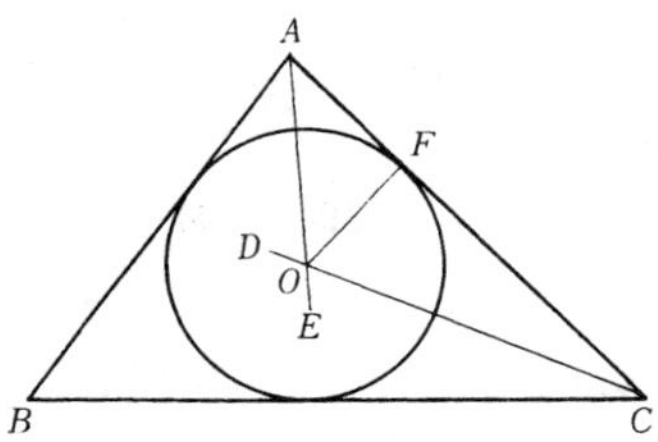

〈그림 1-12〉

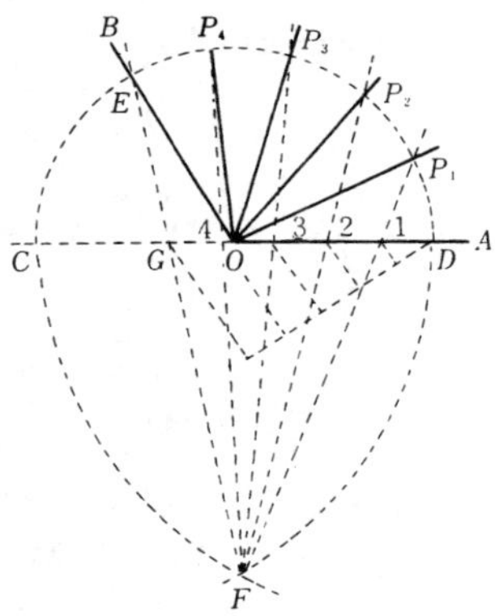

〈그림 1-13〉

작도 1-11. 주어진 각의 n등분법

① 그림 1-13에서 주어진 각 $\angle AOB$의 O를 중심으로 임의의 반지름 OD로써 반원 DEC를 그린다.

② C와 D에서 CD를 반지름으로 원호 CF와 DF를 그려 그 점 F를 잡는다.

③ EF를 연결하여 CD와의 교점 G를 얻는다.

④ GD를 n등분하여 1, 2, 3, …, n이라 한다.

⑤ 점 F와 등분점 1, 2, 3, …, n을 연결하여 원주와 만난 점 $P_1, P_2, P_3, P_4, \cdots, P_n$이라 한다.

⑥ $\angle AOP_1 = \frac{1}{n}\angle AOB$이다. 그림은 $\angle AOB$를 5등분한 것이다.

작도 1-12. 주어진 길이를 한 변으로 하는 정 n각형을 그리는 법

① 그림 1-14에서 주어진 길이 AB의 B에 중심을 두고 AB를 반지름으로 반원을 그려 C를 잡고 AC를 n등분한다.

② A와 C에서 AC를 반지름으로 원호를 그려 교점 M을 잡는다.

③ 교점 M에서 등분점 2를 연결하여 반원주상에 점 D를 잡는다.

④ A, B, D를 지나는 원의 중심 O를 구하여 원을 그린다.

⑤ 이 원주를 D에서 차례로 AB길이로 등분하여 맺으면 n각형이 된다.

《참고》 〔작도 1-12〕와 〔작도 1-13〕의 문제는 실제 제도에서 proportional divider를 이용하여 그리면 편리하다.

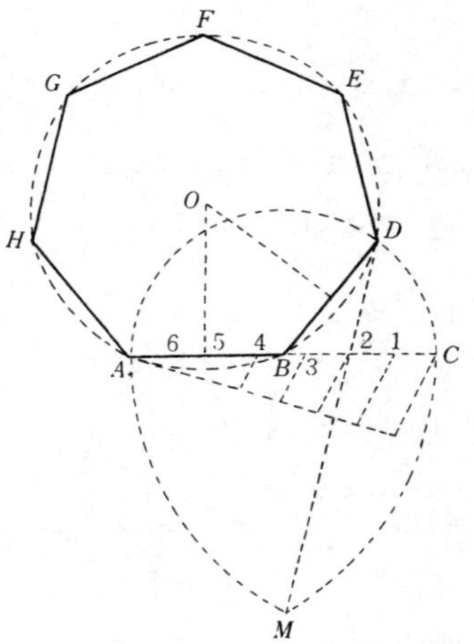

〈그림 1-14〉

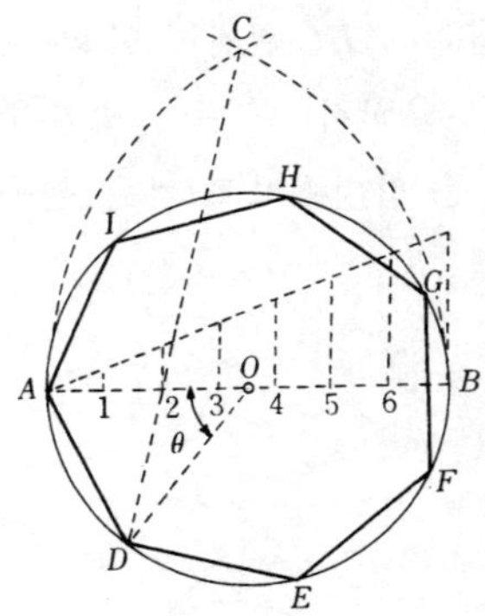

〈그림 1-15〉

작도 1-13. 주어진 원에 내접하는 정 n각형의 작도법

① 그림 1-15에서 주어진 원 O의 지름 AB를 n등분한다.

② 점 A와 B를 중심으로 반지름 AB되는 원호를 그려 그 교점 C를 얻는다.

③ C와 등분점 2를 연결하는 직선과 주어진 원주의 교점 D를 잡는다.

④ AD와 같게 원주를 등분하면 n다각형을 그릴 수 있다.

《참고》 이 도법으로 얻은 결과 $n=3, 4$ 및 6 경우는 정확한 값이고 다른 경우는 근사값이다. 이 도법으로 구한 길이 $AD = l$을 해석기하학적으로 구하면

$$l = r\sqrt{(1-p)^2+q^2}$$

여기서, $p = (3\,m \pm \sqrt{3\,m^2-2})/(3\,m^2+1)$

$$q = \sqrt{3}\,(1-pm),\quad m = n/(n-4)$$

이고 r는 원의 반지름이다. 複號는 $n=3$일 때는(−), 다른 경우에는 (+)를 사용한다.

현 AD의 중심각을 θ로 하고 $n\theta = 360°$로 되면 결과가 정확하지만 일반적으로 $n\theta$는 360°와 약간의 차이가 있다. 이 差는 도법의 오차를 준다.

$l = 2\,r\sin\frac{\theta}{2}$이므로

$n\theta = 2\,n\sin^{-1}(l/2\,r)$로 된다.

이것을 다음의 예에 대하여 계산해 보면 $n=5$에 대하여 $5\,\theta = 360° - 14'$, $n=7$에 대하여 $7\,\theta = 360° + 37$로 된다.

즉 원주상에 현 AD에 같게 $E, F, C, \cdots$로 등분해 가면 5각형에서는 최후의 점이 시작점 A보다 중심각이 약 $14' \fallingdotseq 1/4°$ 앞으로 오고 7각형에서는 이것이 점 A를 넘어서 약 $37' \fallingdotseq 5/8°$의 곳에 온다.

작도 1-14. 주어진 원호를 直延하는 방법

[**제 1 법**] 그림 1-16에서와 같이 주어진 원호를 AB, 중심을 O라 한다.

① 현 AB를 연장하여 AD를 AB의 半과 같게 한다.

② 중심 D 반지름 BD로 하는 원호를 그린다.

③ 점 A에서 주어진 원호에 접선을 그어 점 E를 찾으면 AE는 구하는 원호의 직연이다(근사값).

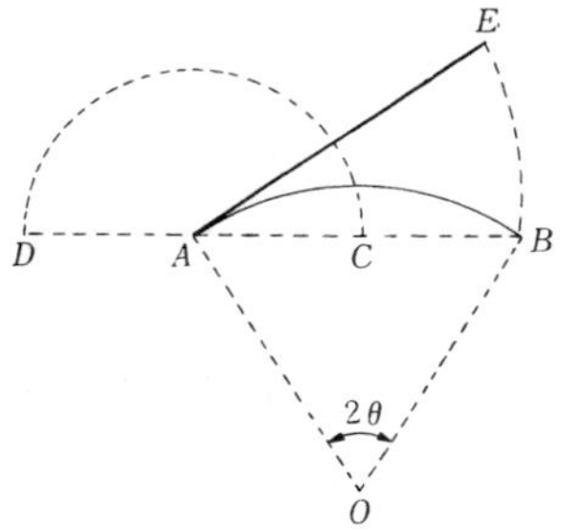

〈그림 1-16〉

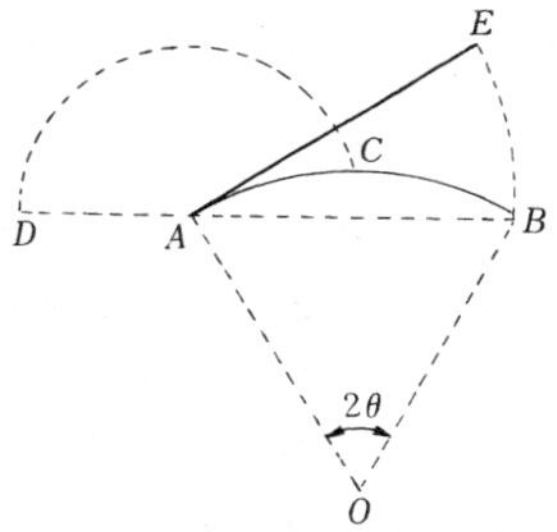

〈그림 1-17〉

[**제 2 법**] ① 그림 1-17에서 원호 AB의 2등분점 C를 구하여 $AD = AC$ 되도록 점 D를 구한다.

② 다음은 제 1 법과 같이 하여 AE를 구하면 된다(근사값).

《**참고**》 제 1 법으로 구한 길이 $AE = l_1$과 실장 $2\,r\theta$(2θ는 중심각, r는 반지름 AO)와의 비를 구하면

$$x = r\sin\theta = \overline{DA}$$

$$(3x)^2 = x^2 + l_1{}^2 - 2\,xl_1(\cos 180° - \theta)$$

$$l_1{}^2 + 2\,xl_1\cos\theta - 8\,x^2 = 0$$

$$l_1 = \frac{-2x\cos\theta \pm \sqrt{4x^2\cos^2\theta + 4x^2 8}}{2}$$

$$= -x\cos\theta + x\sqrt{\cos^2\theta + 8}$$

$$= x(\sqrt{\cos^2\theta+8}-\cos\theta)$$

$$= r\sin\theta(\sqrt{\cos^2\theta+8}-\cos\theta)$$

$$\frac{l_1}{2r\theta} = \frac{\sin\theta}{2\theta}(\sqrt{\cos^2\theta+8}-\cos\theta) = 1-e_1$$

같은 방법으로 제 2 법으로 구한 길이 $AE = l_2$와 실장 $2r\theta$와의 비를 구하면

$$x = r\sin\theta = AC, \qquad y = 2r\sin\frac{\theta}{2} = DA$$

$$(2x+y)^2 = y^2+l_2^2+2y\,l_2\cos\theta$$

$$l_2 = -y\cos\theta\pm\sqrt{y^2\cos^2\theta+4x^2-4xy}$$

$$= y\left(-\cos\theta\pm\sqrt{\cos^2\theta+\frac{4x^2}{y^2}-4\frac{x}{y}}\right)$$

$$= 2r\sin\frac{\theta}{2}\left(\sqrt{\cos^2\theta+\frac{4r^2\sin^2\theta}{4r^2\sin^2\frac{\theta}{2}}+\frac{4r\sin\theta}{2r\sin\frac{\theta}{2}}}-\cos\theta\right)$$

$\sin\theta = 2\cos\frac{\theta}{2}\sin\frac{\theta}{2}$를 대입

$$= 2r\sin\frac{\theta}{2}\left(\sqrt{\cos^2\theta+4\cos^2\frac{\theta}{2}+4\cos\frac{\theta}{2}}-\cos\theta\right)$$

$$\frac{l_2}{2r\theta} = \frac{\sin\frac{\theta}{2}}{\theta}\left\{\sqrt{\cos^2\theta+4\cos\frac{\theta}{2}\left(\cos\frac{\theta}{2}+1\right)}-\cos\theta\right\} = 1-e_2$$

단, e_1 및 e_2는 제 1 법 및 제 2 법의 오차이다. 제 2 법은 제 1 법보다 정확하다.

가령 $2\theta = 90°$일 때 : $e_1 = \frac{1}{170}$ $\quad e_2 = \frac{1}{2300}$

$2\theta = 60°$일 때 : $e_1 = \frac{1}{860}$

$2\theta = 30°$일 때 : $e_1 = \frac{1}{14400}$

이와 같이 중심각이 작을수록 오차가 작으므로 중심각이 큰 경우는 중심각이 60°(제 2 법으로는 90°) 이하의 원호로 하여 그 결과를 2배 또는 4배로 하면 된다. 이 e_1과 e_2는 이론상의 오차이나 작도상의 오차(최소한 0.1 mm)가 가해지나, 일반적으로 이론상 오차가 작도 오차(약 0.1 mm) 이하로 되면 그 도법은 실용상 정확하다고 생각하여도 된다.

작도 1-15. 圓周 또는 半圓周의 직연

[全圓周의 경우]

① 그림 1-18에서 중심 O인 주어진 원의 지름 AB에 대하여 30°가 되는 반지름 OC를 그린다.

② 점 C에서 AB에 수직선을 그어 점 D를 취한다.

③ 점 A에서 접선을 그어 접선상에 지름 AB의 3배가 되는 길이 AE를 취한다.

④ 점 D와 점 E를 연결하면 DE는 원주의 길이와 같은 직선이 된다.

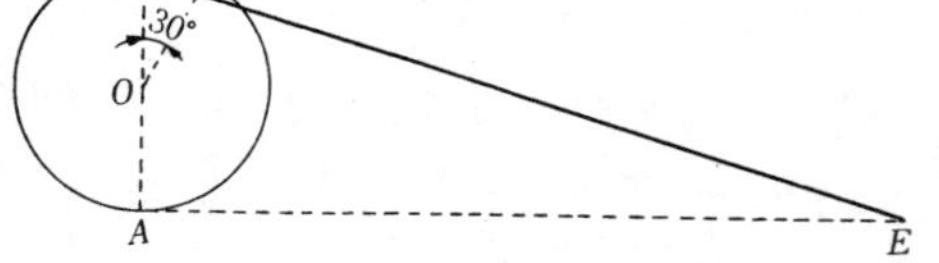

〈그림 1-18〉

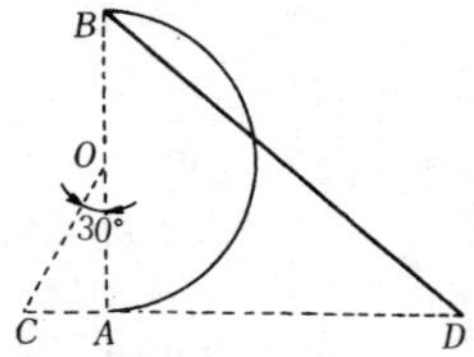

〈그림 1-19〉

《참고》 주어진 원의 반지름을 r로 할 때 구해진 길이 DE와 정확한 길이 $2\pi r$와의 비를 구하면

$$DE^2 = (6r)^2 + (r + r\cos 30°)^2$$

$$DE = r\sqrt{36+\left(\frac{2+\sqrt{3}}{2}\right)^2} = r\sqrt{36+\frac{4+4\sqrt{3}+3}{4}} = \frac{r}{2}\sqrt{144+7+4\sqrt{3}}$$

$$\frac{DE}{2\pi r} = \sqrt{151+4\sqrt{3}}\,/\,4\pi = 1-\frac{1}{121,700}$$

이 된다. 즉 오차는 원주의 $\frac{1}{121,700}$에 지나지 않는다.

[半圓周의 경우]

① 그림 1-19에서 주어진 원의 중심 O에서 지름 AB에 대하여 30° 경사선과 점 A에서의 접선 교점 C를 취한다.

② CA의 연장선상에 점 C부터 $CD = 3AO$되도록 점 D를 취한다.

③ 점 B와 점 D를 연결하면 반원주의 길이와 같은 직선이 된다.

《참고》 주어진 원의 반지름을 r로 하면 구해진 길이 BD와 정확한 길이 πr와의 비는

$$BD^2 = (2r)^2 + (3r - r\tan 30°)^2$$

$$BD = r\sqrt{4+9-6\tan 30° + \tan^2 30°}$$

$$= r\sqrt{4+9-2\times 3\frac{1}{\sqrt{3}}+\left(\frac{1}{\sqrt{3}}\right)^2} = r\sqrt{4+\left(3-\frac{1}{\sqrt{3}}\right)^2}$$

$$BD/\pi r = \sqrt{4+\left(3-\frac{1}{\sqrt{3}}\right)^2}/\pi = 1-\frac{1}{40,000}$$

이 된다. 즉 오차는 반원주의 1/40,000에 지나지 않는다.

작도 1-16. 주어진 3각형에 內接하는 정 4각형을 그려라(그림 1-20).

① 3각형 ABC의 꼭지점 A에서 밑변 BC에 수직선 AD를 긋고, A에서 밑변 BC에 평행선을 긋는다.

② A에서 AD를 반지름으로 원호를 그려 교점 E를 구한다.

③ E에서 C를 연결시켜 AB와의 교점 F를 구한다.

④ F에서 밑변에 수직선 FH, 평행선 FG를 그려 정 4각형 $FHIG$를 구한다.

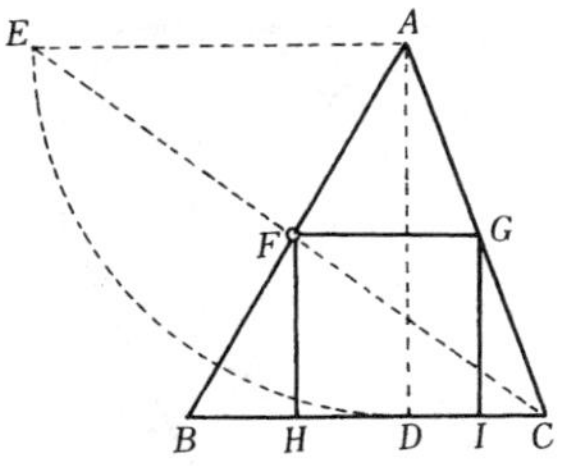

〈그림 1-20〉

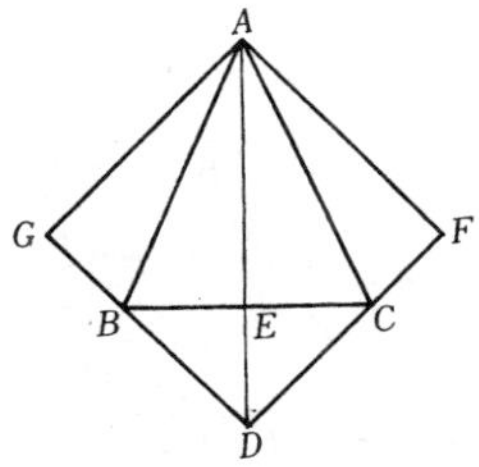

〈그림 1-21〉

작도 1-17. 주어진 정 3각형에 外接하는 정 4각형을 그려라(그림 1-21).

① 정 3각형 ABC의 꼭지점 A에서 밑변에 수직선 AED를 그린다.

② E에서 BE와 같게 ED를 잡는다.

③ D에서 B와 C에 연장선을 그린다.

④ A에서 DG와 DF에 수직선을 그어 정 4각형 $AGDF$를 구한다.

작도 1-18. 주어진 정 4 각형에 내접하는 정 3 각형을 그려라(그림 1-22).

① 정 4 각형의 모서리 A, D, C 에서 정 4 각형의 한 변을 반지름으로 원호를 그려 교점 E, F 를 구한다.

② 점 B 에서 E, F 를 연장시켜 G, H 점을 구하여 정 3 각형 BGH 를 구한다.

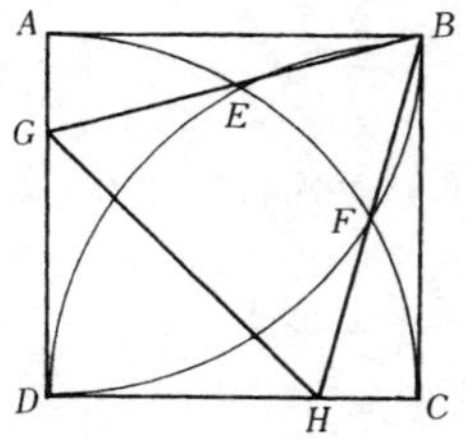

〈그림 1-22〉

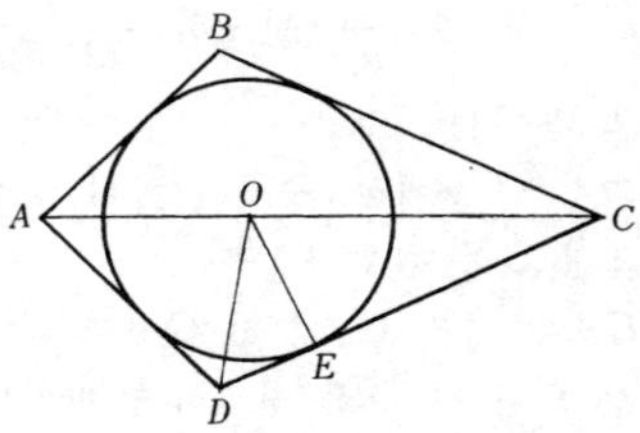

〈그림 1-23〉

작도 1-19. 주어진 연꼴에 내접하는 원을 그려라(그림 1-23).

① 대칭축 AC 를 그린다.

② 角 D 의 2 등분선을 그어 점 O 를 구한다.

③ 점 O 에서 한 변에 수직선을 그어서 교점 E 를 구하여 OE 를 반지름으로 원을 그린다.

작도 1-20. 주어진 연꼴에 내접하는 정 4 각형을 그려라(그림 1-24).

① 연꼴 $ABCD$ 의 D 에서 BD 를 긋고, BD 에 수직선 DE 를 그린다.

② D 에서 BD 를 반지름으로 원호를 그어 점 E 를 구한다.

③ E 와 C 를 연결하여 AD 와의 교점 F 를 구한다.

④ F 에서 BD 와 대칭축 AC 에 평행선을 그려 정 4 각형 $GFIH$ 를 구한다.

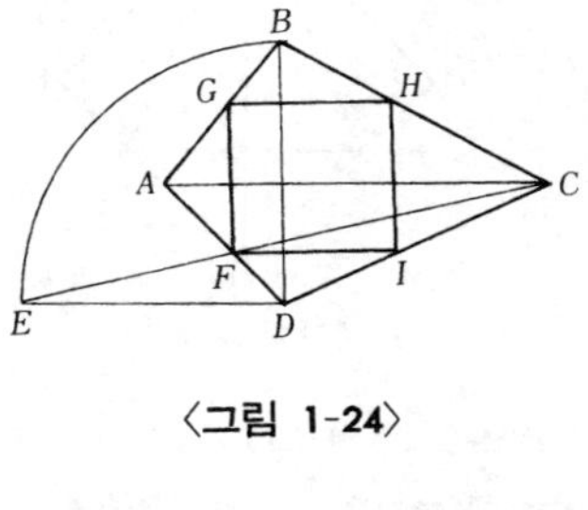

〈그림 1-24〉

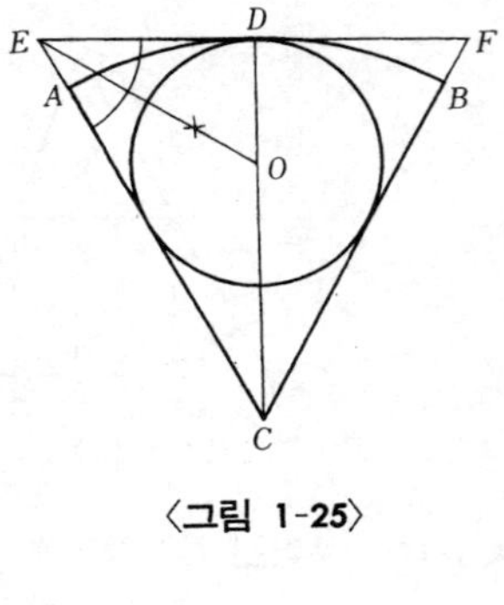

〈그림 1-25〉

작도 1-21. 주어진 부채꼴에 내접하는 원을 그려라(그림 1-25).

① $\angle C$ 의 2 등분선을 긋고, 점 D 에서 CD 에 수직선 EF 를 그린다.

② CA 를 연장하여 $\angle E$ 의 2 등분선 OE 를 구한다.

③ 점 O 에서 OD 를 반지름으로 원을 그린다.

작도 1-22. 주어진 부채꼴에 내접하는 정 4 각형을 그려라(그림 1-26).

① 현 AB를 긋고 B에서 현 AB에 수직선 BC를 그린다.

② 점 B에서 AB를 반지름으로 원호를 그려 점 C를 정한다.

③ C에서 O를 연결시켜 호 AB와의 교점 D를 구한다.

④ D에서 AB에 수직 및 평행선을 그어 정 4 각형 $DEFG$를 구한다.

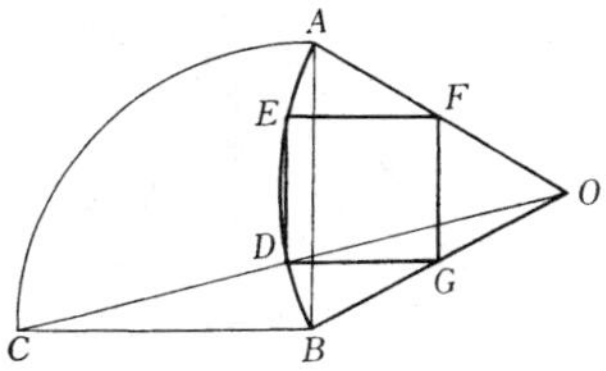

〈그림 1-26〉

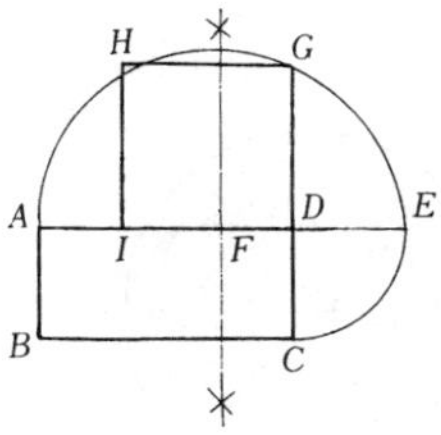

〈그림 1-27〉

작도 1-23. 주어진 직 4 각형과 면적이 같은 정 4 각형을 그려라(그림 1-27).

① 직 4 각형 $ABCD$의 장변 AD를 연장하고, $CD = DE$가 되게 E를 정한다.

② AE의 2등분점 F에서 AF를 반지름으로 원호를 그린다.

③ CD의 연장선과 원호의 교점 G에서 GD를 한 변으로 하는 정 4 각형 $DGHI$를 구한다.

작도 1-24. 주어진 정 4 각형과 면적이 같은 원을 그려라(그림 1-28).

① 정 4 각형의 대각선 교점 O와 한 변의 4 등분점인 F를 구한다.

② OF를 반지름으로 원을 그리면 된다.

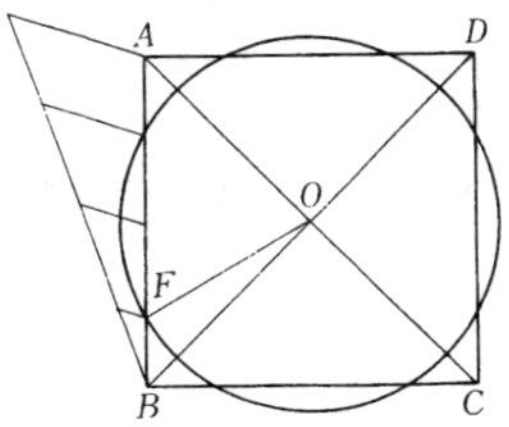

〈그림 1-28〉

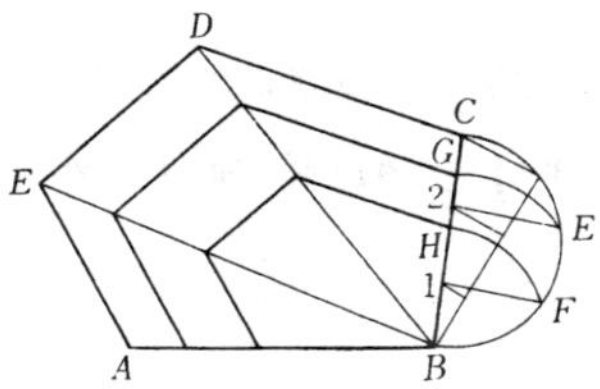

〈그림 1-29〉

작도 1-25. 주어진 다각형의 넓이를 임의의 수(3)로 등분하여라(그림 1-29).

① 다각형 $ABCDE$의 한 변 BC를 지름으로 하는 반원을 그리고, 변 BC를 등분(3)한다.

② 각 등분점에서 BC에 수선을 그어 반원과의 교점 E, F를 구한다.

③ B점에서 BE, BF를 반지름으로 원호를 그어 G, H점을 정한다.

④ B점에서 대각선을 그린 다음, 점 H와 G에서 대각선까지 각 변에 평행선을 그려 면적을 등분한다.

작도 1-26. 주어진 원의 면적을 임의의 수(4)로 등분하는 同心圓을 그려라(그림 1-30).

① 원 O의 반지름 OB를 지름으로 하는 원호를 그린다.

② OB의 등분 (4) 점 1, 2, 3에서 OB에 수직선을 그어 1′, 2′, 3′를 구한다.

③ $O1'$, $O2'$, $O3'$를 반지름으로 원을 그려 등분한다.

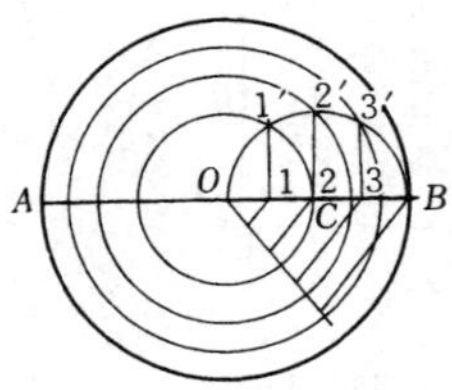

〈그림 1-30〉

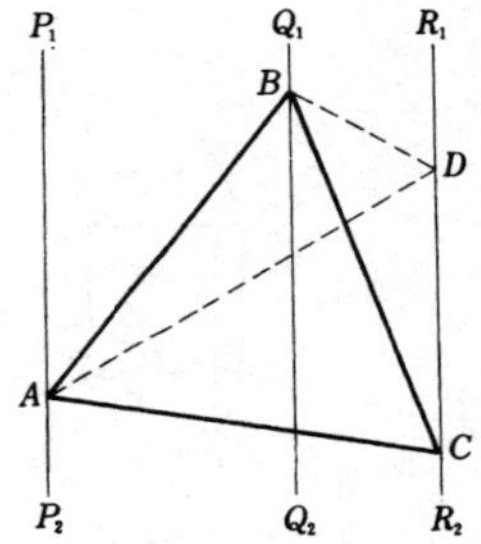

〈그림 1-31〉

작도 1-27. 주어진 평행한 3직선상에 頂點을 갖는 정 3각형을 그려라(그림 1-31).

① P_1P_2선상의 임의의 점 A에서 $\angle P_1AD = 60°$되게 AD를 그린다.

② R_1R_2선상의 점 D에서 $\angle R_1DB = 60°$되게 BD를 그린다.

③ AB를 한 변으로 하는 정 3각형을 그린다.

작도 1-28. 주어진 다각형(6각형)과 같은 면적의 3각형을 구하여라(그림 1-32).

① 6각형 $ABCDEF$에서 한 대각선 AC에 평행선 BG를 그려 CD의 연장선과의 교점 G를 구한다. AG는 구하는 3각형의 1변이다. $\triangle ACB$와 $\triangle ACG$는 밑변과 높이가 같으므로 면적이 같다.

② 대각선 FD에 평행하게 EH를 그려 FH를 취한다.

③ 다시 대각선 AH에 평행하게 FI를 그려 AI를 취한다. $\triangle AGI$는 구하는 3각형이다.

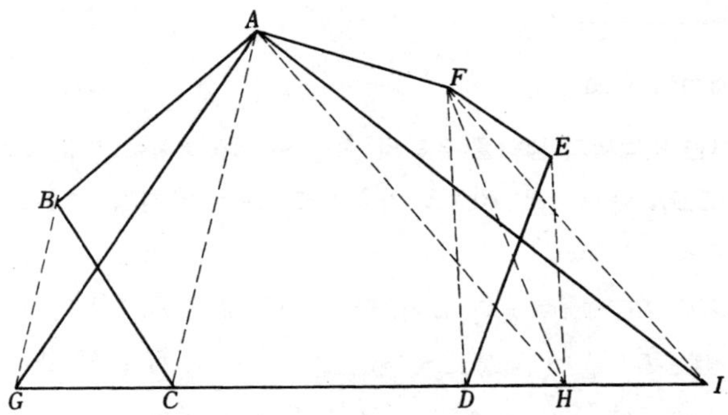

〈그림 1-32〉

작도 1-29. 주어진 원에 내접하는 n개(3개)의 等圓을 그려라(그림 1-33).

① 원주를 $2n$ 등분하는 지름線을 그린다(그림의 1~3).

② 접선을 그린다(그림의 4).

③ 접선과 지름선으로 된 外角을 2등분한다(그림의 5).

④ 외각의 2등분선과 지름선의 교점은 구하는 等圓의 중심이 된다(그림의 6~7).

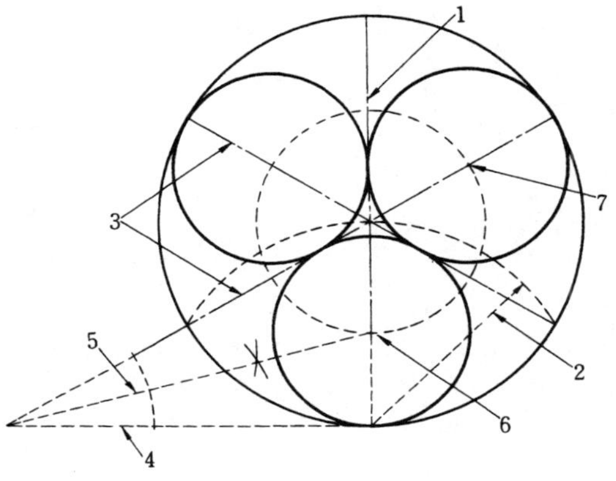

〈그림 1-33〉

圓錐曲線

第 2 章

2-1 圓 錐 曲 線

■ 정의 : 서로 만나는 두 직선 중 한 직선을 축으로 하여 이것과 일정한 각을 가지고 만나는 다른 한 직선이 그 주위를 회전하여 얻어지는 곡면을 **直圓錐面**(cone)이라고 한다. 두 직선의 교점을 **頂點**(vertex), 회전의 축을 **圓錐軸**(axis), 회전하는 직선을 각각의 위치에 대한 **圓錐母線** 또는 **面素**(element)라고 한다.

정점을 지나지 않은 평면으로서 원추면을 여러 가지 방향으로 절단할 때 생기는 곡선을 총칭하여 **圓錐曲線**(conic section)이라고 한다.

그림 2-1에서 직원추면의 경사각을 φ, 평면의 경사각을 θ라 하면

$\theta = 0$ 일 때 ……………………………………원

$\theta = \varphi$ 일 때 ……………………………………포물선

$\theta < \varphi$ 일 때 ……………………………………타 원

$\theta > \varphi$ 일 때 ……………………………………쌍곡선

이 된다. 이 중에서 포물선, 타원 및 쌍곡선을 총칭하여 원추곡선이라 한다.

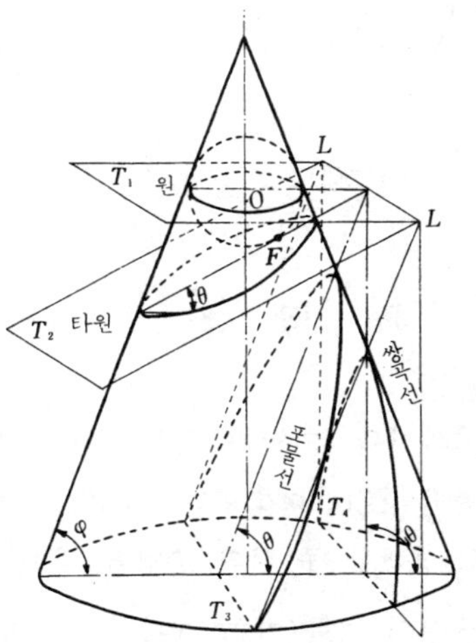

〈그림 2-1〉

그림 2-1에서 원추면에 내접하는 球 O를 만들 때 원추면과 구와의 접촉선을 포함하는 평면 T_1과 구에 접하는 평면 T_2 간의 교선 LL을 타원의 準線 또는 母線(directrix)이라 하고, 평면 T_2와 원추면과의 교선을 楕圓(ellipse)이라고 한다.

또 구 O와 평면 T_2와의 접점 F를 타원의 촛점(focus)이라 한다. 또 원추의 모선에 평행하고 준선 LL을 지나는 평면 T_3을 그려 원추면과의 교선을 구하면 이것은 抛物線(parabola)이 된다. 또 T_4 평면과 원추면과의 교선은 雙曲線(hyperbola)이다.

이상은 원추곡선을 원추의 단면에 의하여 정의하였으나 준선과 촛점을 기준으로 하여 정의하면 다음과 같다.

定直線과 定點에서의 거리의 비가 일정한 動點의 자취를 원추곡선이라 한다.

그림 2-2에서 정직선을 LL이라 할 때 이것을 준선, 정점 F를 촛점, F에서 LL에 내린 수선 XF를 축이라고 한다. PF/PN의 비를 離心率(eccentricity)이라 하고 일반적으로 e로 표시한다. e의 값의 대소에 따라 다음과 같이 구별된다.

$e=1$ 일 때 ………………………………포물선

$e<1$ 일 때 ………………………………타 원

$e>1$ 일 때 ………………………………쌍곡선

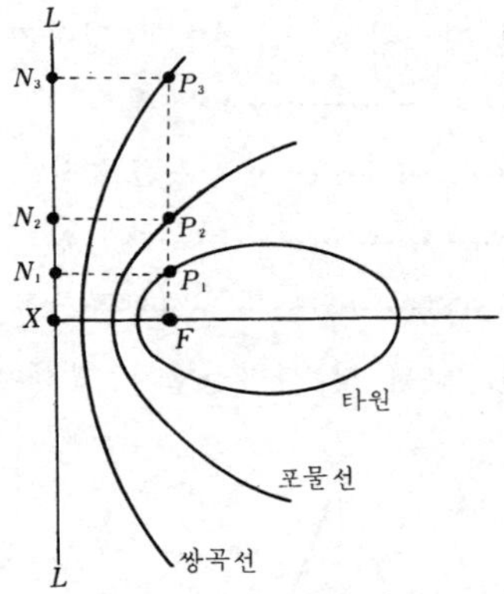

〈그림 2-2〉

2-2 抛 物 線

▩ 정의 : 정점(촛점)과 정직선(준선)까지의 거리가 같은 점의 자취를 포물선이라고 한다. 포물선 위의 두 점을 맺는 선분을 弦(chord)이라 하고, 촛점을 지나는 현을 특히 焦弦(focal chord)이라고 한다. 서로 평행한 두 현의 중점을 맺는 직선은 항상 축과 평행이 되고 이것을 이들 현에 대한 포물선의 지름(diameter)이라고 한다. 이 지름과 포물선과의 교점을 그 지름의 頂點이라고 한다.

다음에 포물선에 대한 정리를 살펴보기로 한다.

[**정리 1**] 촛점 F를 지나는 현 PQ의 양끝점을 지나는 접선은 준선 위에 있어서 직교한다(그림 2-3).

[**정리 2**] 포물선 위의 한 점에 대한 접선 PT는 접점과 촛점을 맺는 직선 PF와 접점에서 준선에 내린 수선 PC가 이루는 각 $\angle FPC$를 2등분한다(그림 2-3).

[**정리 3**] 촛점에서 접선에 내린 수선의 발 E의 자취는 꼭지점 A를 지나는 접선 위에 있다(그림 2-3).

[**정리 4**] 포물선 위의 한 점 P에 있어서의 접선과 축과의 교점을 T, P에서 축에 내린 수선의 발을 G라 하면 $AT = AG$가 된다. 또 촛점을 F라 하면 $FP = FT$가 된다(그림 2-3).

[**정리 5**] 촛점을 지나는 현 PQ의 양끝점에서 준선에 내린 수선의 발 C, D에서 촛점을 맺는 직선끼리는 서로 직교한다(그림 2-3).

[**정리 6**] 임의의 현 PR의 양끝점을 지나는 접선의 교점 K에서 축에 평행선 KO를 긋고 PR와의 교점을 O라 하면 O는 PR의 중점이 된다. 또 KO와 포물선과의 교점 M은 KO의 중점이 된다(그림 2-4).

[**정리 7**] KO는 M을 지나는 접선에 평행한 모든 현을 2등분한다(그림 2-4).

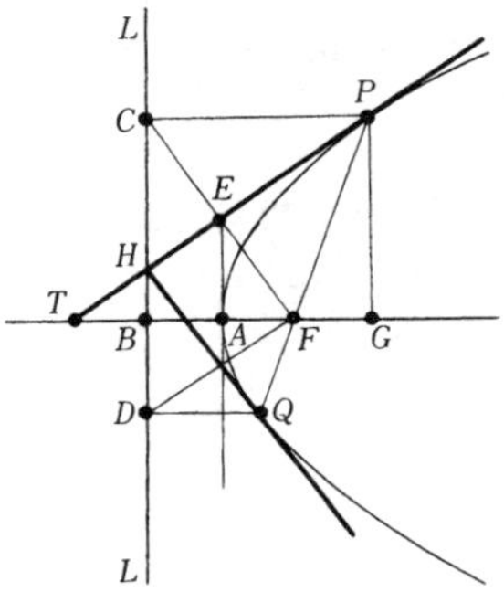

〈그림 2-3〉

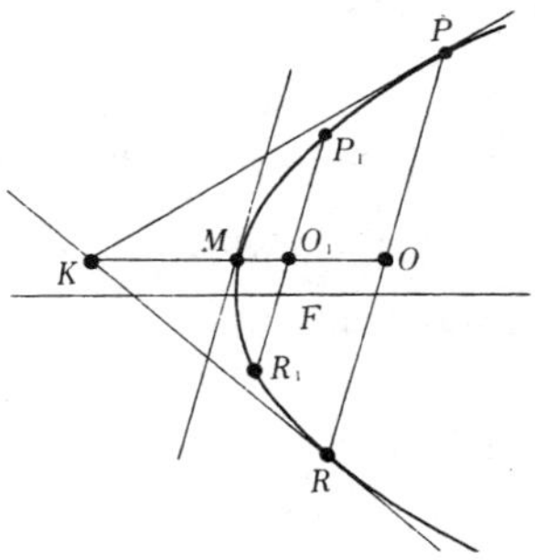

〈그림 2-4〉

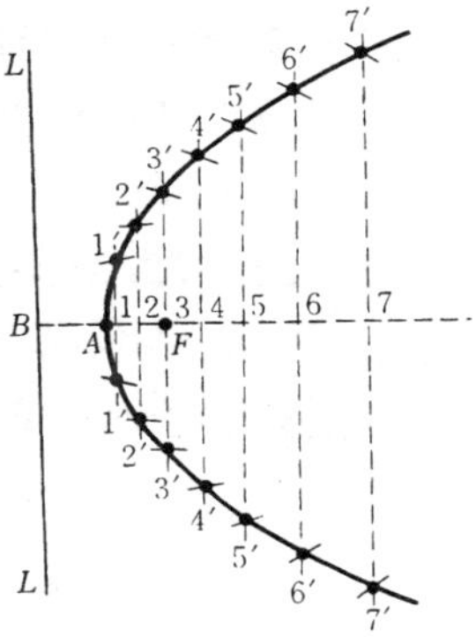

〈그림 2-5〉

작도 2-1. 촛점과 준선이 주어질 때 포물선을 그려라.

그림 2-5에 표시된 바와 같이 촛점을 F, 준선을 LL이라 한다.

① F에서 LL에 수선 BF를 세우고 그 중점을 A라 한다.

② AF상에 임의의 점 1, 2, 3, …을 잡고 각 점에서 AF에 수선 11′, 22′, 33′, …을 세운다.

③ F를 중심으로 하고 $B1$, $B2$, $B3$, …을 반지름으로 하는 원호와의 교점 1′, 2′, 3′를 구하여 맺으면 포물선이 된다.

작도 2-2. **주어진 포물선상의 한 점에서 접선을 그어라. 단, 초점과 준선 및 축은 주어진 것으로 한다.**

[**제 1 법**] 그림 2-6에서와 같이 [정리 **2**]를 이용하면 P에서 LL에 수선 PC를 내려 $\angle FPC$의 2등분선 PH가 구하는 접선이 된다.

[**제 2 법**] 그림 2-7에서와 같이 [정리 **4**]를 이용하면 축상에 FP와 같게 FT를 잡고 PT를 맺으면 구하는 접선이 된다.

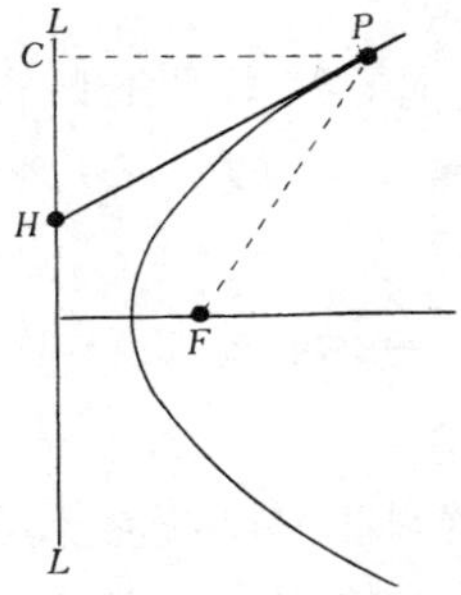

〈그림 2-6〉

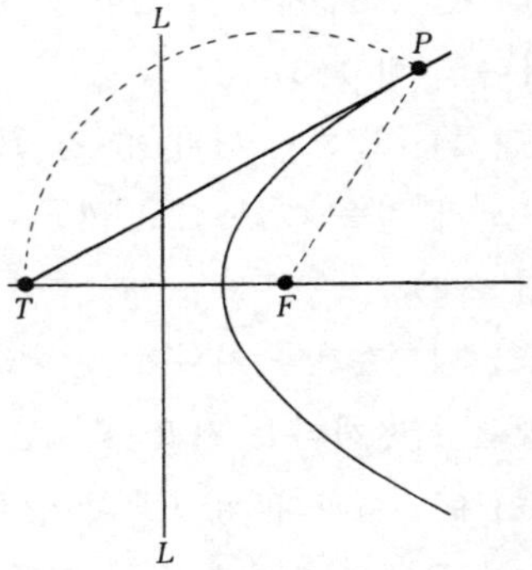

〈그림 2-7〉

작도 2-3. **하나의 지름과 그 안에서의 접선 및 포물선상의 1점이 주어졌을 때 포물선을 그려라** (平行 4 邊形法).

그림 2-8에서 주어진 지름을 MO, 접선을 SM, 포물선상의 1점을 P라 한다.

① P에서 MO에 평행선 PS를 긋고 PS, SM을 같은 수로 등분하여 이 점들을 1, 2, 3, …, 1′, 2′, 3′, …라 한다.

② $M1$, $M2$, $M3$를 연결하고 1′, 2′, …에서 PS에 평행선을 그어 각각의 교점을 P_1, P_2, …라 하고 이들을 연결하면 포물선이 된다.

《참고》 $MO \perp MS$일 때는 직각 4 각형이 된다.

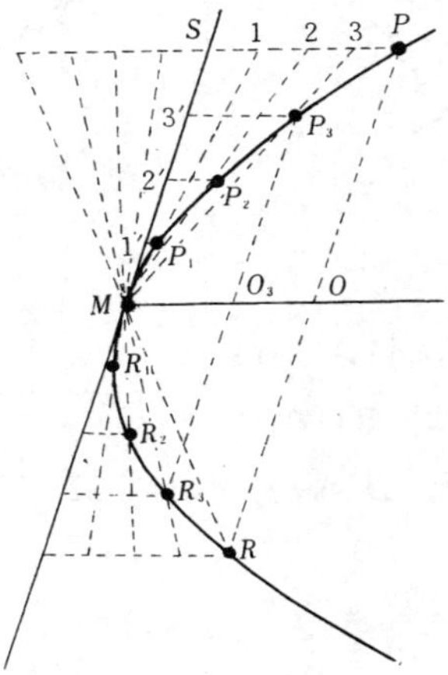

〈그림 2-8〉

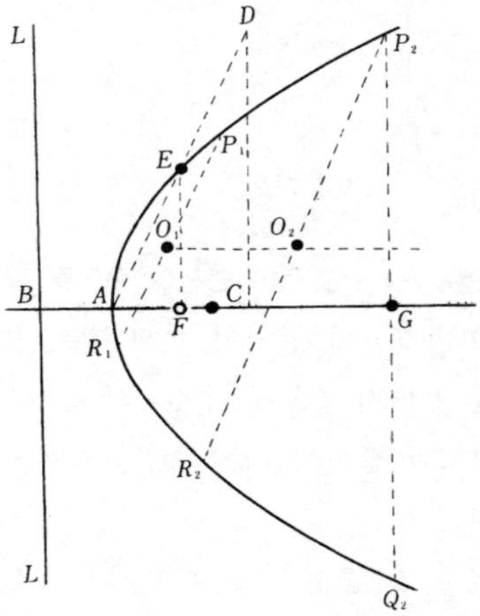

〈그림 2-9〉

작도 2-4. 주어진 포물선의 축, 촛점, 준선을 구하여라(그림 2-9).

① 포물선상의 임의의 평행한 두 현 P_1R_1, P_2R_2를 그어 그 중점을 O_1, O_2라 한다.

② O_1, O_2를 맺고 P_2에서 이에 수직한 직선 P_2Q_2를 긋는다.

③ P_2Q_2에 수직 2등분선 AG는 구하는 축이 된다.

④ AG선(축)상 임의점에서 $CD=2AC$(포물선의 離心率이 $e=1$이고 꼭지점이 촛점과 준선의 중간이므로)가 되는 직각3각형을 그리고 AD와 포물선의 교점 E를 구한다.

⑤ E에서 축에 수선 EF를 내리면 F는 촛점이 된다.

⑥ 축의 연장선상에서 AF와 같게 AB를 잡고, B에서 축에 수직선 LL을 그으면 준선이 된다.

2-3 楕 圓

▩ 정의 : 정해진 두 점에서의 거리의 합이 일정한 궤적을 타원이라 하고 이 정해진 두 점을 촛점이라고 한다.

그림 2-10에서 두 촛점 F_1, F_2의 중점 C를 타원의 中心(center), 두 촛점을 지나는 직선 A_1A_2를 長軸(major axis), 중심을 지나 장축에 직교하는 직선 B_1, B_2를 短軸(minor axis), 장축을 지름으로 하는 원을 大副圓(major auxiliary circle), 단축을 지름으로 하는 원을 小副圓(minor auxiliary circle), 타원의 중심을 지나는 직선을 타원의 지름(diameter)이라고 한다.

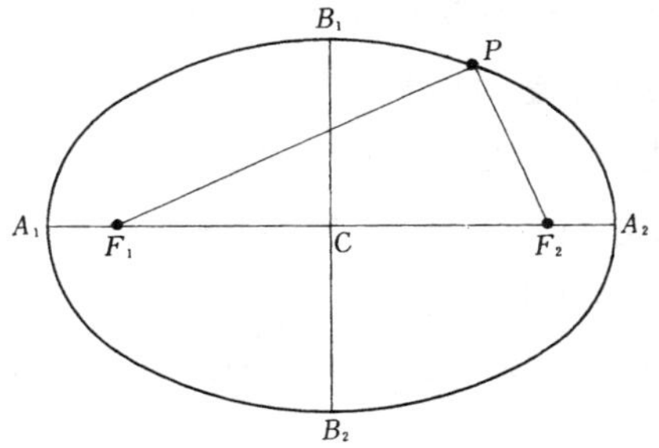

〈그림 2-10〉

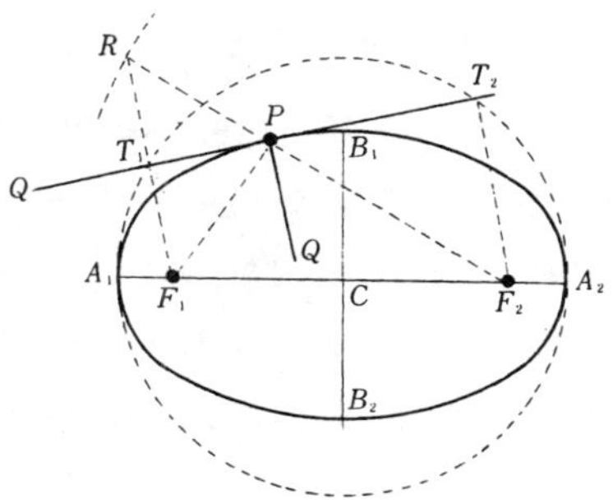

〈그림 2-11〉

다음 타원에 관한 정리를 살펴보기로 한다.

[정리 1] 타원상의 한 점 P에서 두 촛점에 이르는 거리의 합은 장축의 길이 A_1A_2와 같다.

[정리 2] 타원상의 한 점 P를 지나는 접선은 PF_1, PF_2가 이루는 外角을 2등분하고 법선은 그의 內角을 2등분한다(그림 2-11).

[정리 3] 촛점에서 접선에 내린 수선의 발 T_1, T_2는 대부원상에 있다(그림 2-11).

[정리 4] R를 접선에 관한 초점 F_1의 대칭점이라 하면 RF_2는 장축의 길이와 같다(그림 2-11).

[정리 5] 모든 지름은 중심에 의하여 2등분된다(그림 2-12).

[정리 6] 하나의 지름 D_1, D_2가 다른 지름 E_1, E_2에 평행한 현을 2등분할 때 E_1, E_2는 D_1, D_2에 평행한 모든 현을 2등분한다. 이러한 관계에 있는 두 지름을 共軛지름(conjugate diameter)이라고 한다(그림 2-12).

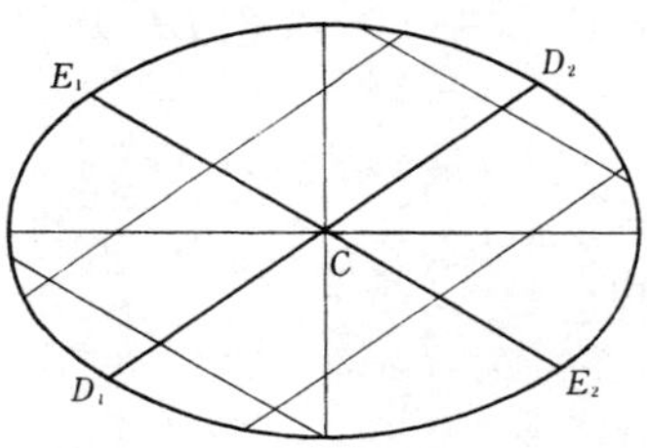

〈그림 2-12〉

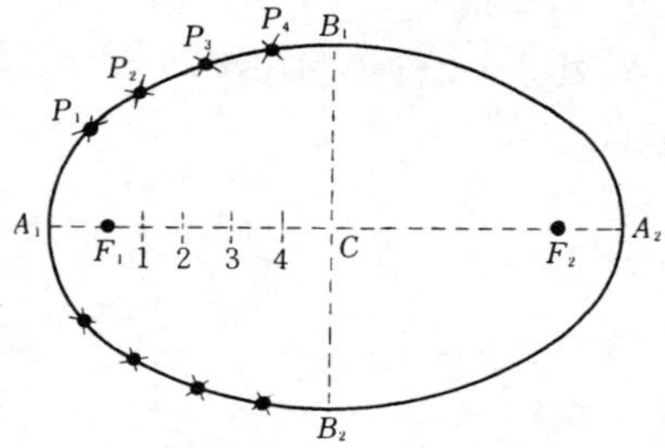

〈그림 2-13〉

작도 2-5. 두 초점 F_1, F_2 및 장축의 길이 $2a$가 주어졌을 때 타원을 그려라.

① 그림 2-13에서와 같이 F_1, F_2를 맺고 그 중점 C의 양측에 $CA_1 = CA_2 = a$가 되는 점 A_1, A_2를 잡는다.

② F, C 상에 임의의 점 1, 2, 3, …을 잡는다.

③ F_1에서 A_11, A_12, A_13, …을 반지름으로 하는 원호와 F_2에서 A_21, A_22, A_23, …을 반지름으로 하는 원호의 교점을 P_1, P_2, P_3, …로 하고 이 점들을 맺으면 타원이 된다.

작도 2-6. 장축 A_1A_2와 단축 B_1B_2가 주어졌을 때 타원을 그려라.

[제 1 법] ① 그림 2-13에서 B_1을 중심으로 하여 장축 A_1A_2의 1/2을 반지름으로 하는 원호를 그려 A_1A_2와의 교점을 F_1, F_2라 하면 이것이 두 초점이 된다.

② 다음은 〔작도 2-5〕의 방법으로 작도하면 된다(焦點法).

[제 2 법] ① 그림 2-14에서와 같이 장축, 단축을 지름으로 하는 원, 즉 大小副圓을 그린다.

② 임의의 지름을 그려 양 원과의 교점을 D, E라 한다.

③ D에서 장축에, E에서 단축에 각각 평행선을 그려 교점을 P라 한다. 이와 같은 방법으로 여러 개의 P를 구하여 연결하면 타원이 된다(大小副圓法).

[제 3 법] ① 그림 2-15에서와 같이 $CA_1 - CB_1 = B_1D$ 되게 A_1B_1 위에 점 D를 잡는다.

② A_1D의 수직 2등분선 EF를 그려 단축의 연장선과의 교점 F를 정한다.

③ 같은 방법으로 GF, HI, JI를 구하여 장축과의 교점 K, L을 정한다.

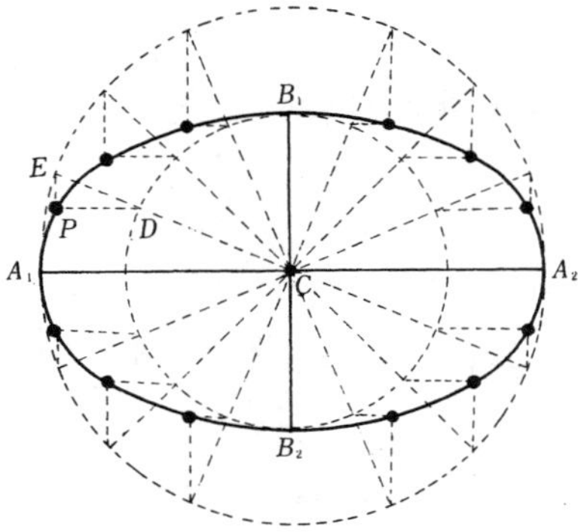

〈그림 2-14〉

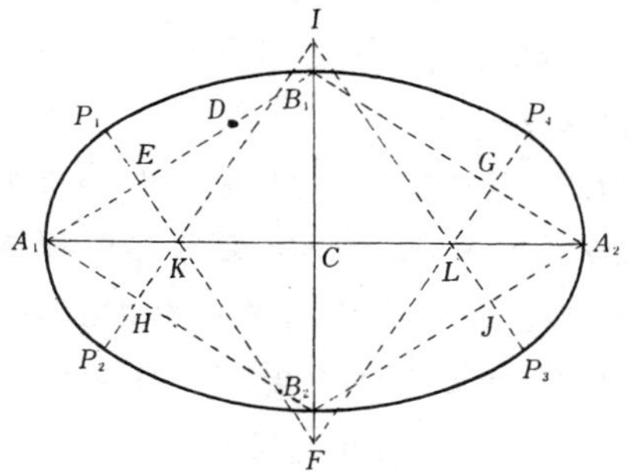

〈그림 2-15〉

④ F와 I에서 FB_1과 IB_2를 반지름으로 하는 원호 P_1P_4, P_2P_3를 그린다.

⑤ K와 L에서 $KP_1 = KP_2$와 $LP_4 = LP_3$를 반지름으로 원호를 그려 타원을 완성하면 類似楕圓이 얻어진다(4中心法).

작도 2-7. 주어진 타원상의 한 점에 접선을 그려라.

[**제1법**] 그림 2-16에서 [정리 **2**]를 이용하여 F_2P를 연장하고, $\angle F_1PR$의 2등분선 PT_1을 그으면 P점에 접선이 된다.

[**제2법**] 그림 2-16에서 [정리 **3**]를 이용하면 C에서 F_2P에 평행선을 그어 大副圓과의 교점을 T_1이라 한다. T_1P는 접선이 된다.

[**제3법**] 그림 2-16에서 [정리 **4**]를 이용하면 F_2P를 연장하여 $A_1A_2 = F_2R$가 되는 점 R를 잡는다. R, F_1을 맺으면 大副圓과의 교점 T_1을 얻는다. PT_1이 구하는 접선이다.

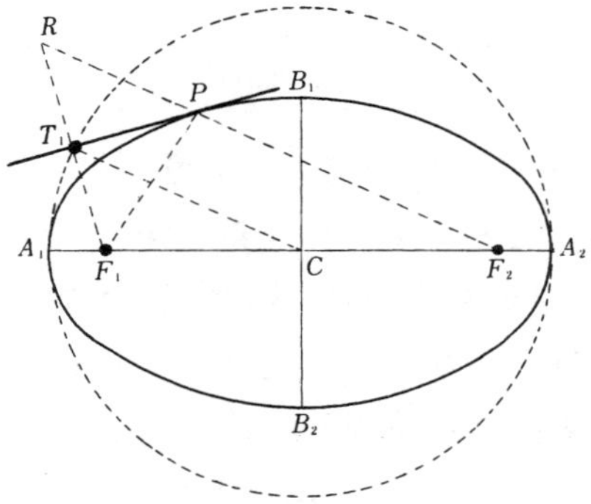

〈그림 2-16〉

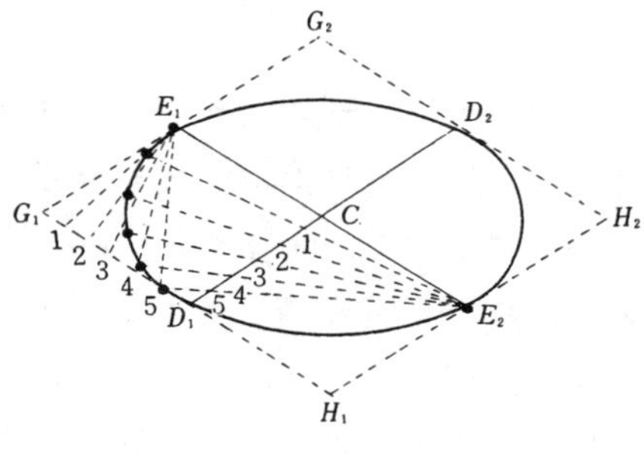

〈그림 2-17〉

작도 2-8. 한 조의 공액 지름이 주어졌을 때 타원을 그려라.

① 그림 2-17에서 공액 지름의 양끝 D_1, D_2, E_1, E_2에서 서로 다른 지름에 평행선을 그어 평행 4변형 $G_1H_1H_2G_2$를 만든다.

② CD_1, 및 G_1D_1을 같은 수로 등분하여 각 등분점과 E_1, E_2를 맺고 그 교점을 연결

하면 타원의 일부분이 된다.

③ CD_2 및 G_2D_2를 같은 수로 등분하여 ②번과 같이 하면 타원을 그릴 수 있다(平行4邊形法).

《참고》 공액축이 직각일 때는 직각 4 각형이다.

작도 2-9. 주어진 타원의 장축, 단축 및 촛점을 구하여라.

① 그림 2-18에서 임의의 평행한 현 11′, 22′를 그어 그의 중점 C_1, C_2를 지나는 현 PQ의 중점 C는 타원의 중심이 된다.

② C에서 임의의 반지름으로 원을 그려 타원과의 교점 D, E, G, H를 구한다.

③ DE의 수직 2등분선 A_1A_2는 장축이다.

④ EG의 수직 2등분선 B_1B_2는 단축이다.

⑤ B_1에서 $CA_1 = CA_2$를 반지름으로 하는 원호와 장축과의 교점 F_1F_2는 촛점이 된다.

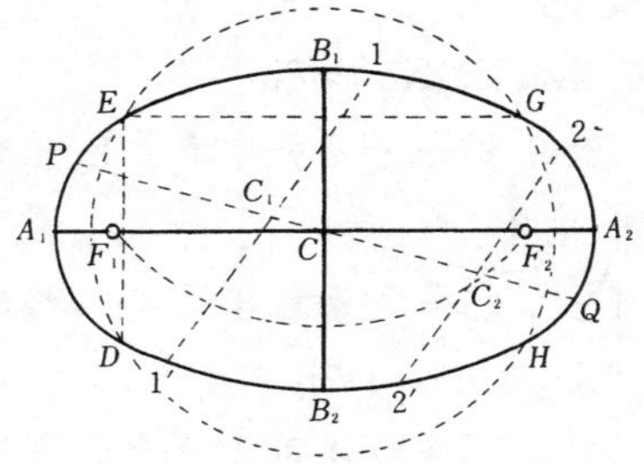

〈그림 2-18〉

2-4 雙 曲 線

▩ 정의 : 정해진 두 점에서 거리의 차가 일정한 궤적을 쌍곡선이라 한다. 그림 2-19에서 그 정점을 焦點(focus), 두 촛점 F_1, F_2를 맺는 직선 A_1A_2를 主軸 또는 가로軸(transverse), 촛점간의 중심을 지나 가로축에 직교하는 직선 B_1, B_2를 共軛軸(conjugate axis), 쌍곡선의 꼭지점간의 길이 A_1A_2를 지름으로 하는 원을 副圓(auxiliary circle), 중심을 지나 양끝이 쌍곡선상에 있는 직선을 지름이라 한다. 중심을 지나는 쌍곡선의 접선은 무한거리에서 곡선에 접한다. 이 한 쌍의 접선을 쌍곡선의 漸近線(asymptotes), 점근선이 서로 직교하는 쌍곡선을 直角雙曲線(rectangular hyperbola)이라고 한다.

다음 쌍곡선에 관한 정리를 생각해 본다.

[정리 1] 쌍곡선상의 한 점에서 두 촛점에 이르는 거리의 차는 부원의 지름 A_1A_2와 같다(그림 2-20).

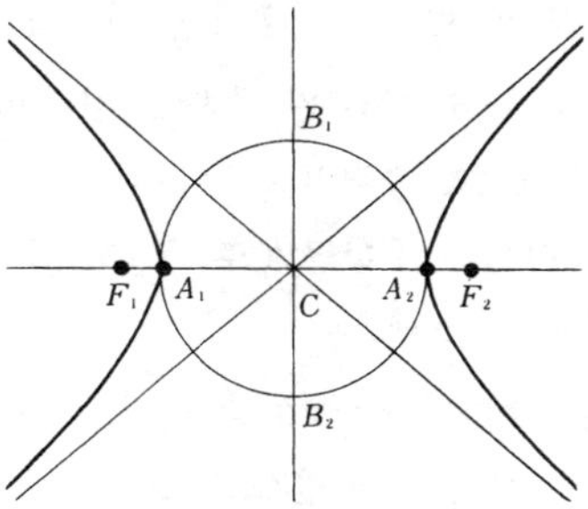

〈그림 2-19〉

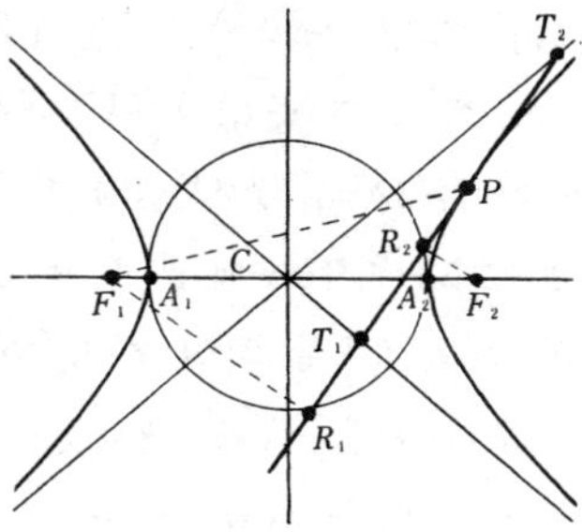

〈그림 2-20〉

[**정리 2**] 쌍곡선상의 한 점 P에 있어서의 접선은 P와 두 初점과를 맺는 두 직선간의 각을 2등분한다(그림 2-20).

[**정리 3**] 初점에서 접선에 내린 수선의 발 R_1, R_2는 항상 부원상에 있다. 또 접점과 初점과를 맺는 직선을 지름으로 하는 부원과 R_1, R_2에서 서로 접한다(그림 2-20).

[**정리 4**] 쌍곡선상의 한 점 P에 있어서 접선이 점근선과 두 점 T_1, T_2에서 만날 때 P점은 이들의 중점이 된다(그림 2-20).

[**정리 5**] 쌍곡선의 접선과 점근선에 의하여 둘러싸여 있는 3각형 T_1CT_2의 면적은 일정하다(그림 2-20).

작도 2-10. 두 初점과 쌍곡선상의 한 점에서 두 初점에 이르는 거리의 차 $2a$가 주어졌을 때 쌍곡선을 그려라.

① 그림 2-21에서 F_1, F_2는 初점이므로 [정리 **1**]을 이용해서 F_1F_2의 중점 C의 양측에 a와 같게 CA_1, CA_2를 정한다.

② 주축상의 F_1, F_2에서부터 임의의 점 1, 2, 3, …을 정한다.

③ F_1에서 $A_11, A_12, A_13, \cdots$을 반지름으로 하는 원호와 F_2에서 $A_21, A_22, A_23, \cdots$을 반지름으로 하는 원호의 교점 P_1, P_2, P_3를 곡선으로 연결하면 쌍곡선이 된다.

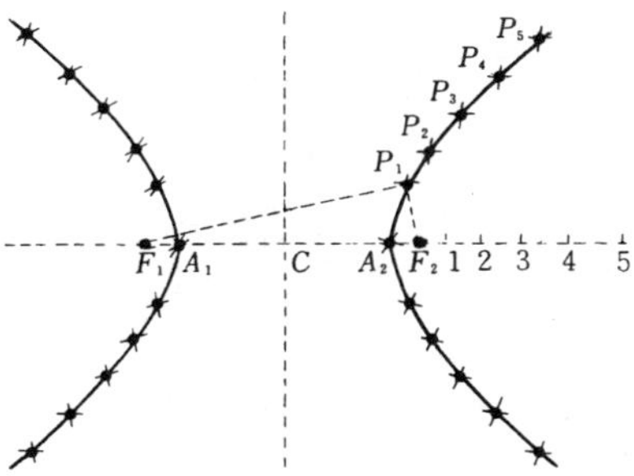

〈그림 2-21〉

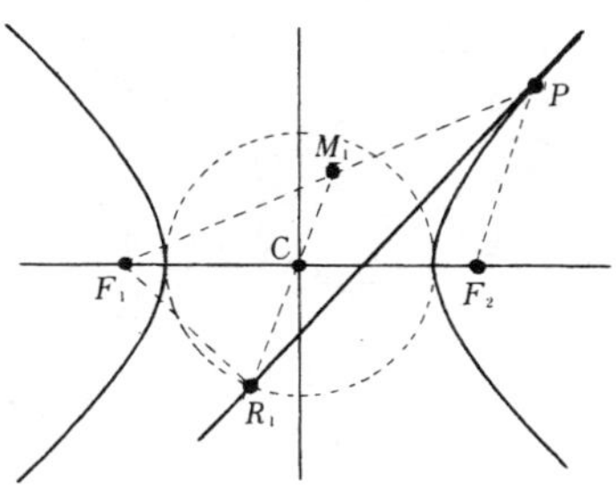

〈그림 2-22〉

작도 2-11. 쌍곡선의 한 점 P에서 접선을 그어라.

[**제 1 법**] 그림 2-22에서 [정리 **2**]를 이용하여 $\angle F_1PF_2$의 2등분선을 그으면 구하는 접선이 된다.

[**제 2 법**] 그림 2-22에서 [정리 3]을 이용하여 PF_1을 맺고 그 중점을 M_1이라 한다. M_1과 C를 맺고 그 연장과 副圓과의 교점을 R_1이라 하면 PR_1은 구하는 접선이 된다.

작도 2-12. 점근선과 쌍곡선상의 한 점이 주어졌을 때 쌍곡선을 그려라.

① 그림 2-23에서 주어진 점 P를 지나 점근선에 평행선 PQ, PR를 긋고, C를 지나는 임의의 직선 $C1$을 그어 PQ, PR와의 교점 $1, 1'$를 구한다.

② $1, 1'$에서 PQ, PR에 평행선을 그어 교점 P_1을 구하면 쌍곡선상의 점이 된다.

위와 같은 방법을 되풀이하여 여러 점들을 구한 후 이들을 곡선으로 연결하면 쌍곡선이 된다.

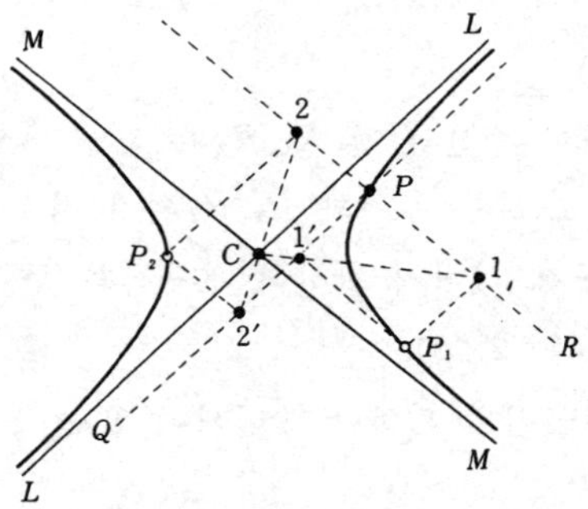

〈그림 2-23〉

特殊曲線

第 3 章

3-1 螺　　線

정의 : 그림 3-1에서와 같이 정점 O를 중심으로 하여 직선 OA가 같은 평면 내에서 회전하는 동시에 P점이 어떤 일정한 법칙에 따라 OA 직선 위를 움직일 때 P점의 궤적을 **螺線**(spiral)이라고 한다.

이 때 정점을 **極**(pole), 최초의 위치 OA_0를 **首線**(initial line), 나선상의 한 점과 극과 맺은 직선을 **動徑**(radius vector), 동경과 수선 사이의 각을 회전각 또는 **動徑角**(vectorial angle)이라고 한다.

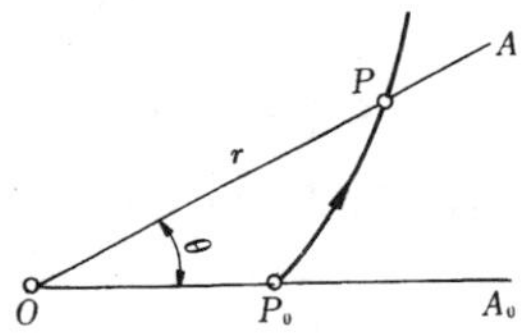

〈그림 3-1〉

3-2 아르키메데스 螺線

정의 : 동경의 길이가 회전각에 정비례하는 나선을 아르키메데스 螺線(Archimedes spiral)이라고 한다. 이것을 식으로 표시하면

$$r = a \cdot \theta$$

여기서, r : 동경의 길이, θ : 회전각, a : 상수

작도 3-1. 극, 수선 및 단위 회전각에 대한 동경의 길이(상수 a)가 주어졌을 때 아르키메데스 나선을 그려라.

① 그림 3-2에서 주어진 극과 수선을 O와 OP_{12}로 한다. 수선 위에 $OP_{12} = 2\pi a$를 잡고 OP_{12}를 n등분(그림 3-2에서는 12등분)한다.

② 극에서 1회전을 n등분하는 放射線을 그린다.

③ $O1 = OP_1$, $O2 = OP_2$, …되는 점 P_1, P_2, …를 맺으면 구하는 나선을 얻는다.

작도 3-2. 아르키메데스 나선 위의 한 점 P에 접선을 그어라.

① 그림 3-2에서와 같이 O에서 OP에 수선을 세워 a의 길이와 같게 OC를 잡는다.

② PC는 법선이 된다. P에서 PC에 수직으로 PT를 그으면 접선이 된다.

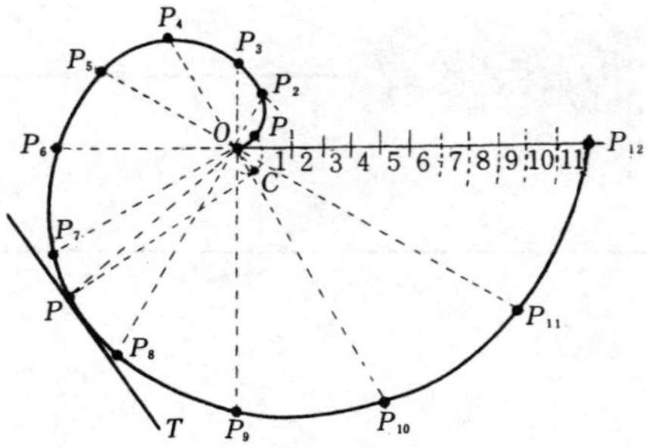

〈그림 3-2〉

3-3 對數螺線

■ 정의 : 동경각 θ가 등차급수적으로 증대할 때 동경 r에 등비급수적으로 증대하는 나선을 對數螺線(logarithmic spiral)이라 하고, 다음 방정식으로 표시된다.

$$r = a^{\theta} \quad \text{혹은} \quad \log r = \theta \log a$$

이다. 윗식에서 $\theta = 0$일 때 $r = r_0$라 하면

$r_0 = a^{\circ} = 1$

$\theta = 30^{\circ} = \frac{\pi}{6}$일 때 : $r_1 = a^{\frac{\pi}{6}}$ $\quad \therefore \log r_1 = \frac{\pi}{6} \log a$

$\theta = 60^{\circ} = \frac{\pi}{3}$일 때 : $r_2 = a^{\frac{2\pi}{6}}$ $\quad \therefore \log r_2 = \frac{2\pi}{6} \log a$

$\theta = 90^{\circ} = \frac{\pi}{2}$일 때 : $r_3 = a^{\frac{3\pi}{6}}$ $\quad \therefore \log r_3 = \frac{3\pi}{6} \log a$

$\vdots \qquad \vdots \qquad \vdots$

그러므로 $\frac{r_1}{r_0} = \frac{r_2}{r_1} = \frac{r_3}{r_2} = \cdots a^{\frac{\pi}{6}}$로 된다.

또 $\log r_1 : \log r_2 : \log r_3 \cdots = 1 : 2 : 3 \cdots$이 된다. 즉 동경의 길이의 대수는 회전각에 정비례한다.

작도 3-3. 두 개의 동경 OP_0와 OP_1, 회전각 θ가 주어졌을 때 對數螺線을 그려라. 단, $\theta = 30^{\circ}$이다 (그림 3-3).

① 首線 위에 $\theta = 0$에 대한 하나의 동경 $OP_0 = r_0 = 1$을 잡는다.

② $OP_0 \perp P_0 1$, $O1 = a^{\frac{\pi}{6}}$가 되게 점 1을 정한다. $\angle P_0 O 1 \fallingdotseq 30^{\circ}$

③ $O1 \perp \overline{12}$, $O2 \perp \overline{23}$, $O3 \perp \overline{34}$, …와 같이 반복하여 $r_2 = O2$, $r_3 = O3$, $r_4 = O4$, …를 얻는다.

④ O에서 30° 간격의 방사선을 그린다. $\angle P_{12} O P_{11} = 30^{\circ}$

⑤ $r_1 = OP_1$, $r_2 = OP_2$, …되게 P_1, P_2, P_3, …을 취하여 곡선으로 연결하면 대수나선이 된다.

작도 3-4. 대수나선상의 점 P에 접선 및 법선을 그려라(그림 3-3)

① OP상에 $OQ = OP_0 = 1$을 취하고 $OQ \perp OC$, $OC = \log a$를 취한다.

② P에서 QC에 평행선 PN은 법선이 된다.

③ PN에 수직선 PT는 접선이다.

《참고》 O를 중심으로 반지름 $\log a$ 및 1의 두 원이 표시되어 있다.

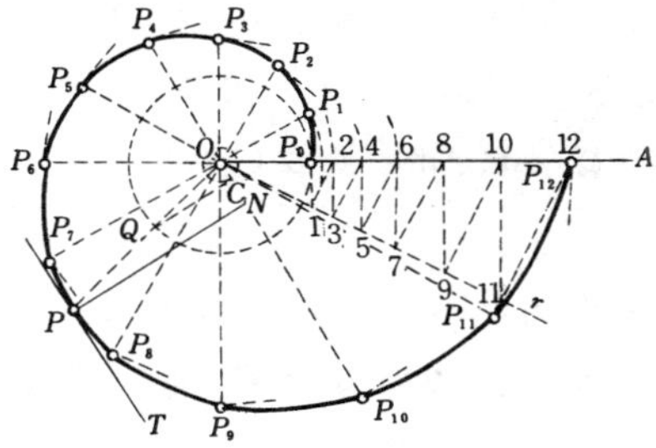

〈그림 3-3〉

3-4 雙曲線螺線

■ **정의 :** 동경의 길이가 회전각에 반비례하는 나선을 雙曲線螺線(hyperbolic spiral)이라고 한다. 이것을 식으로 표시하면

$$r = \frac{a}{\theta} \text{ 또는 } r\theta = a$$

작도 3-5. 단위회전각 $\theta = 1$ rad에 대한 동경의 길이 a가 주어졌을 때 쌍곡선나선을 그려라.

① 그림 3-4에 표시한 바와 같이 반지름 a가 되는 원 O를 그려 $a = \widehat{A1} = \widehat{12} = \widehat{23}\cdots$ 되는 점 1, 2, 3, …을 구하면 $\angle AO1 = 1$ 라디안이 된다. 그리고 1의 점은 곡선상의 점 P_1이 된다.

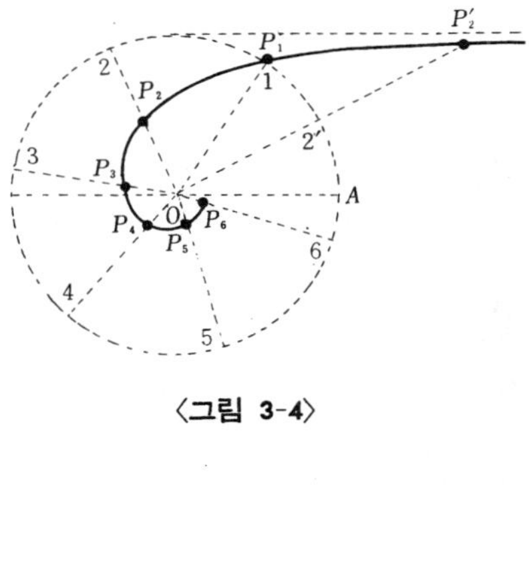

〈그림 3-4〉

② $\frac{1}{2}O2 = OP_2$, $\frac{1}{3}O3 = OP_3$, $\frac{1}{4}O4 = OP_4$, …되는 점 P_2, P_3, P_4를 구한다.

③ $\frac{1}{2}\widehat{A1} = \widehat{A2'}$, $2 \times O2' = OP_2$ 되는 점 P_2'를 구한다.

④ P_2', P_1, P_2, …를 맺으면 구하는 나선이 된다.

3-5 轉 跡 線

▩ 정의 : 그림 3-5에서 곡선 CD가 고정곡선 AB에 따라 구를 때 곡선 CD 위의 한 점 P의 궤적을 총칭해서 轉跡線(roulette)이라고 한다. 이 때 곡선 CD를 轉曲線(rolling curve), 고정곡선 AB를 導曲線(directing curve), 점 P를 動點(tracing point)이라고 한다.

그림 3-6～그림 3-8에 표시한 바와 같이 AB를 도곡선, CD를 전곡선, O_1을 도곡선의 Q점에 대한 곡률중심, O_2를 전곡선의 Q 점에 대한 곡률중심이라 하고, 동점 P의 회전중심을 구하여 보면, PQ를 맺고 Q점에서 PQ에 수선을 세워 PO_2의 연장과의 교점을 R라 한다.

RO_1과 PQ의 연장과의 교점 O는 구하는 곡률중심이 된다. 도곡선이 직선인 경우에는 그림 3-7에서 표시한 바와 같이 R에서 AB에 수선을 내리고 PQ의 연장과의 교점 O가 구하는 회전중심이 된다.

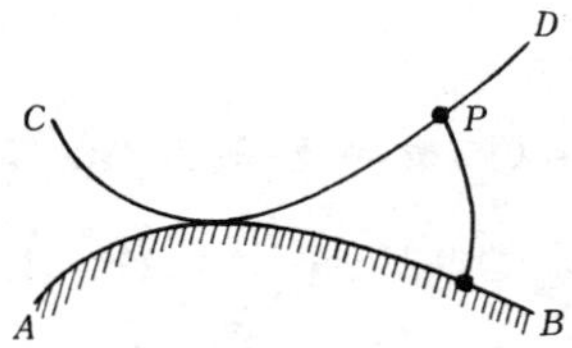

〈그림 3-5〉

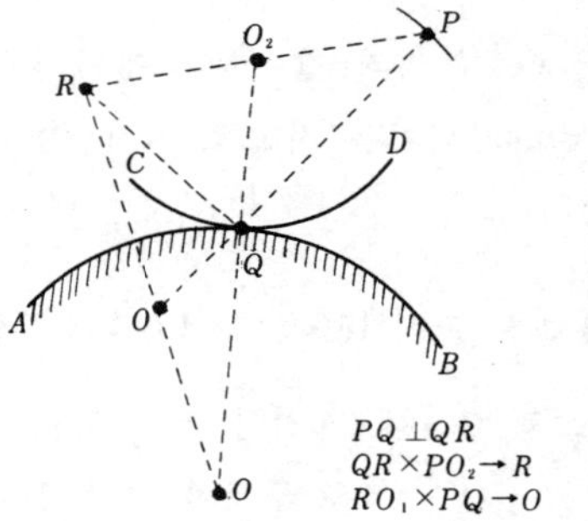

〈그림 3-6〉

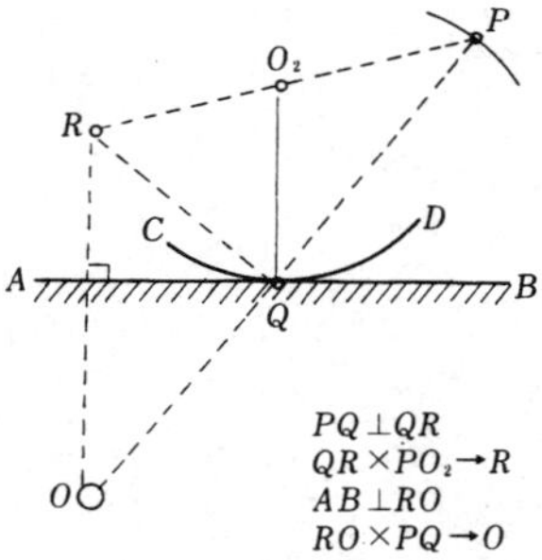

〈그림 3-7〉

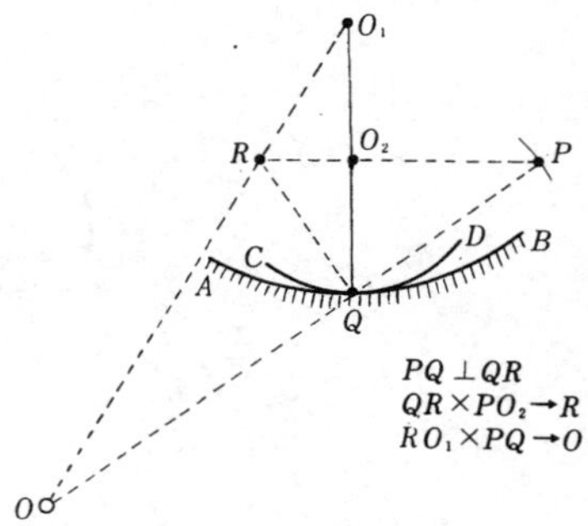

〈그림 3-8〉

3-6 擺 線

▩ 정의 : 轉跡線의 특별한 경우로서 도곡선의 직선 또는 원, 전곡선의 원일 때 이것을 일반적으로 擺線(cycloid)이라고 한다. 패선에는 다음의 9 종류가 있다.

(1) 도곡선이 직선일 경우

1) 정직선 위를 원이 굴러갈 때, 轉圓周 위의 점을 動點으로 할 때 전적선을 普通擺線(common cycloid)이라고 한다.

2) 동점이 전원의 내부에 있을 때의 패선을 內餘擺線(inferior trochoid)이라고 한다.

3) 동점이 전원의 외부에 있을 때의 패선을 外餘擺線(superior trochoid)이라고 한다.

(2) 도곡선이 원일 경우

i) 전원이 도원의 바깥쪽을 굴러갈 때

1) 동점이 전원주상에 있을 때, 전적선을 外擺線(epicycloid)이라고 한다.

2) 동점이 전원의 내부에 있을 때 전적선을 扁外餘擺線(inferior epitrochoid)이라고 한다.

3) 동점이 전원의 외부에 있을 때 전적선을 高外餘擺線(superior epitrochoid)이라고 한다.

ii) 전원이 도원의 안쪽을 굴러갈 때

1) 동점이 전원주상에 있을 때 전적선을 內擺線(hypocycloid)이라고 한다.

2) 동점이 전원의 내부에 있을 때 전적선을 扁內餘擺線(inferior hypotrochoid)이라고 한다.

3) 동점이 전원의 외부에 있을 때 전적선을 高內餘擺線(superior hypotrochoid)이라고 한다.

작도 3-6 轉圓이 주어졌을 때 보통 패선을 그려라.

① 그림 3-9에서 전원의 원주 길이와 같게 도직선상에 $P12'$를 정한다.

② 원주 및 $P12'$를 n등분(그림에서는 12등분)하면 $P1'=OO_1=\widehat{P1}$이 된다. O_1, O_2에서 도직선에 접하는 주어진 전원을 그린다.

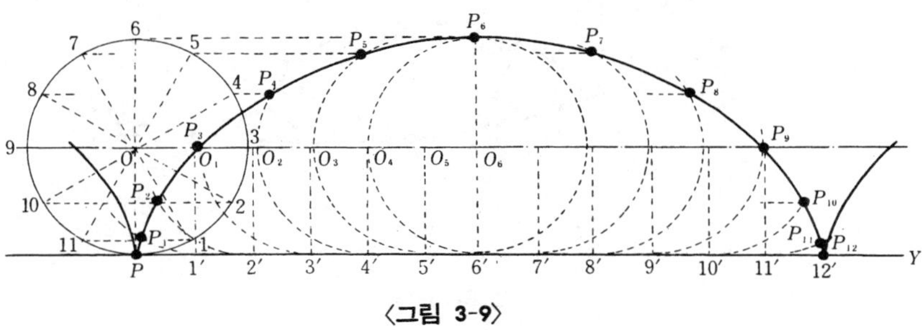

〈그림 3-9〉

③ 1에서 도직선에 평행선을 그어 원 O_1과의 교점 P_1을, 같은 방법으로 2에서 $P_2, \cdots$를 구하여 이들을 곡선으로 맺으면 된다.

작도 3-7. 전원과 동점이 주어졌을 때 여패선을 그려라.

① 그림 3-10에서 전원을 O, 전원의 내외 동점을 Q, R라 한다.

② 〔작도 3-6〕과 같은 방법에 의하여 P_1, P_2, $P_3, \cdots$을 구하고 이들의 점과 각 중심을 맺는다.

③ P_1O_1, $P_2O_2, \cdots$ 위와 연장선상에 $OQ = O_1Q_1 = O_2Q_2 \cdots$, $OR = O_1R_1 = O_2R_2 \cdots$을 정하면 각 점을 맺는 곡선은 내여패선과 외여패선이 된다.

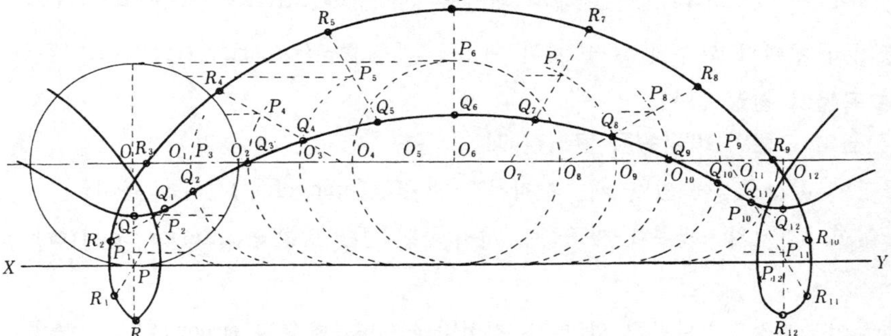

〈그림 3-10〉

작도 3-8. 전원과 도원이 주어졌을 때 내외패선을 그려라.

① 그림 3-11에서 도원을 C, 전원을 O라 한다.

② 도원 C 위에 전원의 원주 길이와 같게 $P12'$를 잡고, 전원과 $P12'$를 n등분(그림

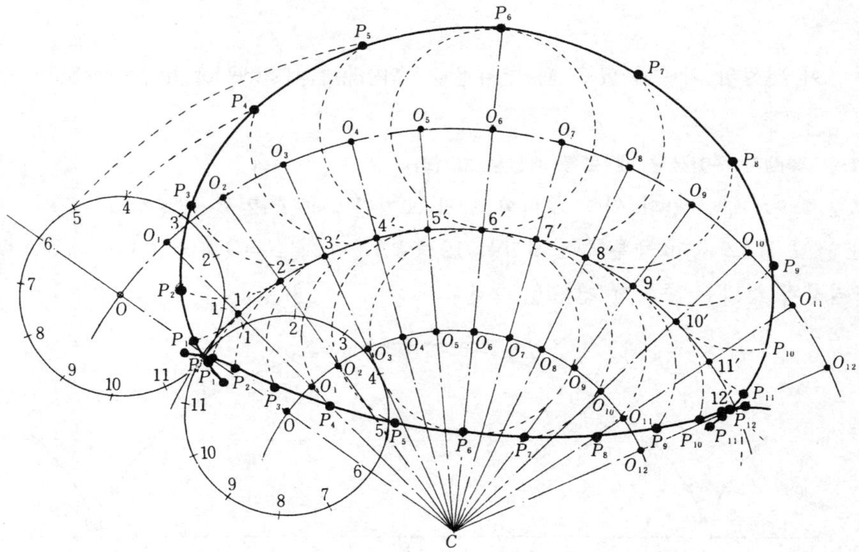

〈그림 3-11〉

에서는 12등분)한다.

③ $1', 2', 3', \cdots$에서 C원에 접하는 전원을 그린다.

④ C에서 반지름 $C1$로 하는 원호와 원 O_1과의 교점을 P_1, 또 $C2$를 반지름으로 하는 원호와 원 O_2와의 교점을 $P_2, \cdots$를 구하여 곡선으로 연결하면 된다.

3-7 漸伸線과 漸縮線

정의 : 그림 3-12에서 직선이 곡선상을 구를 때 같은 직선상의 한 점 P의 궤적 $P_1, \cdots, P_6$를 같은 곡선의 漸伸線(involute)이라고 한다. 또 곡선 P_1P_6의 곡률중심의 궤적 $O_1, \cdots, O_6$를 漸縮線(evolute)이라고 한다.

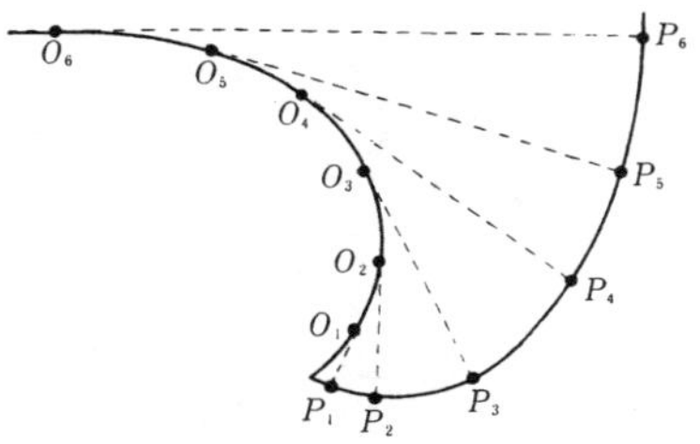

〈그림 3-12〉

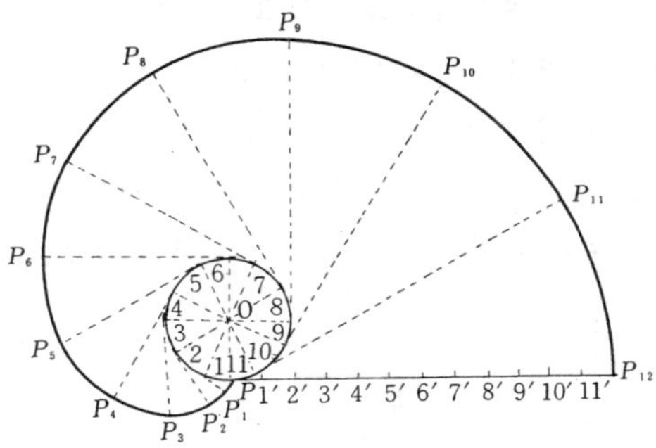

$\widehat{P1} = P1'$, $\widehat{P2} = P2'$, $\cdots$, $\angle O1P_1 = 90°$, $P1' = 1P_1, \cdots$

〈그림 3-13〉

작도 3-9. 주어진 원의 접신선을 그려라.

① 그림 3-13에서 주어진 원 O의 직연 PP_{12}를 잡고, PP_{12}와 원주를 n등분(그림에서는 12등분)한다.

② 원의 각 분점에서 접선을 그려 $P1' = 1P_1$, $P2' = 2P_2, \cdots$ 되는 점 P_1, $P_2, \cdots$를 곡선으로 연결하면 접신선이 된다.

작도 3-10. 주어진 반원을 가지고 같은 간격의 호성나선을 그려라.

① 그림 3-14의 A에서 반지름 AB로 반원 CB를 그린다.

② O에서 OC를 반지름으로 반원 CD를 그린다.

③ 다시 A에서 AD를 반지름으로 반원 DE를 그린다.

이와 같이 O와 A를 교대로 반원을 그려 나가면 된다.

작도 3-11. 주어진 4각형을 가지고 호성나선을 그려라(그림 3-15).

① 정방형 $ABCD$의 각 변을 연장해서 B, C, D, A를 차례로 중심으로 하여 호를 연접하여 나선을 그린다.

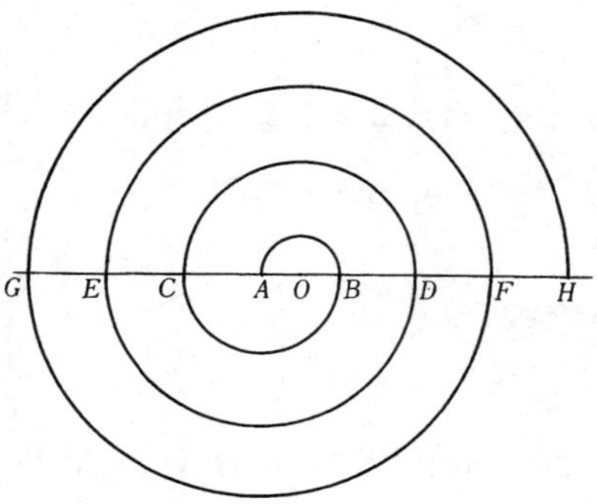

〈그림 3-14〉

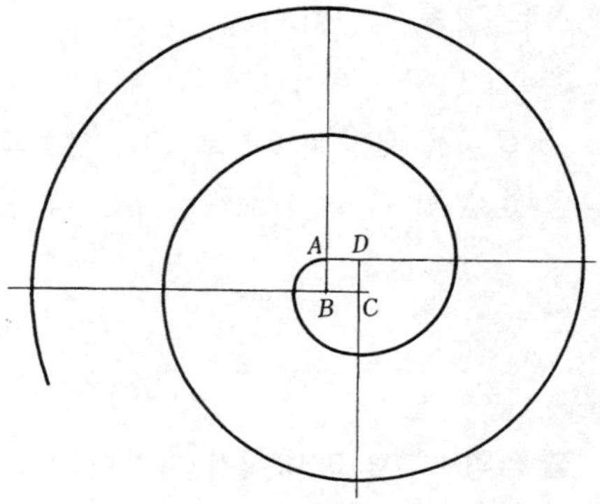

〈그림 3-15〉

작도 3-12. 주어진 원을 가지고 나선을 그려라

① 그림 3-16에서 원 O의 반지름의 중점 1,2,3,4를 정한다.

② 먼저 2에서 $A2$를 반지름으로 원호 AB를 그린다.

③ 3에서 $B3$을 반지름으로 원호 BC를 그린다.

④ 4에서 $C4$를 반지름으로 원호 CD를 그린다.

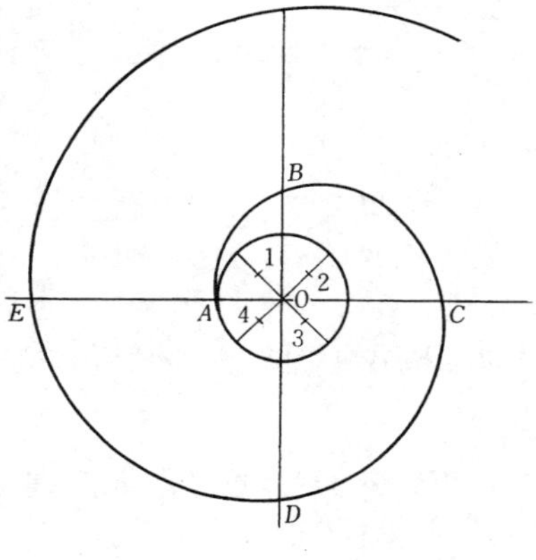

〈그림 3-16〉

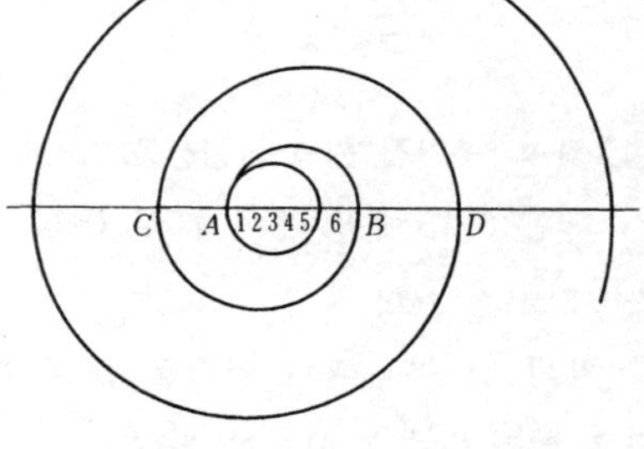

〈그림 3-17〉

작도 3-13. 주어진 원을 가지고 대수나선을 그려라.

① 원을 그리고 그 지름을 짝수로 등분(그림 3-17에서는 6등분)한다.

② 지름을 연장하고 4에서 $4A$를 반지름으로 반원 AB를 그린다.

③ 2에서 $B2$를 반지름으로 반원 BC를 그린다.

이와 같이 5, 1, 6,…을 차례로 중심을 옮기면서 반원을 접속시키면 소요의 나선을 그릴 수 있다.

第 4 章

4-1 投　像

공간에 있는 물체를 볼 때 물체의 각 부와 눈을 연결하는 시선이 눈으로 집중하여 물체의 위치와 형상을 인정할 수 있다.

지금 눈과 물체 사이 또는 물체 뒤에 유리판을 수평면에 직각으로 세워 유리판과 시선과의 교점들을 연결하면 유리면 위에 물체의 모양을 그릴 수가 있다. 이와 같이 하여 그린 도형을 投像(projection)이라 하고, 유리판을 投像面(plane of projection), 눈의 위치를 視點(point of sight), 시선을 投像線(projecting line)이라고 한다.

投射線에 의하여 투상을 분류하면 다음과 같다.

(1) 平行投像(parallel projection)

1) 正投像(orthogonal projection)　　2) 斜投像(oblique projection)

3) 軸測投像(axonometric projection)　　4) 標高投像(indexed projection)

(2) 透視投像(perspective projection)

投像圖의 형태를 분류하면 그림 4-1 과 같다.

4-2 投 像 面

正投像에 있어서 공간에 있는 물체를 하나의 投像面에 투상하면 공간의 위치가 不定일 뿐만 아니라 물체의 형상을 정확히 표현할 수 없으므로 正投像에서는 2개 이상의 투상면을 필요로 한다.

편의상 그 하나를 수평으로, 다른 하나를 수직으로 취한다.

이 수평한 평면을 水平投像面(horizontal plane of projection) 또는 단순히 水平面(horizontal plane), 수직한 평면을 直立投像面(vertical plane of projection), 直立面(vertical plane)이라 하고, 양평면을 각각 主投像面(principal plane of projection)이라고 한다. 또 이들 주투상면의 교선을 基線(ground line)이라고 한다.

그림의 형태				화면에 대한 물체의 관계	투상선 사이의 관계	화면에 대한 투상선의 관계
일반적형태		도표	분류			
直投像	正投像	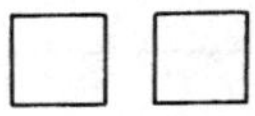	連系圖	1면에 평행	평행	수직
直投像	軸測投像	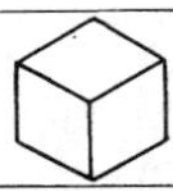	等測圖	3축이 화면에 같은 각도로 경사	평행	수직
直投像	軸測投像	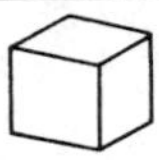	2 軸測圖	2축이 화면에 같은 각도로 경사	평행	수직
直投像	軸測投像	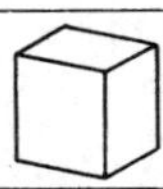	3 軸測圖	3축이 화면에 다른 각도로 경사	평행	수직
斜投像		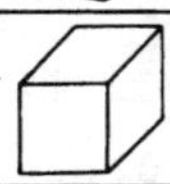	카발리어 투상	1면에 평행	평행	45° 경사
斜投像		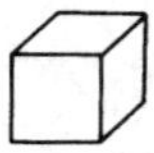	일반 사투상	1면에 평행	평행	임의각도 경사
斜投像		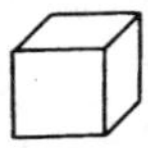	캐비닛 투상	1면에 평행	평행	약 63° 경사
透視投像			1點透視圖	1면에 평행	1점에 집중	여러 각도 경사
透視投像		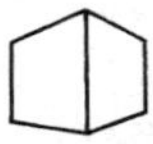	2點透視圖	수직선은 화면에 평행이나평면은경사	1점에 집중	여러 각도 경사
透視投像		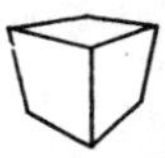	3點透視圖	3축 모두가 화면에 경사	1점에 집중	여러 각도 경사

〈그림 4-1〉

수평면상의 투상을 水平投像(horizontal projection) 또는 平面圖(plan)라 하고, 直立面上의 투상을 直立投像(vertical projection) 또는 단순히 立面圖(elevation) 또는 正面圖(front view)라고 한다.

主投像面에 수직인 側面(profile plane)上의 투상을 側面圖(profile 또는 side view)라고 한다.

4-3 2面角(dihedral angle)

水平幾何學에 있어서 평면을 구분할 때 2개의 직교하는 직선으로 구분하여 **第1象限·第2象限·第3象限·第4象限**으로 구별하였으나, 공간을 구분할 때는 직교하는 2개의 평면으로 공간을 구분하여 그림 4-2와 같이 4개의 2面角(dihedral angle)을 얻어 그 Ⅰ을 第1象限角(first quadrant angle), Ⅱ를 第2象限角(second quadrant angle), Ⅲ을 第3象限角(third quadrant angle), Ⅳ를 第4象限角(forth quadrant angle)이라고 한다.

水平 및 直立 투상면은 위에서 말한 바와 같이 동일 평면이 아니다. 單一平面上에 立面圖와 平面圖를 그리려면 그림 4-3과 같이 直立投像面을 基線을 축으로, 후방으로 회전하여 제1상한각과 제3상한각의 평면도와 입면도가 겹치지 않도록 나타냄으로써 單一平面에 도형을 그릴 수 있다.

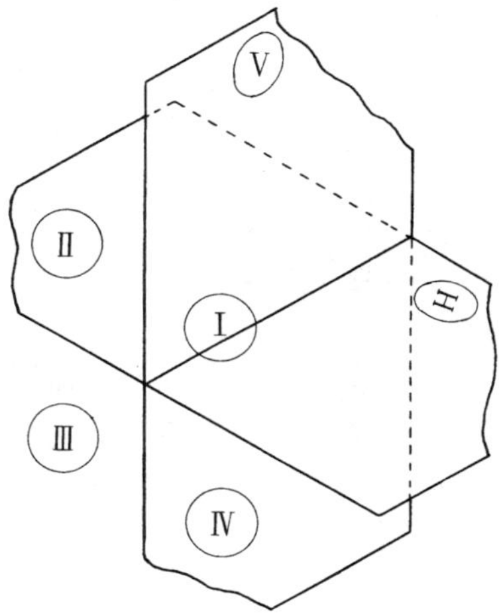

〈그림 4-2〉

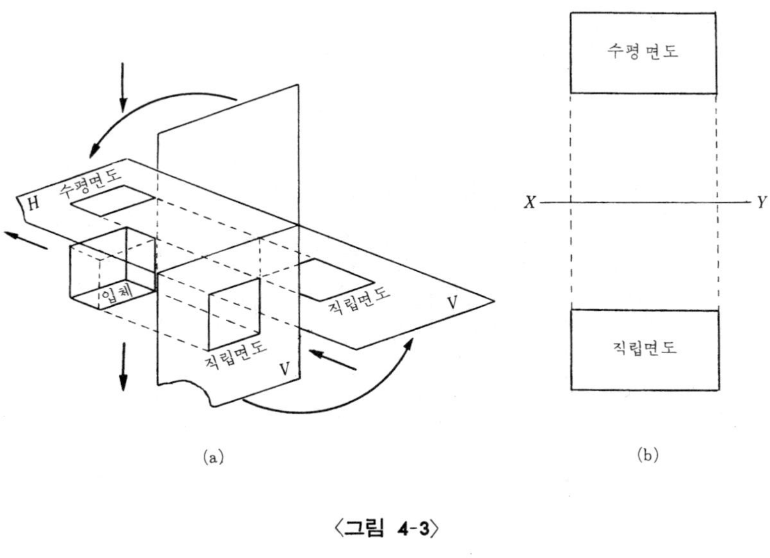

〈그림 4-3〉

4-4　第 1 角法과 第 3 角法

물체를 第 1 象限에 놓고 투상하는 것을 第 1 角法(first angle projection)이라고 하며 시점, 물체, 화면의 위치는 그림 4-4와 같다.

구체적인 투상법을 이해하기 위하여 그림 4-5와 같이 유리상자에 물체를 넣고 물체의 보이는 모양을 물체 뒤에 있는 유리면에 그린 다음 그림 4-6과 같이 펼쳐서 그림 4-7과 같이 배치하여 6개의 投像圖를 그릴 수 있다.

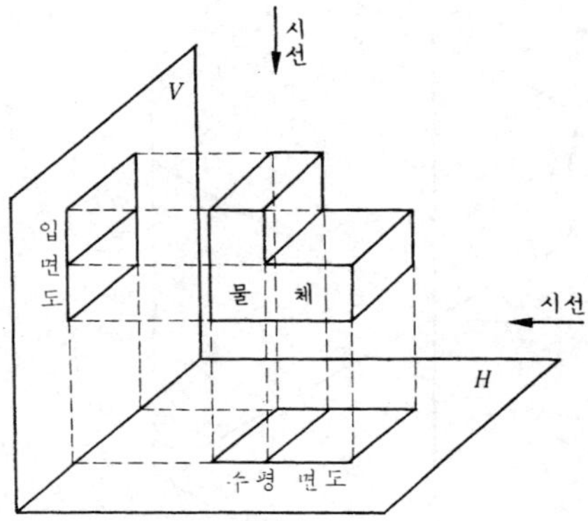

〈그림 4-4〉

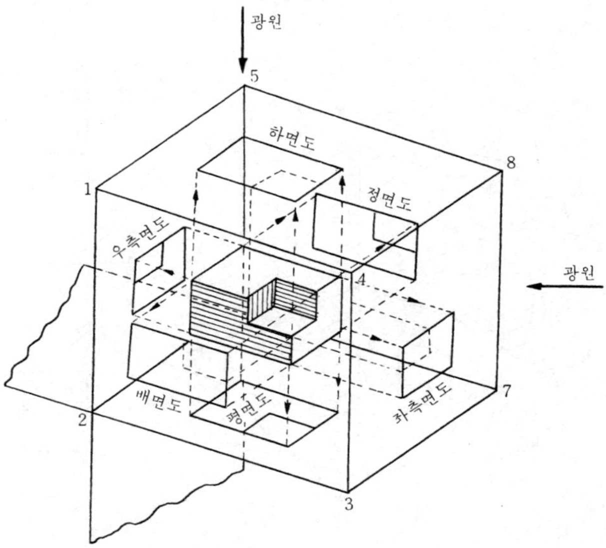

〈그림 4-5〉

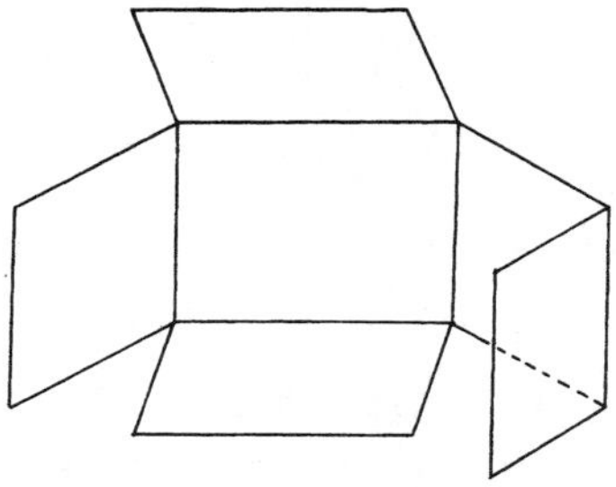

〈그림 4-6〉

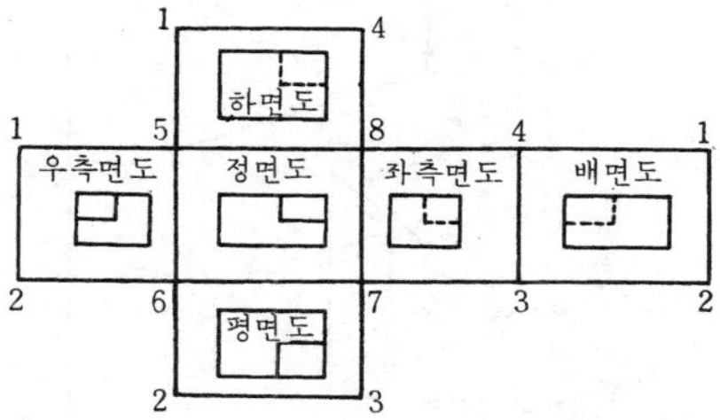

〈그림 4-7〉

이와 같이 시점→물체→화면의 순서로 투상하는 방법을 第1角法이라고 한다.

물체를 第3象限에 두고 투상하는 것을 第3角法(third angle projection)이라고 하며 시점, 화면, 물체의 위치는 그림 4-8과 같다.

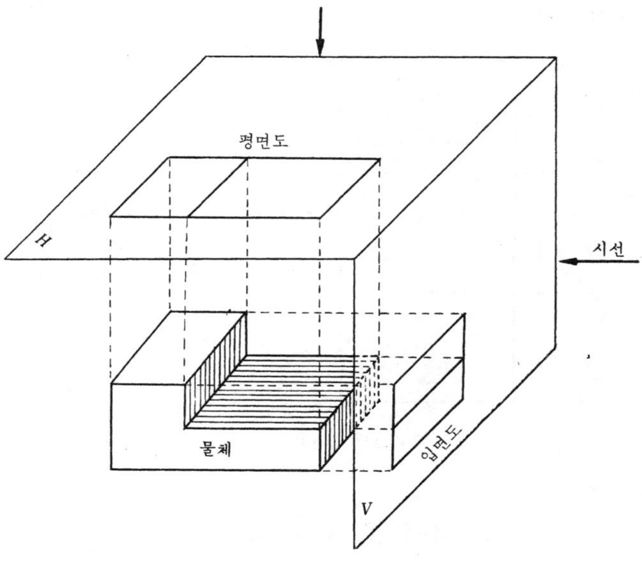

〈그림 4-8〉

그림 4-9와 같이 유리상자에 물체를 넣고 물체의 보이는 모양을 물체와 시점 사이에 있는 유리판에 그린 다음 그림 4-10과 같이 펼쳐 그림 4-11과 같이 배치하여 6개의 투상도를 그릴 수 있다. 이와 같이 시점→화면→물체의 순서로 투상하는 방법을 第3角法이라고 한다.

위에서 6개의 투상도를 그릴 수 있는데, 간단한 물체는 2개 또는 3개의 投像圖만으로도 충분히 물체를 표시할 수 있으므로 이 때는 정면도와 평면도 그리고 우측면도만을 그리는 것이 좋다.

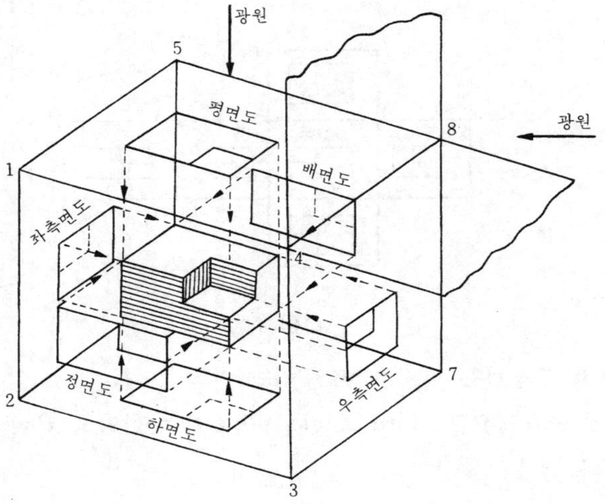

〈그림 4-9〉

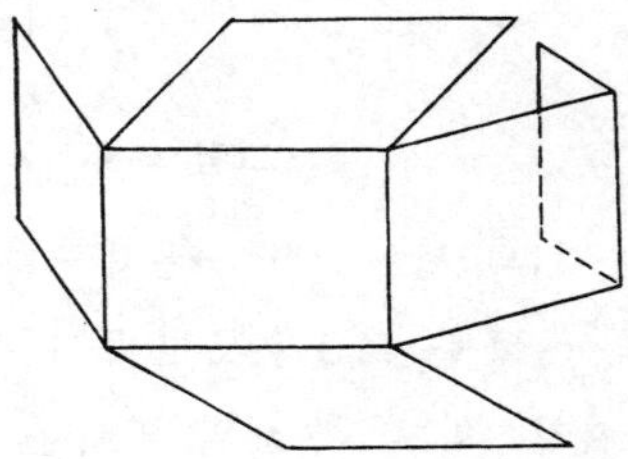

〈그림 4-10〉

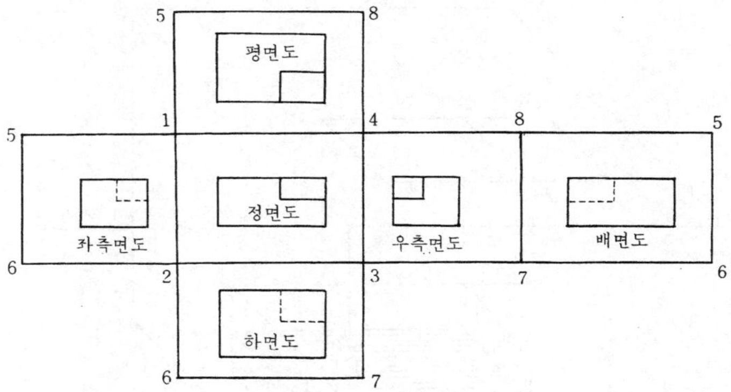

〈그림 4-11〉

4-5 點의 投像

[기호에 대한 약속]

1) 공간의 물체(실형) : A, B, C 등 영문자의 대문자
2) 입면도 : a', b', c' 등 영문자의 소문자에 dash 를 부가
3) 평면도 : a, b, c 등 영문자의 소문자
4) 기선상 : a_o, b_o, c_o 와 같이 소문자에 "o"의 suffix 를 부가
5) 기　선 : X- Y
6) 부기선 : X'- Y', X_1- Y_1

그림 4-12에서 A는 第1象限에 있는 점으로 한다. A에서 水平, 直立 兩投像面에 垂線을 세우고 그 발 a 및 a'에서 基線에 그린 수선의 교차를 a_0라 하면 $Aa'a_0a$는 직 4 각형으로 되어 $Aa = a'a_0$ 관계가 성립된다.

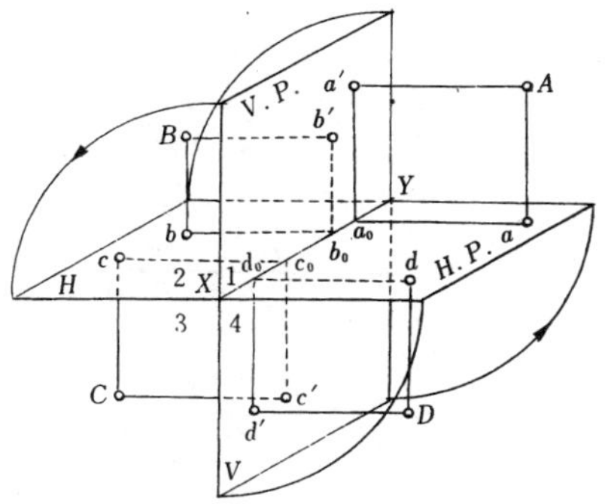

〈그림 4-12〉

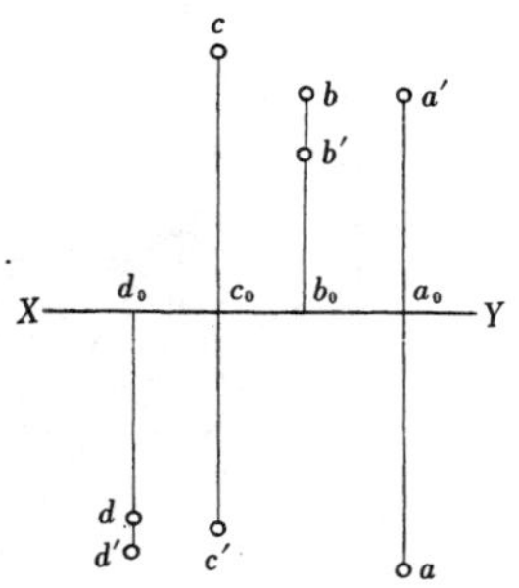

〈그림 4-13〉

그리고 圖學에서 대문자 A 는 實體點, 소문자 a 는 平面圖, 소문자 a' 는 立面圖를 나타낸다. 즉 공간의 점에서 水平面에 이르는 거리는 立面圖에, 공간의 점에서 直立面에 이르는 거리는 平面圖에 표시된다.

점 A, B, C, D 를 차례로 각 象限에 놓고 투상한 다음 直立面을 화살표 방향으로 회전하면 象限과 點의 投像의 관계는 그림 4-13 과 같이 된다.

① 第 1 象限에 있는 점 A 의 立面圖 a' 는 基線의 위쪽에, 平面圖 a 는 아래쪽에 표시된다.

② 第 2 象限에 있는 점 B 의 立面圖 b' 와 平面圖 b 는 다 같이 基線의 위쪽에 표시된다.

③ 第 3 象限에 있는 점 C 의 立面圖 c' 는 基線의 아래쪽에, 平面圖 c 는 위쪽에 표시된다.

④ 第 4 象限에 있는 점 D 의 立面圖 d' 와 平面圖 d 는 다 같이 基線의 아래쪽에 표시된다.

第 2 角法과 第 4 角法은 平面圖와 立面圖가 겹치는 경우가 되므로 기계제도에서는 사용하지 않고 건축제도에서 약간 응용된다.

4-6 直線의 投像

그림 4-14 는 4 角柱의 2 面을 水平, 直立 兩投像面에 평행하게 놓고 투상면인 유리면에 3 각법으로 그렸다고 생각한다.

직선 AB 는 兩投像面에 平行

직선 AC 는 直立面에 平行

직선 AD 는 水平面에 平行

직선 CD 는 側面에 平行한 경우이며 直線의 投像은 다음과 같다.

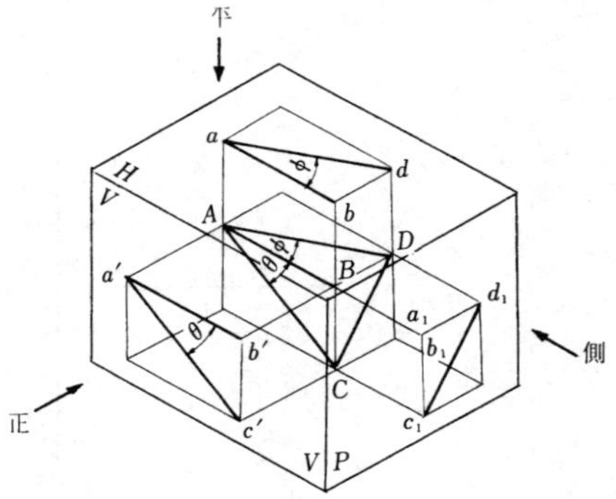

〈그림 4-14〉

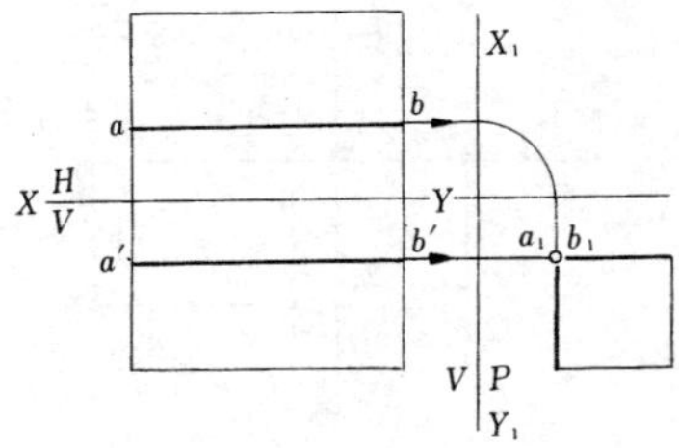

〈그림 4-15〉

直線 *AB* 의 投像 : 그림 4-15 와 같고, 관계는

$$ab /\!/ XY /\!/ a'b' \qquad ab = AB = a'b'$$

이며, 투상면에 평행한 직선은 그 투상도에 實長을 나타낸다.

直線 *AC* 의 投像 : 그림 4-16 과 같고, 투상도의 관계는

$$ac /\!/ XY \qquad AC = a'c'$$

이며, 투상면에 평행한 직선은 그 투상도에서 直線의 實長을 나타내며 다른 투상면과 경사진 實角을 나타낸다. $\angle\theta$ 는 수평면에 경사진 實角이다.

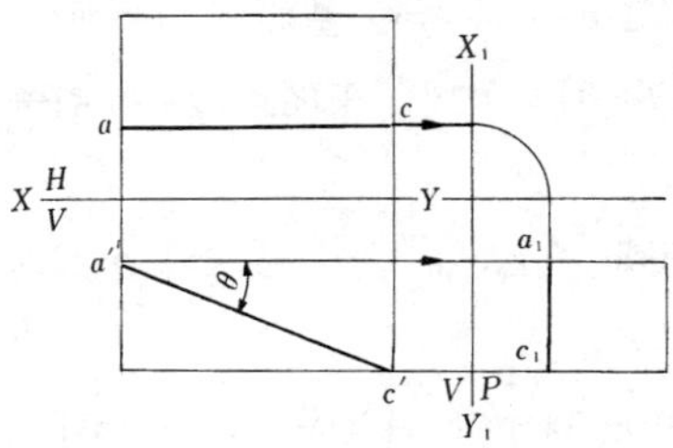

그림 〈4-16〉

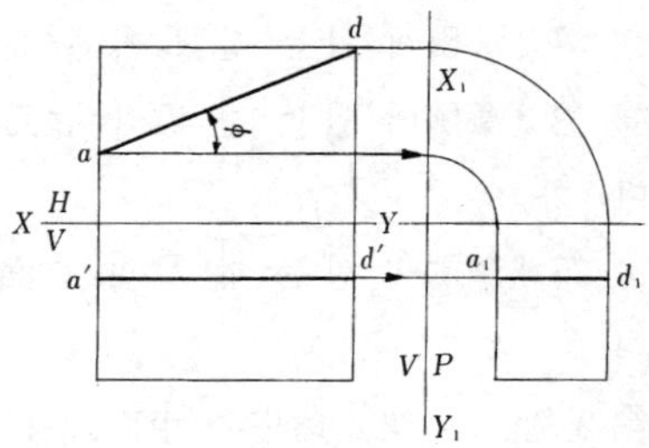

〈그림 4-17〉

直線 *AD* 의 投像 : 그림 4-17 과 같고, 투상도의 관계는

$$a'd' /\!/ XY \qquad AD = ad$$

$\angle\phi$ 는 직립면에 경사진 實角이다.

直線 *CD* 의 投像 : 그림 4-18 과 같고, 투상도의 관계는

$$cd \perp XY \perp c'd' \qquad cd /\!/ X_1Y_1 /\!/ c'd'$$

실제 길이 및 兩投像面과 이루는 角은 側面圖 c_1d_1 에 의하여 표시된다.

그림 4-19 에서 직선 AE 는 4 角柱의 대각선이며, 兩投像面에 경사진 直線이다. 직선 BC 는 水平面에, BD 는 直立面에 수직인 직선이며 이들 직선의 투상은 다음과 같다.

直線 *AE* 의 投像 : 그림 4-20 과 같고, 직선 AE 의 兩投像은 基線 XY 에 경사지며 실제의 길이를 표시하지 않는다. A 端은 兩投像面에 가깝고 E 端은 멀다.

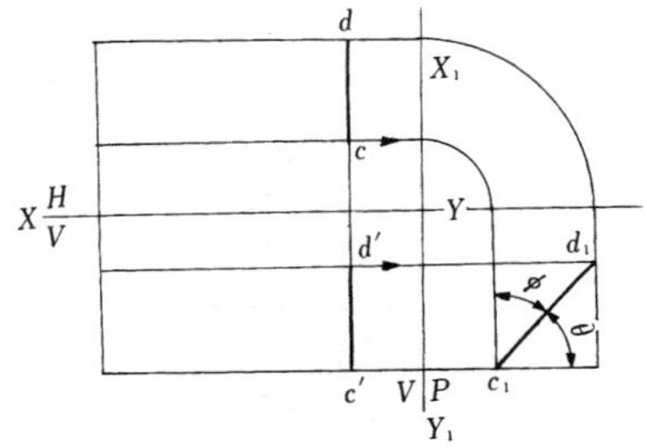

〈그림 4-18〉

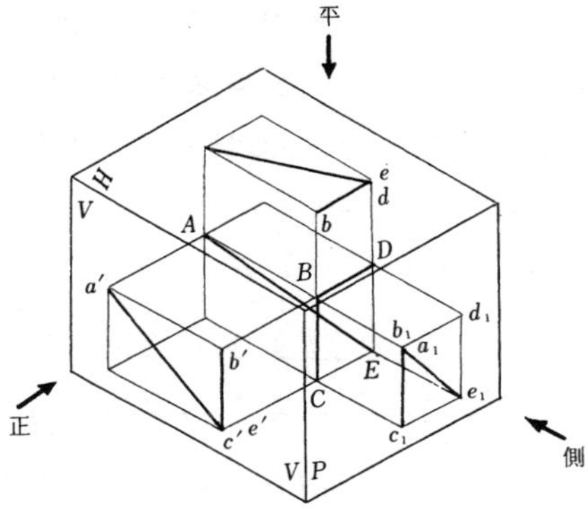

〈그림 4-19〉

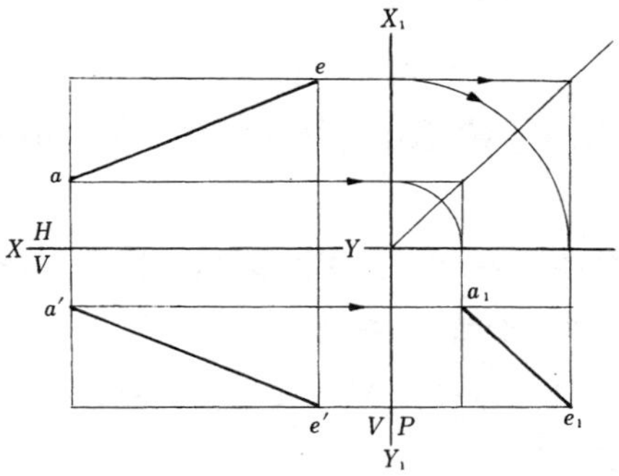

〈그림 4-20〉

直線 *BC* 의 投像 : 그림 4-21 과 같고, 투상의 관계는 다음과 같다.

$$b'c' \perp XY$$

입면도 $b'c'$ 는 基線에 수직이며 실제 길이를 나타낸다. 평면도 bc 는 점으로 나타난다.

直線 *BD* 의 投像 : 그림 4-22 와 같다.

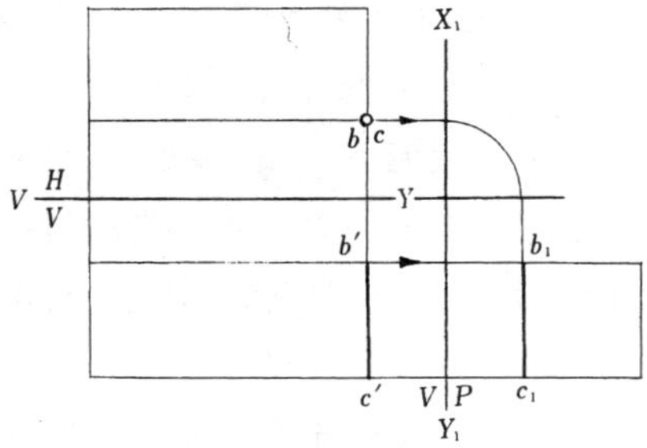

〈그림 4-21〉

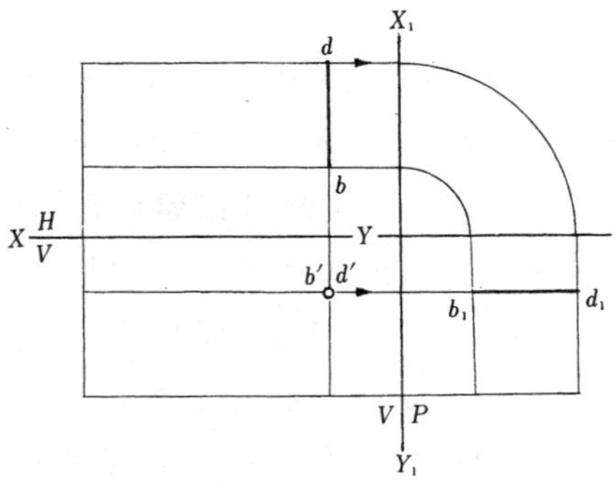

〈그림 4-22〉

이상은 空間의 여러 가지 위치에 있는 직선의 투상이며, 그림 4-23은 이들을 하나로 정리한 것이다. 이것은 直線의 投像에 관한 기본이 되므로 어떤 것이 어떻게 경사지고 어떤 위치에 있는 직선인가 또는 어떤 것이 실제 길이, 실제각을 표시하는 투상인가를 즉시 이해하여야 한다.

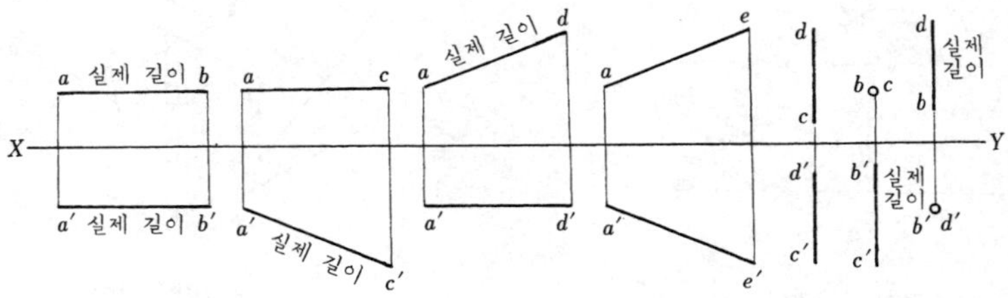

〈그림 4-23〉

4-7 副投像 (auxiliary projection)

도면에 정확한 치수를 기입하기 위하여는 치수를 기입할 물체의 여러 면의 實形이 필요하다. 그래서 물체의 面이 主投像面에 평행하게 되도록 하여 도면을 그리지만, 어느 물체는 모든 면이 主投像面에 평행하게 되지 않는다. 예를 들면 그림 4-24 (a)의 投像圖인 그림 (b)는 物體斜面의 實形을 나타내지 않으므로 이와 같은 경우는 하나의 투상면을 물체의 斜面에 평행하게 설치하여 투상도를 그리면 斜面의 實形을 그릴 수 있으며 斜面의 정확한 치수를 기입할 수 있다.

이와 같이 主投像面 외에 필요한 투상면을 副投像面(補助平面 ; auxiliary plane of projection)이라 하고, 이 위에 그린 그림을 副投像圖 또는 補助圖(副圖 ; auxiliary view)라고 한다.

主投像面과 副投像面이 교차하여 이룬 직선을 副基線(auxiliary ground line)이라고 한다.

實用製圖에는 隣接圖間에 基線이나 副基線을 그리지 않지만 圖學의 作圖는 점, 선, 평면과 같은 추상적인 형체를 포함하기 때문에 이러한 선을 그리는 것이 유효하다.

副投像面을 그림 4-24의 物體斜面에 평행하게 설치하여 補助圖를 그릴 때에는 하나의 主投像面에 수직이고, 다른 主投像面에는 경사지도록 副投像面을 설치하여 補助圖를 그리게 된다. 이 때 水平投像面에 수직이고 直立投像面에 경사진 것을 直立副投像面이라 하고, 이 투상에 의하여 그린 그림을 副立面圖라고 한다.

또 直立投像面에 수직이고 水平投像面에 경사진 것을 水平副投像面이라 하며, 이 투상에 의하여 그린 그림을 副平面圖라고 한다.

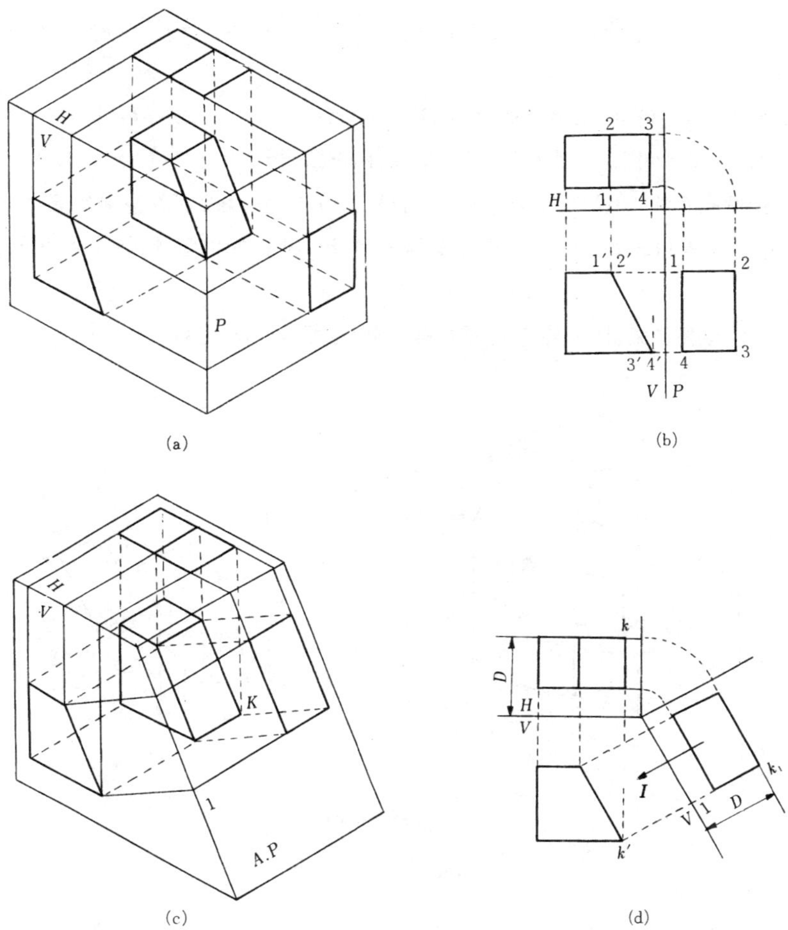

〈그림 4-24〉

그림 4-24 (d)와 같이 正面圖와 平面圖가 주어지고 補助圖를 그릴 때에는

1) **視線의 設定 :** 시선 I을 주어 투상의 방향을 결정한다.

2) **필요한 基線을 그린다 :** 副基線 $V/1$을 正面圖로부터 적당한 거리에서 설정된 視線에 수직으로 그린다.

3) **새로운 그림에 거리를 옮긴다 :** 이 경우에는 평면도는 직립면에 수직인 평면에 있으므로 基線으로부터 평면도의 각 점이 떨어진 거리를 측정하여 각 대응점을 副基線의 후방에 옮긴다. 이를테면 직립투상면의 배후에 있는 거리점 k는 부기선 후방에 D만큼 떼어 설치하면 k_1점이 대응점이 된다.

4) **visibility의 결정 :** 물체에 따라서는 보이지 않는 선이 있기 때문에 visibility를 검토해서 그림을 완성한다.

위에 기술한 4단계는 정면도로부터 투상된 임의의 보조도를 그리는 경우에 적용해도 좋다. 정면도로부터 투상된 모든 그림은 어느 것이나 深度의 치수가 같은 것에 주목해야 한다.

그림 4-25는 경사면이 水平面에 수직이고 直立面에 경사진 경우이다.

그림 4-26은 물체의 경사면이 水平, 直立 兩投像面에 경사지게 놓여 있는 경우로 副投像面은 側投像面에 수직으로 설정한 것이다. 이 경우 第2副投像圖는 副立面圖이므로 제1부기선에서 정면도가 떨어진 거리를 측정하여 제2부기선 후방에 대응점을 그리면 된다.

水平, 直立 兩投像面에 수직인 투상면을 側投像面이라고 한다.

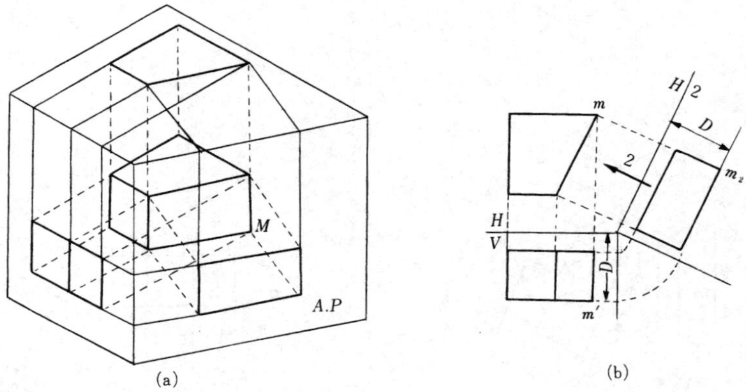

〈그림 4-25〉

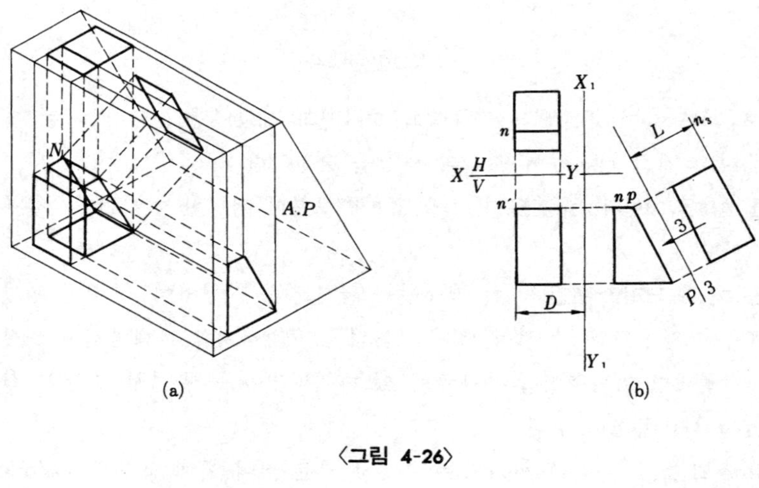

〈그림 4-26〉

4-8 점의 副投像

그림 4-27 에서 p, p' 는 점 P 의 平面圖와 立面圖이다. 지금 水平面 H 에 수직인 副直立投像面 V_1 위의 副投像을 구하려면 平面圖 p 에서 $X'Y'$ 에 수선을 긋고 교점을 p_0' 라 한다.

그림 4-27 에서

$$Pp /\!/ p'p_0 /\!/ p_1'p_0' \qquad Pp = p'p_0 = L = p_1'p_0'$$

로 하면, p_1' 는 구하는 副投像이 된다.

그림 4-28 은 그림 4-27 이 전개된 것이다.

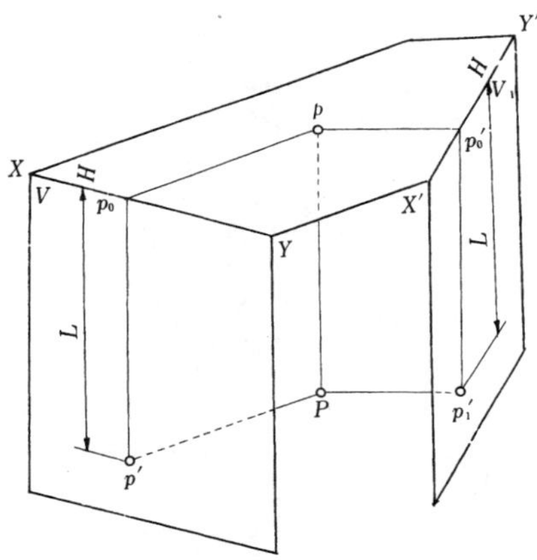

〈그림 4-27〉

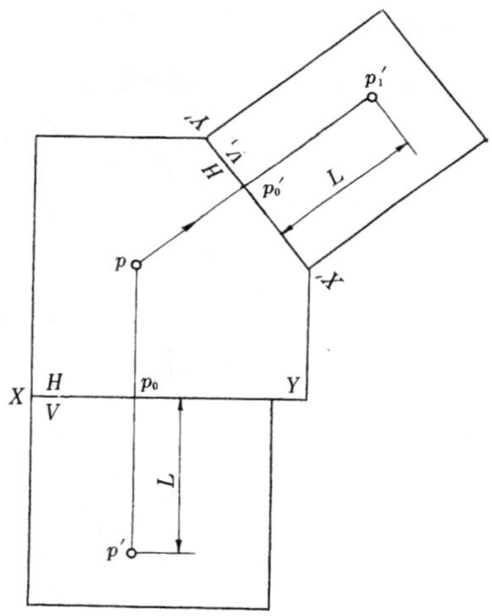

〈그림 4-28〉

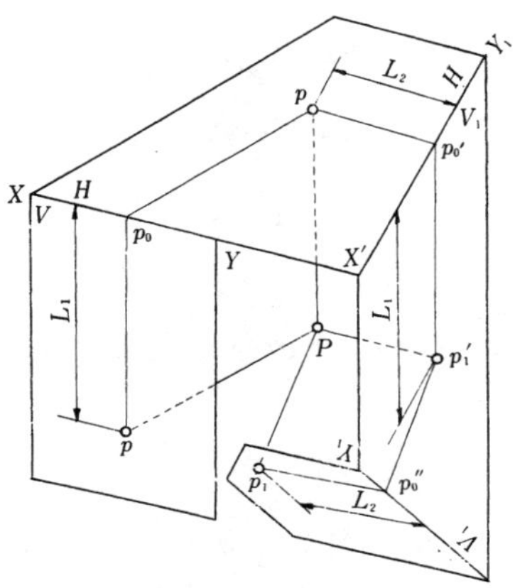

〈그림 4-29〉

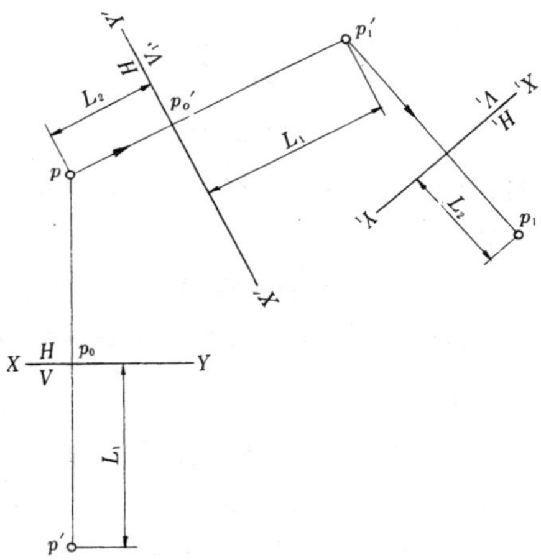

〈그림 4-30〉

그림 4-29 는 그림 4-27 의 第 3 投像面 V_1 에 대하여 수직인 第 4 投像面 H_1 에 대한 副投像을 구하는 것인데, p_1' 에서 X_1Y_1 에 垂線을 그으면

$$Pp_1' /\!/ pp_0' /\!/ p_1p_0'' \qquad Pp_1' = pp_0' = L_2 = p_1p_0''$$

로 하면, p_1 은 구하는 副投像이 된다.

그림 4-30 은 그림 4-29 가 전개된 것이다.

4-9　직선의 副投像

직선의 副投像은 兩端點의 副投像을 구함으로써 얻어진다. 그림 4-31 에서 副投像面 V_1 위의 직선의 副投像은 兩端 A, B 의 副投像 a_1', b_1' 로부터 구하여진다.

그림 4-32 에서 $X'Y'$ 에 수선을 긋고 水平面으로부터의 거리 L 은 변하지 않은 것으로부터 立面圖 $a'b'$ 에서 副投像 $a_1'b_1'$ 가 구해진다.

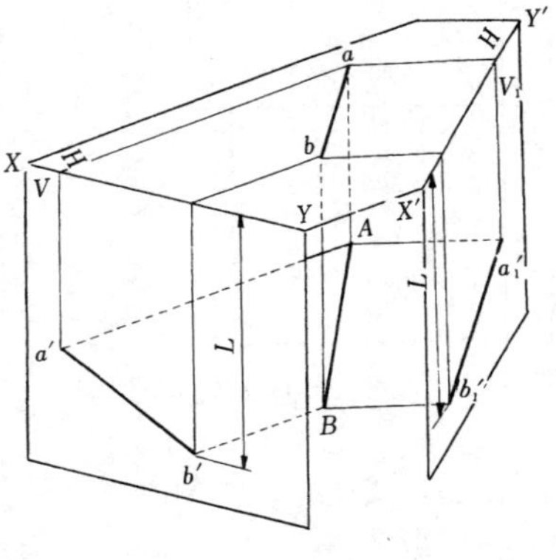

〈그림 4-31〉

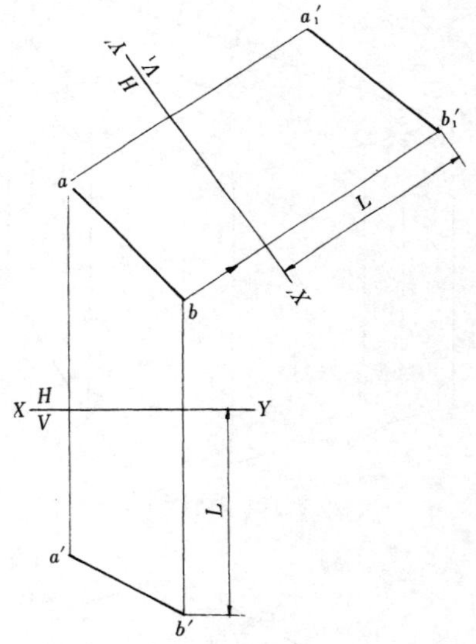

〈그림 4-32〉

작도 4-1. 직선 AB 가 점이 되는 투상을 구하여라.

그림 4-33 에서

① ab 에 평행한 副基線 $X'Y'$ 를 긋는다.

② 기선 XY 에서 立面圖 $a'b'$ 까지의 거리를 취하여 부기선 $X'Y'$ 에 수직으로 $a_1'b_1'$ 를 구하면 $a_1'b_1'$ 는 실장이 된다.

③ $a_1'b_1'$ 에 수직인 副基線 X_1Y_1 을 그린다.

④ ab 에서 $X'Y'$ 까지의 거리 L_1 과 같게 X_1Y_1 에서 a_1b_1 을 취하면 a_1b_1 은 점이 된다.

《참고》 直線의 投像이 점으로 되는 투상은 실제 길이에 수직인 投像面에 나타나므로 實長을 구하기 위한 副基線을 그어 實長을 구하고, 實長에 수직으로 다시 副基線을 그어 副投像을 구한다.

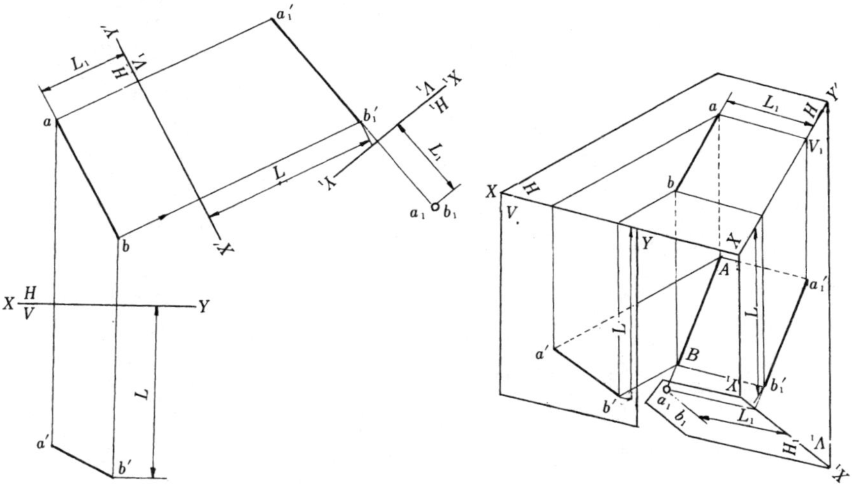

〈그림 4-33〉

작도 4-2. 基線에 수직하게 투영된 직선 AB, CD가 投像面과 이루는 경사각을 구하여라.

그림 4-34에서

① 기선 XY에 수직이고 ab 직선에 평행한 副基線 X_1Y_1을 그린다.

② 側面圖 $a_1'b_1'$, $c_1'd_1'$에서 투상면과의 경사각을 알 수 있다.

《참고》 投像面에 대한 경사각은 **實長**을 나타내는 **投像面**에 표시되므로 **實長**을 나타내는 투상을 구하면 된다.

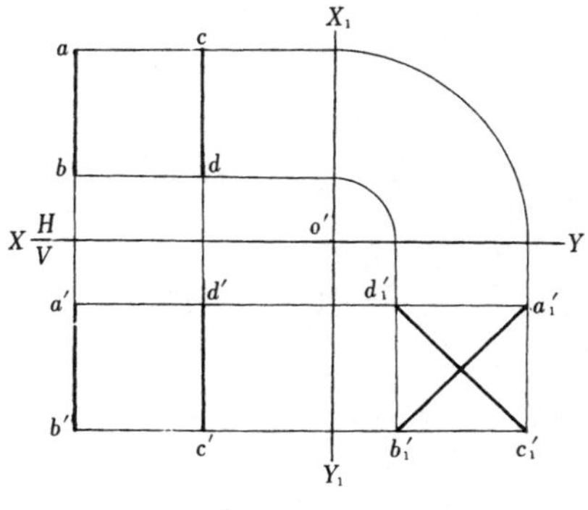

〈그림 4-34〉

第 5 章 直　線

5-1　直線의 傾斜와 實長

작도 5-1. 주어진 직선의 實長과 投像面에 대한 傾角를 구하여라.

① **직선을 투상면에 평행한 위치로 이동시킨다 :** 그림 5-1에서 ab를 XY에 평행한 위치 ab_1까지 회전시킨다.

b_1에서 XY에 그은 수선과 b'에서 XY에 평행한 선분의 교점을 b_1'라 하면 $a'b_1'$는 실장이며 θ는 수평면과 이루는 實角이다.

또 한 예는 그림 5-2에서 $a'b'$를 XY에 평행한 위치 $a'b_1'$에 회전시킨다. b_1'에서 XY에 수선과 b에서 XY에 평행한 직선과의 교점 b_1을 구한다.

ab_1은 실장, ϕ는 직립면과 이루는 실각이다.

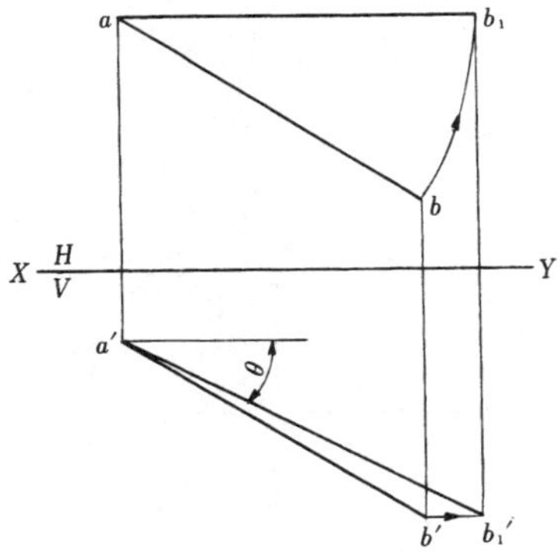

〈그림 5-1〉

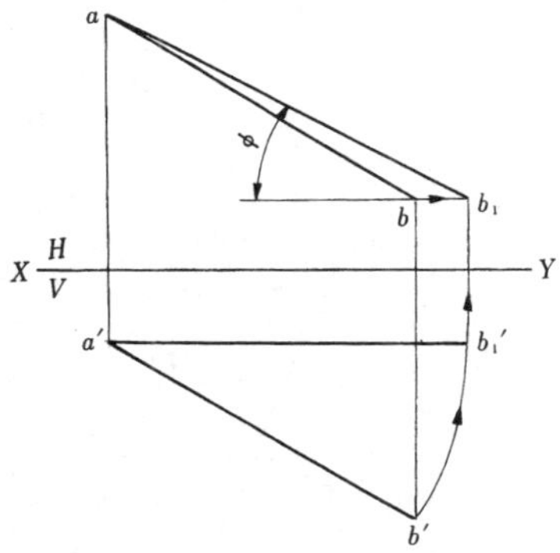

〈그림 5-2〉

② **副投像에 의하여 구하는 방법 :** 그림 5-3에서 ab에 평행하게 $X'Y'$를 긋는다. $a_1'b_1'$는 實長, θ는 수평면과 이루는 實角이다. 또 그림에서 $a'b'$에 평행하게 X_1Y_1을 그으면 a_1b_1은 實長, ϕ는 직립면과 이루는 實角이다.

《참고》 부기선 $X'Y'$를 ab에 겹치거나 X_1Y_1을 $a'b'$에 겹쳐서 그려도 된다. 이렇게 하면 평면도나 입면도를 그릴 때의 投射面을 회전시킨 것과 같다.

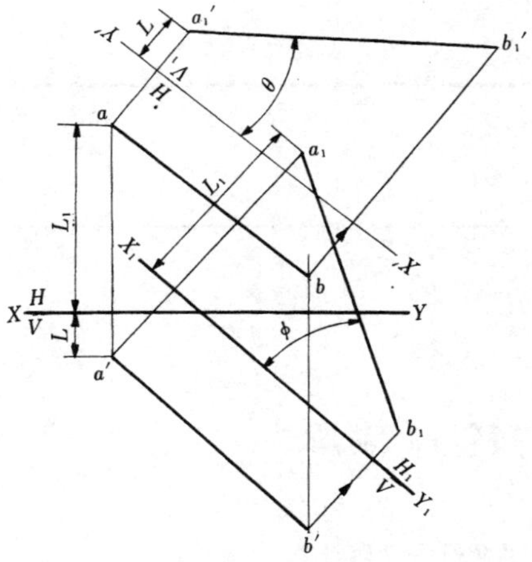

〈그림 5-3〉

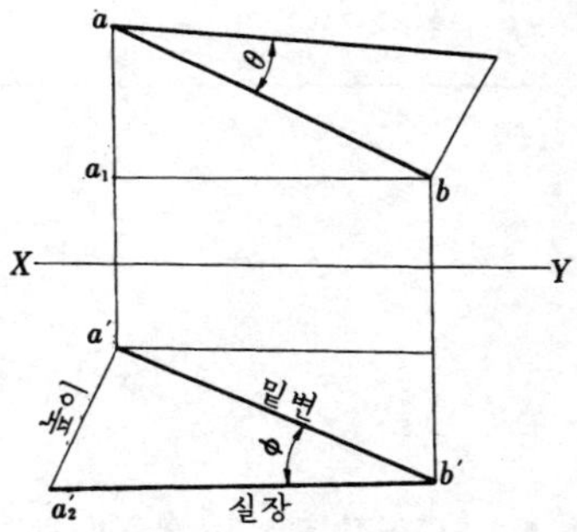

〈그림 5-4〉

③ **밑변과 높이로부터 빗변의 實長을 구한다** : 그림 5-4의 b에서 aa'에 수선을 그어 그 다리를 a_1이라고 한다.

a'에서 $a'b'$에 수선을 세운다. $aa_1 = a'a_2'$ 되게 a_2'를 잡는다.

$a_2'b'$는 직선 AB의 實長, ϕ는 직립면과 이루는 實角이다.

그림 5-5에서 직선 AB의 길이와 수평면과 이루는 각 θ가 주어졌을 경우 직선과 직립면과의 기울기가 변해도 평면도의 길이(ba, ba_1) 및 입면도의 양끝의 기선으로부터의 거리는 변화하지 않는다.

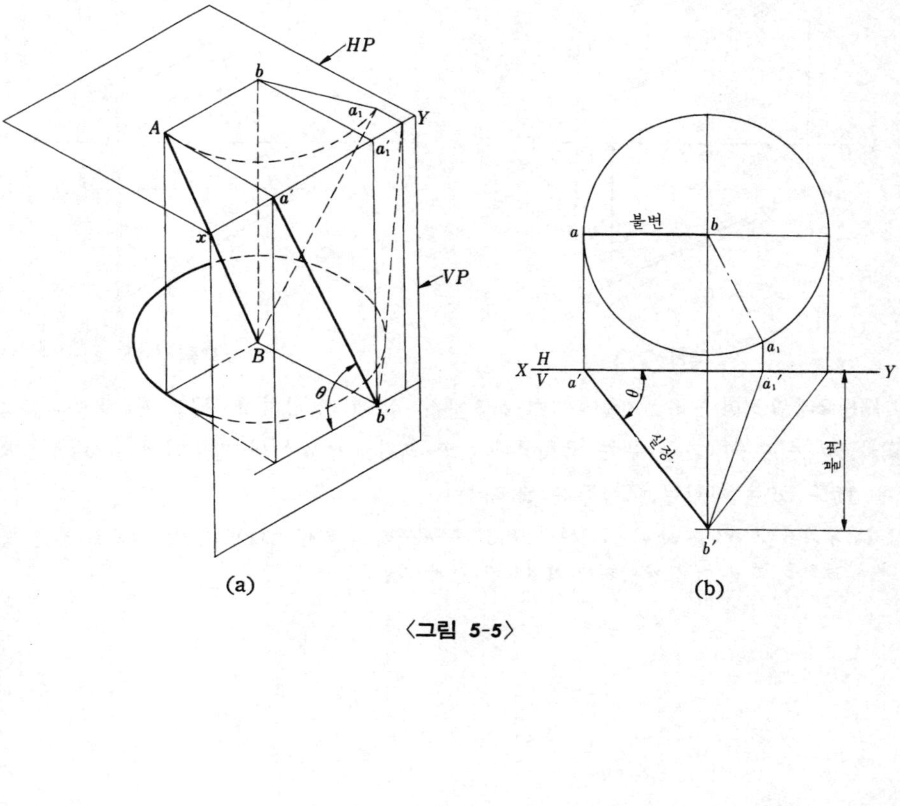

(a)　　　　(b)

〈그림 5-5〉

마찬가지로 그림 5-6에서 직선 CD의 길이 및 직립면과 이루는 각 ϕ가 주어지면 수평면과의 기울기가 변해도 입면도의 길이($d'c'$, $d'c_1'$) 및 평면도의 양끝의 기선으로부터의 거리는 변하지 않는다.

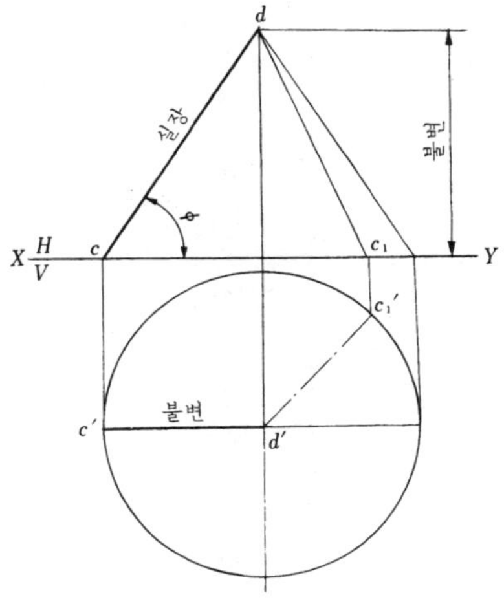

〈그림 5-6〉

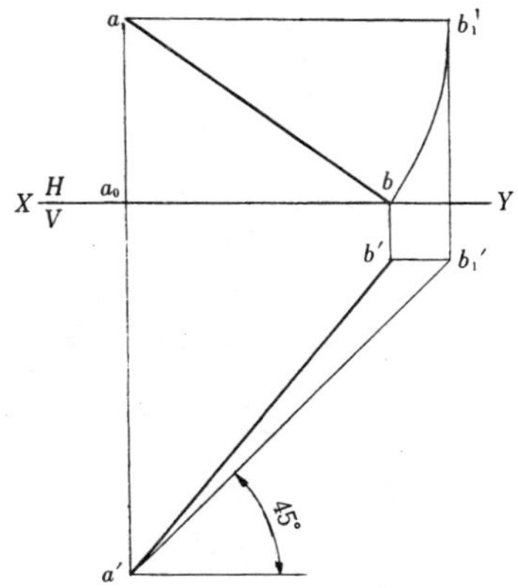

〈그림 5-7〉

작도 5-2. 직선 AB의 길이 6 cm, A끝은 직립면의 후방 2.5 cm, 수평면의 하방 5 cm, B끝은 직립면상에 있으며 AB는 수평면과 45° 를 이룰 경우의 兩投像을 구하여라.

그림 5-7에서

① $a_0a = 2.5\,\text{cm}$, $a_0a' = 5\,\text{cm}$인 a, a'를 구한다.

② XY와 45° 를 이루며 $a'b_1' = 6\,\text{cm}$되는 b_1'점을 구한다. ab_1은 평면도이며 기선에 평행이다.

③ a를 중심으로 하여 ab_1을 반지름으로 하는 원호와 XY와의 교점을 구한다.

④ b에서 XY에 수선을 세워 b_1'에서 XY에 평행선을 그어 교점을 b'라 하면 ab-$a'b'$는 구하는 투상이 된다.

5-2 直線의 方位 및 勾配

方位(bearing)와 勾配(slope, grade)는 실용상 공간에 있어서 직선의 위치를 표시하는 용어로 종종 사용되고 있다. 方位라는 것은 地面上의 線의 방향 또는 진로를 표시하기 위하여 사용하는 용어이다. 실제로 地面의 小區域은 언제나 평면으로 고려되며 이와 같은 部分地圖는 平面圖이다. 따라서 線의 方位는 角度로 표시한 正北 또는 南에 관해서 線의 平面圖의 角度 관계이다. 圖上에서 북과 남의 線은 上方을 북으로 한 直立線으로 하여 東은 오른쪽, 西는 왼쪽이 된다. 그림 5-8 (a), (b)에서 「A가 B의 방향으로」라고

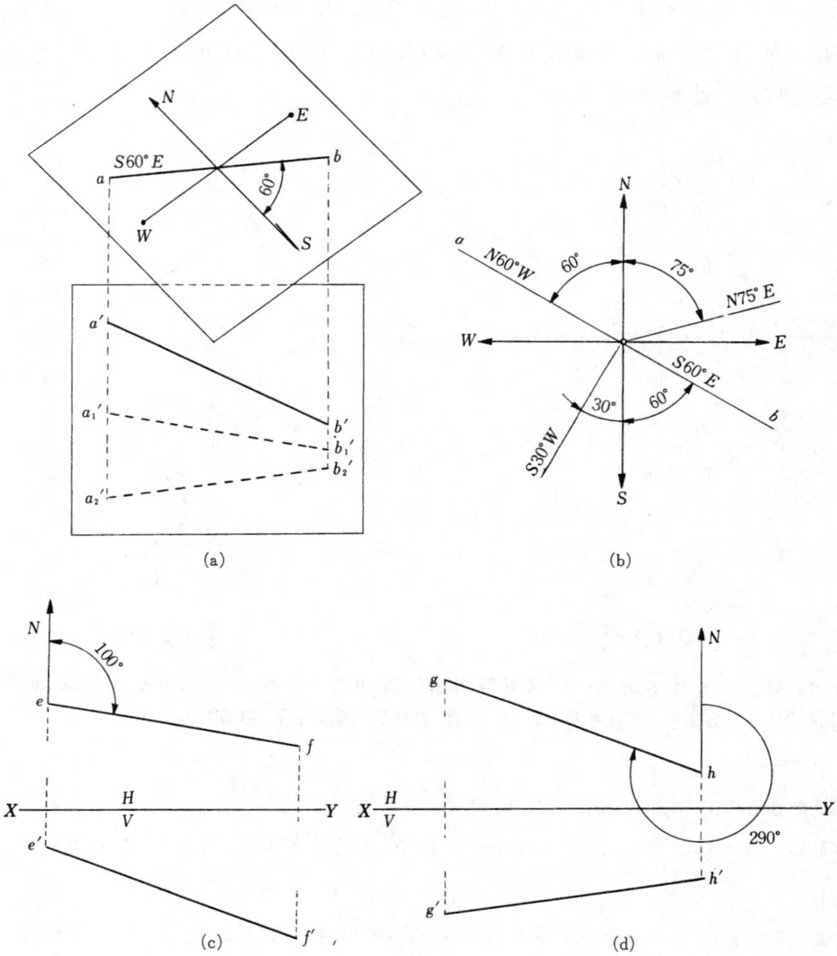

〈그림 5-8〉

말하는 의미를 포함하는 線 AB 는 $S\,60°\,E$ 의 방위를 갖는다. 또는 線 BA(B 가 A 의 방향으로)는 $N\,60°\,W$ 의 방위를 갖는다.

이 방식에서는 기본 방향으로 北 또는 南을 선정하고 90° 이하의 指示角으로 하는 것이 통례이다. 직선의 方位는 직선의 勾配에 의해서 전혀 영향을 받지 않는다. 즉 그림의 AB, A_1B_1, A_2B_2 는 이들의 平面圖가 전부 합치하기 때문에 같은 방위를 갖는다.

직선의 방향을 지정하기 위하여 때로는 方位角(azimuth)이라는 용어를 사용하는 일이 있다. 이것은 직선의 水平投像이 北-南線과 이루는 각을 북으로부터 시계 방향으로 계측한 각도를 의미한다(그림 5-8 (c), (d) 참조).

직선의 勾配라는 것은 직선이 水平投像面과 이루는 각도를 표시한 각이다. 따라서 임의의 직선의 實勾配角은 그 직선의 實長을 나타내는 立面圖에서만 구할 수 있다.

그림 5-9에서 추녀마루의 實勾配는 그의 實長을 나타내는 副立面圖에 나타난다. 副平面圖에서 實長은 나타나지만 직선의 實勾配角은 아니다.

그림 5-10은 實用勾配를 표시하는 방법의 예로서

(a)는 堤防, 댐(dam), 서까래(椽 ; rafter) 등의 구배를 표시하는 法勾配(batter)이다.

(b)는 道路에 쓰이는 縱斷勾配(longitudinal grade)로 $\frac{3}{100}=0.03=3\%$라고 말한다.

(c)는 鐵道에 쓰이는 縱斷勾配가 $\frac{25}{1000}=0.025=25‰$라고 기입한다(‰는 per milli 이다).

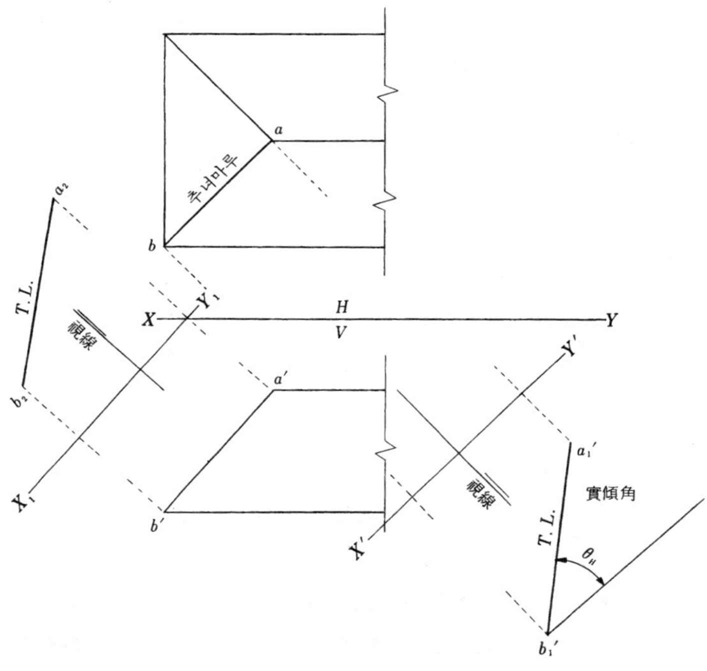

〈그림 5-9〉

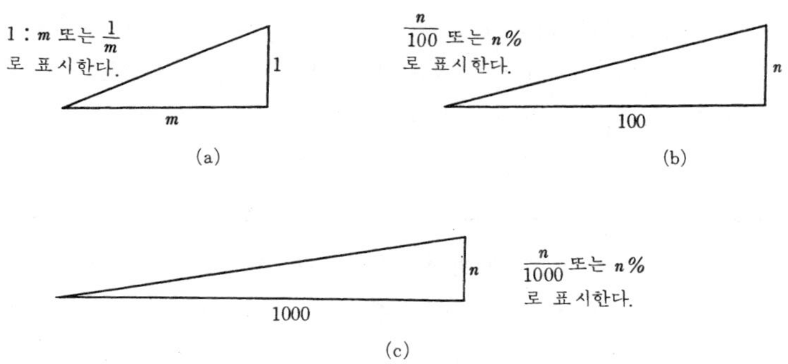

〈그림 5-10〉

작도 5-3. 주어진 점 A 에서 길이 40 m, 方位 $N60°\ E$, 30°의 아래 勾配를 갖는 直線 AB 의 投像을 1 m = 1 cm 의 縮尺으로 그려라.

① 그림 5-11의 점 a 에서 方位 $N60°E$ 의 임의의 길이 ax 를 그린다.

② ax 에 평행하게 부기선 $X'\ Y'$를 그려 A 점의 부입면도 a_1' 에서 $X'\ Y'$ 에 30° 경사선 $a_1'\ x_1$ 을 그린다.

③ $a_1'\ x_1$ 선상에서 축척으로 40 cm 를 측정하여 b_1' 점을 잡는다($a_1'\ x_1$ 은 실장이므로).

④ b_1' 에서 b 를 b 에서 b' 를 잡을 수 있다.

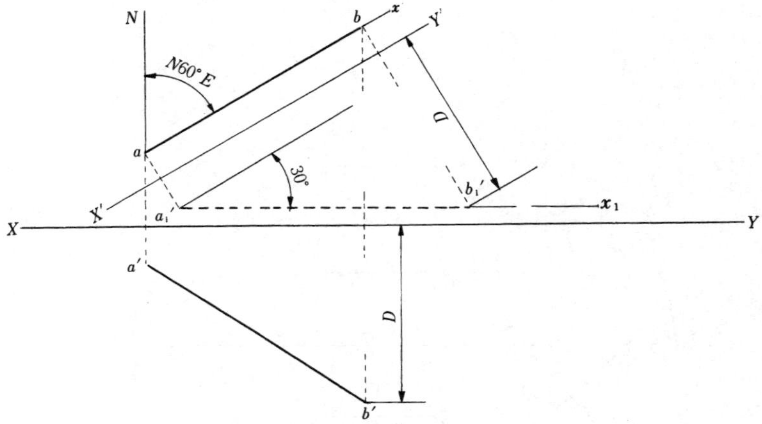

〈그림 5-11〉

5-3 直線의 跡點

공간에서 선분 AB 가 水平, 直立 兩投像面에 경사져 있을 때 이것을 연장하면 面投像面에 마주치게 된다. 直線과 水平投像面과의 교점을 水平跡(horizontal trace)이라 하고, 直立投像面과의 교점을 直立跡(vertical trace)이라고 한다.

작도 5-4. 直線의 연장선이 兩投像面에 닿는 AB 직선의 跡을 구하여라〔그림 5-12 (a), (b)〕

① 평면도 ab 를 연장하여 기선과의 교점 f 에서 기선에 수선을 세운다.

② 입면도 $a'\ b'$ 를 연장하여 f 에서 수선과 교점 $V(f')$는 直立跡이다.

③ $a'\ b'$ 의 연장선과 기선의 교점 e'에서 기선에 수선을 세운다.

④ ab 의 연장선과 e'에서의 수선과의 교점 $H(e)$는 水平跡이다.

작도 5-5. 직선의 연장선이 한 개의 投像面에 닿는 직선 AB 의 跡을 구하여라.

① 그림 5-13 (a), (b), (c)의 왼편에서 ab 의 연장과 기선과의 교점 f 의 立面圖 $V(f')$ 를 $a'\ b'$의 연장선상에서 정하면 이것이 직립적이다.

② $a'\ b'$를 연장하여 기선과의 교점을 e'라 하고 그의 平面圖 $H(e)$를 $a\ b$ 의 연장선상에서 구하면, 제 4 상한의 水平面에 水平跡이 있게 된다.

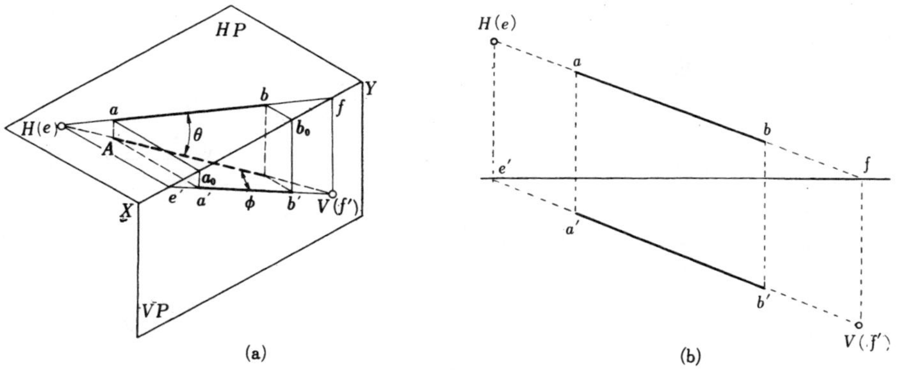

〈그림 5-12〉

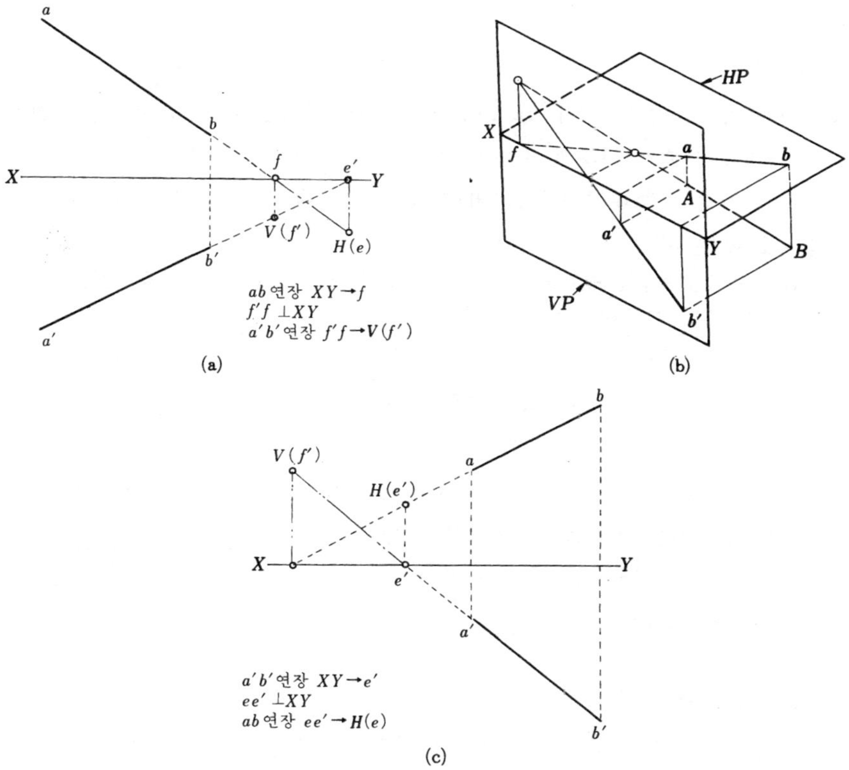

〈그림 5-13〉

작도 5-6. 직선의 연장선이 兩投像面에 닿고 基線에 수직인 직선 AB의 跡을 구하여라.

① 그림 5-14에서 직선 AB의 측면도 $a_1 b_1$을 그린다.

② $a_1 b_1$을 연장하여 기선 XY와 만나는 점, e_1과 부기선 $X_1 Y_1$과 만나는 점 f_1을 잡는다.

③ e_1의 평면도 $H(e)$는 수평적 f_1의 입면도 $V(f')$는 직립적이다.

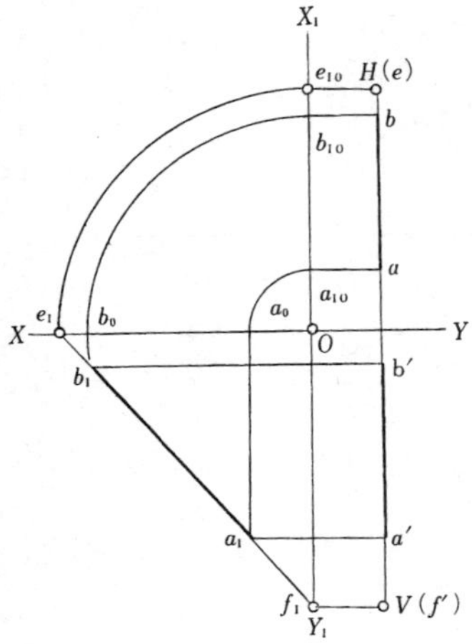

〈그림 5-14〉

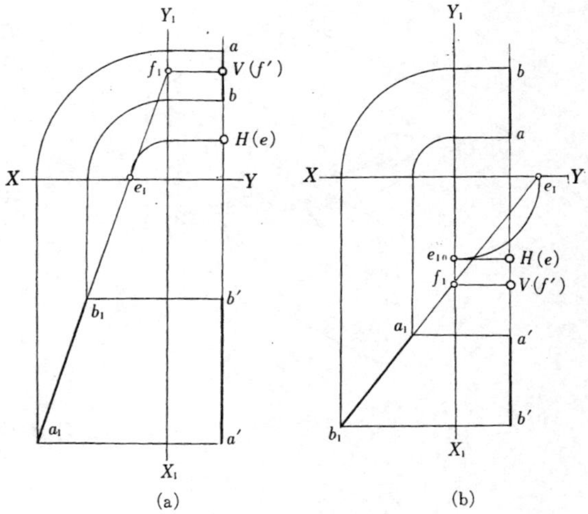

(a) (b)

〈그림 5-15〉

작도 5-7. 직선의 연장선이 1개의 投像面에 닿고 基線에 垂直인 직선 AB의 跡을 구하여라.

① 그림 5-15에서 직선 AB의 측면도 $a_1 b_1$을 그린다.

② $a_1 b_1$의 연장선과 基線(副基線)과의 교점을 구하여 그 교점의 평면도(입면도)를 구하면 직선의 跡이 된다.

《참고》 基線에 수직인 直線은 側面圖를 그려야 直線의 實長과 跡을 구할 수 있으므로 側面圖를 그려 側面圖의 연장선과 基線의 交點을 찾는다.

5-4 2直線 사이의 관계

空間에 있는 2直線이 교차하면 서로 경사져 있거나 또는 수직이다(그림 5-16의 $CD \times GH$, $CD \perp AB$).

2직선이 교차하지 않으면 서로 평행이거나 평행이 아니거나 또는 수직이다(그림 5-16의 $E_1 F_1 /\!/ EF, AB \perp EF$).

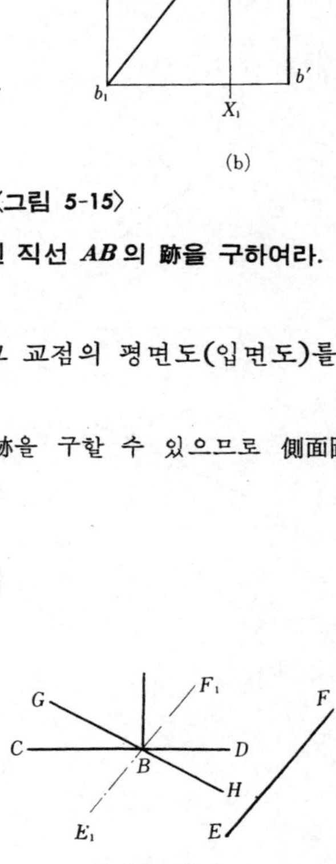

〈그림 5-16〉

(1) 교차하는 2直線

2직선이 교차하면 1개의 교점이 존재하며 교점은 동일 投射線上에 있어야 한다. 이 投射線은 基線에 수직이다.

그림 5-17에서 2직선 AB, CD가 P점을 공유하고 있다. 즉 2직선은 P점에서 교차된다. 2직선의 교점의 投像圖 pp'는 동일 投射線上에 있다.

그림 5-18에서 平面圖의 교점 1, 2는 立面圖의 1′, 2′ 두 점이 합치하지 않고 두 점으로 나타나기 때문에 이들 직선은 교차하지 않는다. 이것은 側面圖에서 명백하게 나타나 있다.

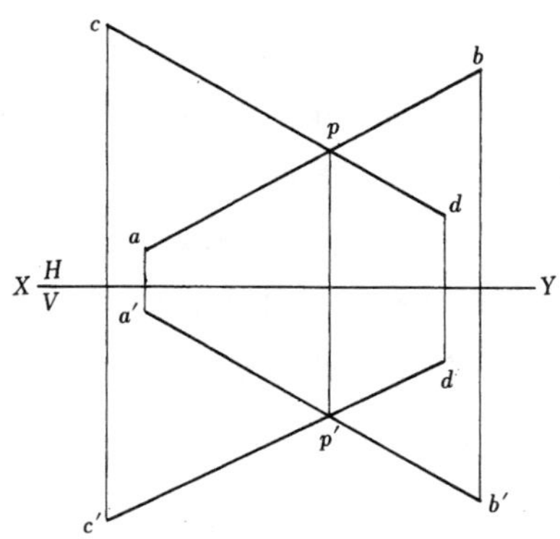

〈그림 5-17〉

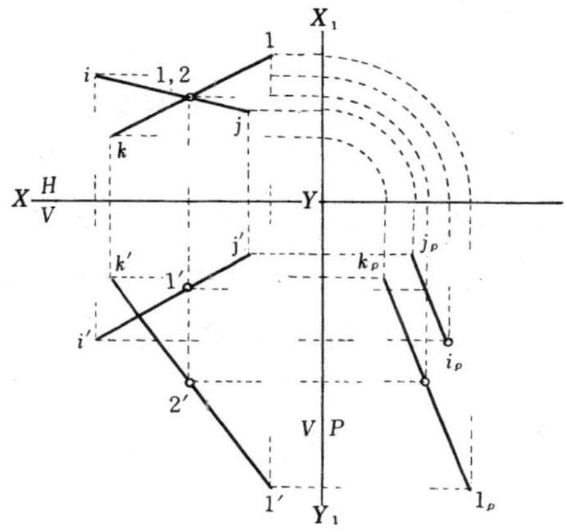

〈그림 5-18〉

교차하는 2직선은 1개의 평면을 나타내고 평행이거나 紙面 외에서 교차하는 2직선도 평면을 표시한다.

각각 주어진 2직선상에서 임의의 점 2개씩을 선정해 이 점들을 연결하는 2개의 새로운 직선을 그린다. 이 새로운 선들이 교차하면 4개의 점은(原直線) 동일 平面內에 존재한다. 이 선들이 교차하지 않으면 原直線은 동일 平面內에 있지 않다. 그림 5-19에서 주어진 직선 *AB*와 *CD*가 共面(coplanar)에 있는가 없는가를 보기 위하여 새로운 선 *AD*와 *CB*를 그려 이 선의 교점이 *P*라면(*pp′*가 기선에 수직이고 동일 투사선상에 있으면) *A, B, C, D, P*는 모두 동일 平面內에 있고 *AB*와 *CD*는 共面이다. 또 *AB, CD*를 연장하면 반드시 만난다.

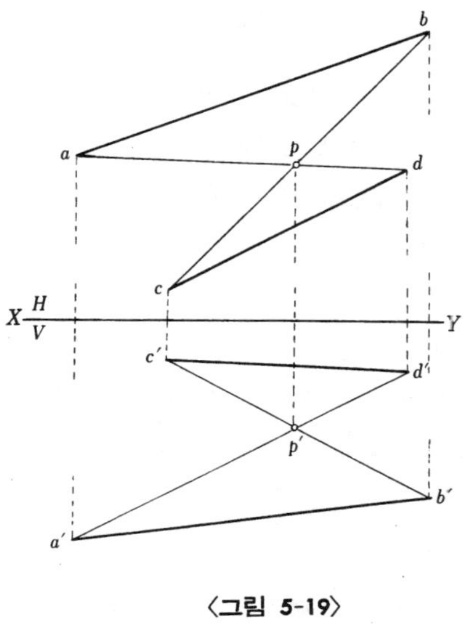

〈그림 5-19〉

(2) 平行線

2직선이 공간에서 서로 평행이라면 이것들은 대개 正投像圖에 평행(또는 2점이나 1 직선으로 나타난다. 2직선이 한 投像圖에서 평행이더라도 반드시 공간에서 평행은 아니다. 2직선이 兩投像圖에서 평행이면, 2직선이 평행이다. 兩投像圖에서 기선에 수직인 경우는 側面圖에서 2직선의 투상도가 평행이어야 공간에서 2직선이 평행이다.

그림 5-20에 공간에서 평행인 2직선 AB, CD의 모든 投像圖가 평행으로 나타나 있는 것을 볼 수 있다. 1直線이 實長을 나타낼 때 다른 직선도 實長을 나타내며 1直線이 점으로 나타날 때 다른 직선도 점으로 나타난다. 平行線間의 실제 거리는 垂直(最短) 거리이며 점으로 나타나는 投像圖에서 측정할 수 있다.

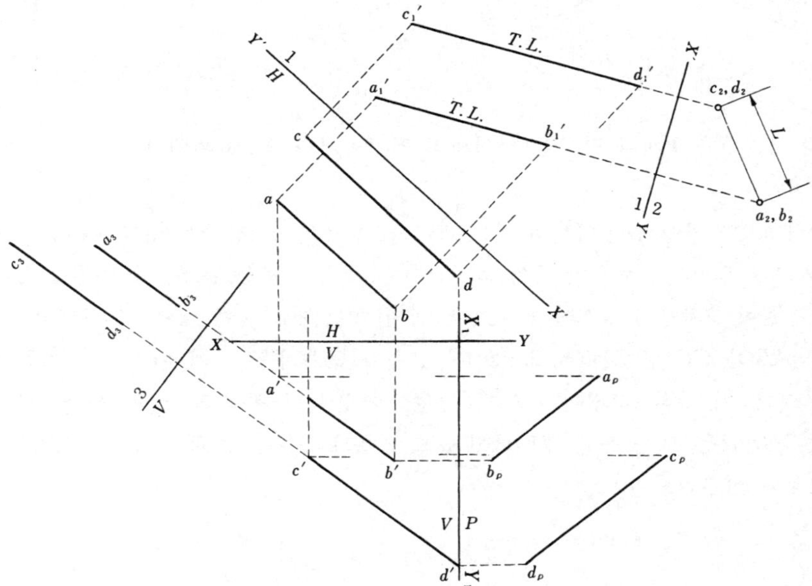

〈그림 5-20〉

그림 5-21, 5-22에서 3직선이 양 투상도에서는 평행이지만 다른 한 투상도에서 보면 EF 직선은 다른 2直線에 평행이 아님을 볼 수 있다. 投像圖에서 E와 F의 兩端位置를 주목해 볼 필요가 있다.

(3) 垂直인 直線

공간에서 2직선이 수직이라면, 線 중의 하나 또는 兩方이 實長을 나타내는 投像圖에서는 서로 수직을 나타낸다. 그림 5-23에 표시한 직각3각형의 밑변 BC는 兩投像面에 평행한 경우이며 그 兩投像은 실제 길이를 표시한다. 이 경우 兩投像에 표시된 $\angle b$, $\angle b'$는 다 같이 直角을 표시하고 있다.

또 그림 5-24에서 직각3각형의 저변 BC가 水平面에만 평행인 경우 bc는 실제 길이를 표시하고, 실제 길이가 표시되는 平面圖에서 $\angle b$는 直角이다.

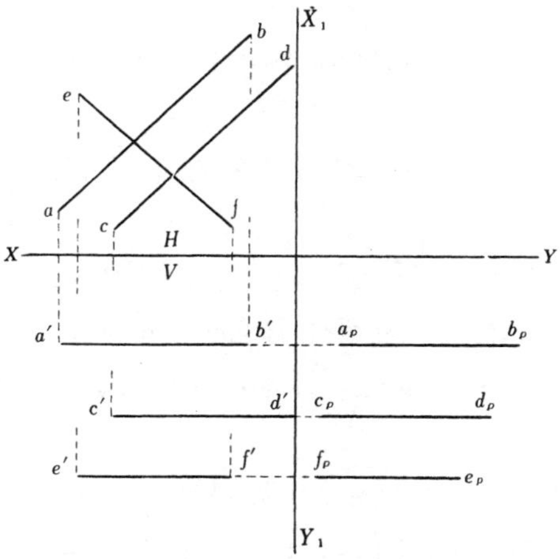

〈그림 5-21〉

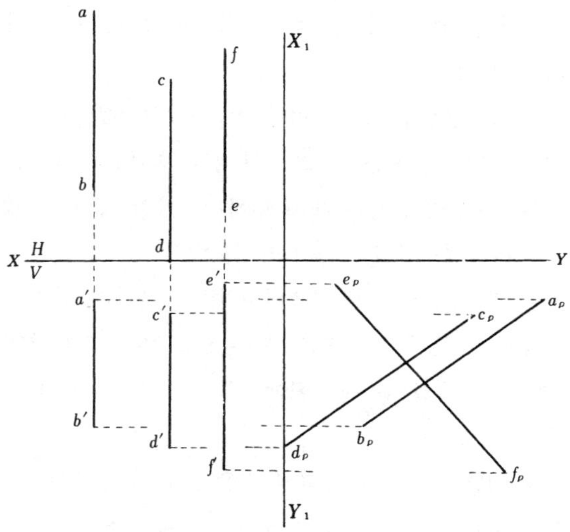

〈그림 5-22〉

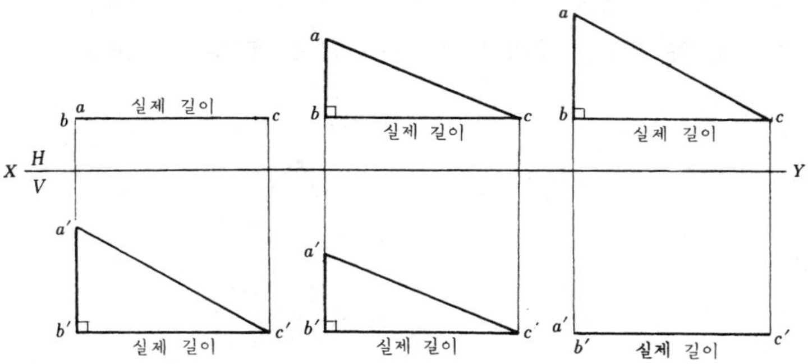

〈그림 5-23〉

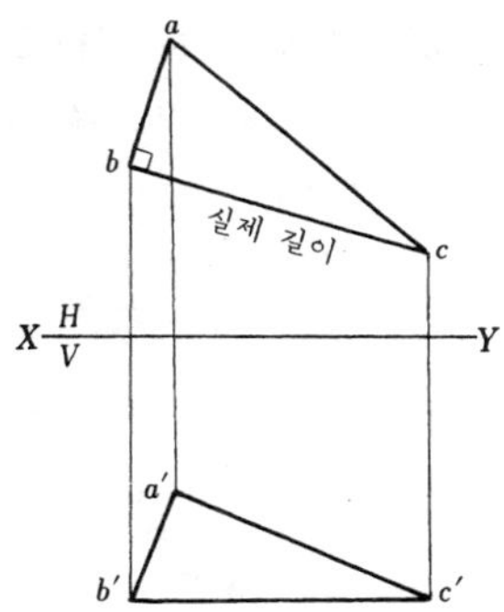

〈그림 5-24〉

5-5 線의 보이는 상태

正投像에서 하나의 중요한 사항은 圖面을 구성하는 線의 보이는 상태를 정확하게 결정하는 것이다. 作圖에서 보이는 선은 實線(full line), 보이지 않는 선은 破線(broken line)으로 그려서 구별을 하지 않으면 안 된다.

製圖者는 보통으로 물체를 어느 稜이나 보이도록 자기 앞에 놓을 수는 없다. 이 보이는 상태를 정하는 多少의 一般的 法則을 다음에 적어 둔다.

1. 圖形의 外形線은 항상 實線이다. 그러나 外形線 내의 線은 視線에 관하여 이들 線의 상대 위치에 의해서 實線 또는 破線이 된다.

2. 물체의 가장 가까운 모서리角이나 稜은 보인다.

3. 물체의 가장 먼 모서리角이나 稜은 만약 이들이 圖形의 外形線 내에 존재하면 보이지 않는다.

4. 多面體의 모서리角이 圖形의 外形線 내에 있으면 이 모서리角에서 끝나는 모든 稜의 보이는 상태는 그 모서리角의 보이는 상태와 같다.

5. 多面體의 임의의 圖形에서 만약 2개의 稜이 교차하도록 보이면 이들 중의 하나는 보이고 다른 하나는 보이지 않는다.

6. 하나의 圖形에서 2개의 稜이 만나지 않고 엇갈린 상태에 있을 때는 投像圖上의 교점에서 기선에 수직으로 다른 投像圖에 그린 視線이 각 稜上에 1점씩 설정하기 때문에, 2점 중에서 보는 사람에게 어느 쪽이 보다 가까운 점인가를 정하여 가까운 점을 實線上의 점으로 한다.

▩ **설명** : 그림 5-25에서 平面圖에 대한 視線은 위에서 아래로(화살표 H 방향) 향하므로 V'는 보는 사람에게 가장 가까운 點이기 때문에 V는 平面圖에서 보이는 점이다. 따라서 4개의 稜은 平面圖에서 實線이다.

正面圖에 대한 視線은 화살표 V 방향이므로 稜 Va는 보는 사람에게 가장 가까우므로 $v'a'$는 實線이다. 稜 vc는 가장 먼 稜 물체 배후의 稜이므로 $v'c'$는 破線이다(法則 1, 2, 3 참조).

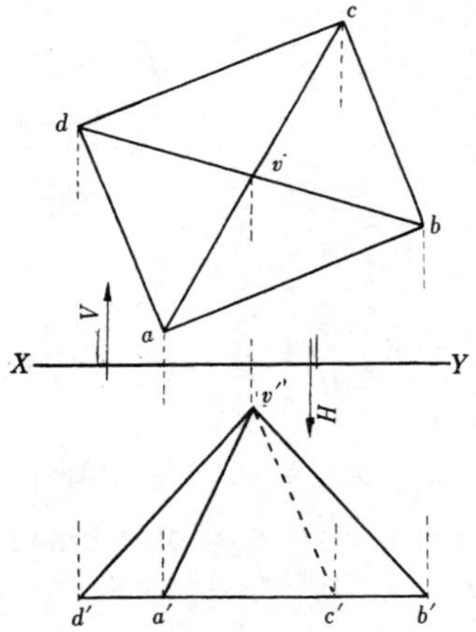

〈그림 5-25〉

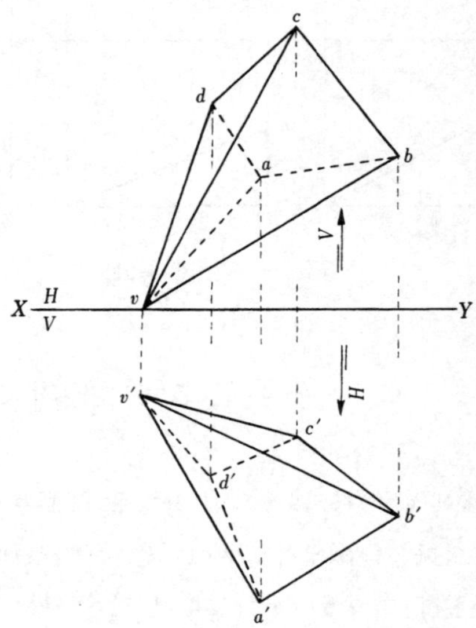

〈그림 5-26〉

그림 5-26에서 平面圖의 모서리角 a는 화살표 H방향으로 視線이 향하므로 보는 사람에게 가장 먼 모서리角이다. 특히 平面圖의 外形線 내에 존재하므로 보이지 않는 점이다. 따라서 이것에 연결되는 모든 外形線 내의 稜은 보이지 않는 破線으로 된다(法則 1, 3, 4 참조).

그림 5-27에서 平面圖의 ab가 보이지 않는 것으로 알려져 있다면, 이 平面圖에서 vc와 vd는 實線으로 그린다. 立面圖에서 만약 $v'a'$와 $v'b'$가 보이는 것으로 알려져 있으면 이 立面圖에서 $d'c'$는 破線으로 그린다(法則 5 참조).

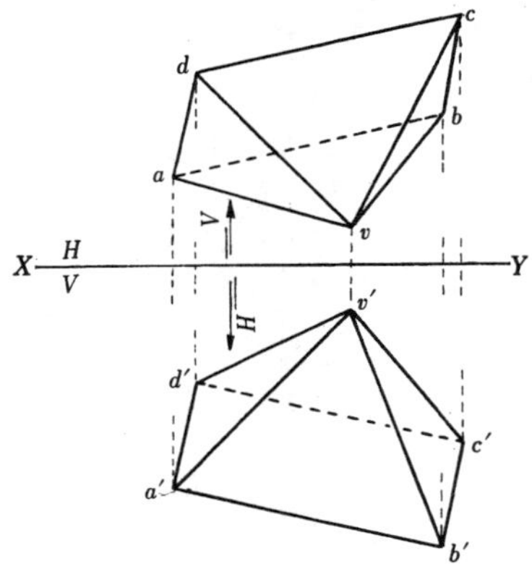

〈그림 5-27〉

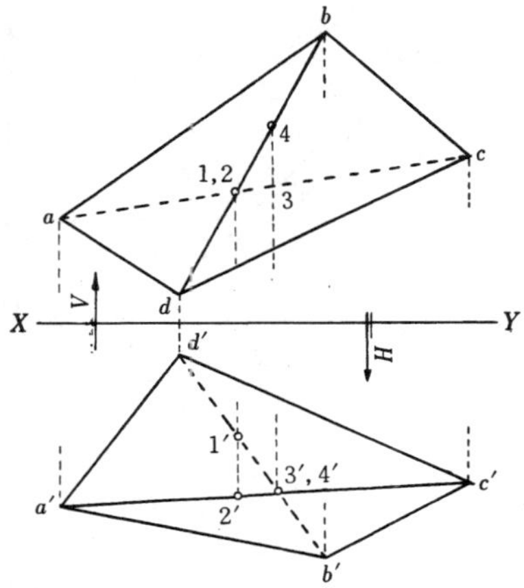

〈그림 5-28〉

그림 5-28에서 얇은 종이의 한쪽에 AC, 다른 쪽에 직선 BD을 긋고, 이들의 보이는 상태를 결정하여 보면 平面圖에서 교점(1, 2)으로부터 視線을 그어 立面圖 $b'd'$ 上에 $1'$를, $a'c'$ 上에 $2'$를 정한다. $1'$는 $2'$의 바로 위에 있기 때문에 平面圖에서 보이는 점이다. 따라서 稜 bd는 實像이다.

立面圖에서 교점($3'$, $4'$)으로부터 視線을 그어 대응점 3, 4를 정하면 3은 4의 前面이기 때문에 立面圖에서 보인다. 그러므로 稜 $a'c'$는 實線이다(法則 6 참조).

5-6 直線이 兩投像面과 이루는 傾斜의 관계

직선이 수평면과 이루는 角 θ, 直立面과 이루는 角 ϕ 사이에 다음의 관계가 있다.

① $\theta+\phi<90°$의 경우 : 그림 5-29의 (a)에서 $\theta+\phi=45°+30°=75°>90°$로 하면 작도가 가능하다.

② $\theta+\phi=90°$의 경우 : 그림 5-29의 (b)에서 $\theta+\phi=60°+30°=90°$로 하면 b_1에 있어서 XY에의 평행선과 ab_2를 반지름으로 하는 원호는 접하여, 投像은 XY에 수직하게 되어 작도는 가능하다.

③ $\theta+\phi>90°$의 경우 : 그림 5-29 (c)에서 $\theta+\phi=60°+45°=105°>90°$로 하면 b_1에 있어서 XY와의 평행선과 ab_2를 반지름으로 하는 원호는 교차하지 않으므로 작도는 불가능하다.

작도 5-8. 주어진 점 P에서 주어진 직선 AB까지의 거리(平面法 ; 그림 5-30)

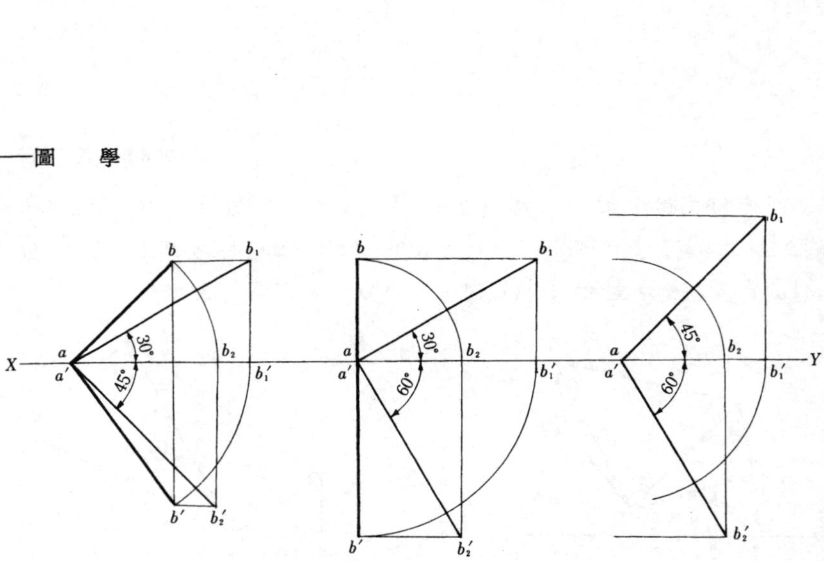

(a) (b) (c)

〈그림 5-29〉

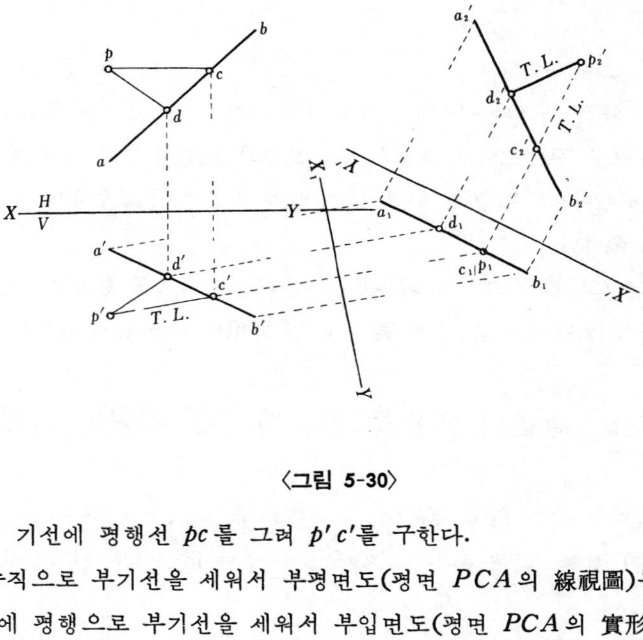

〈그림 5-30〉

① 점 p에서 기선에 평행선 pc를 그려 $p'c'$를 구한다.

② $p'c'$에 수직으로 부기선을 세워서 부평면도(평면 PCA의 線視圖)를 그린다.

③ 부평면도에 평행으로 부기선을 세워서 부입면도(평면 PCA의 實形)를 그린다.

④ p_2'에서 $a_2'b_2'$에 수선 $p_2'd_2'$를 그리면 실제 거리가 된다.

작도 5-9. 直線 AB의 兩投像 및 여기에 垂直인 直線 AC의 立面圖 $a'c'$를 주고 그 平面圖를 구하여라(그림 5-31).

① $a'b'$에 평행되는 부기선 X_1Y_1을 긋고 副投像 a_1b_1(실제 길이)을 구한다.

② a_1에서 a_1b_1에 수선을 긋고 c'에서 X_1Y_1에 그은 垂線과의 교차 c_1을 구한다.

③ c_1에서 c가 구해진다. ca가 구하는 평면도이다.

《참고》 실제 길이가 표시되는 부투상에서 직교하는 2直線의 투상을 구한다.

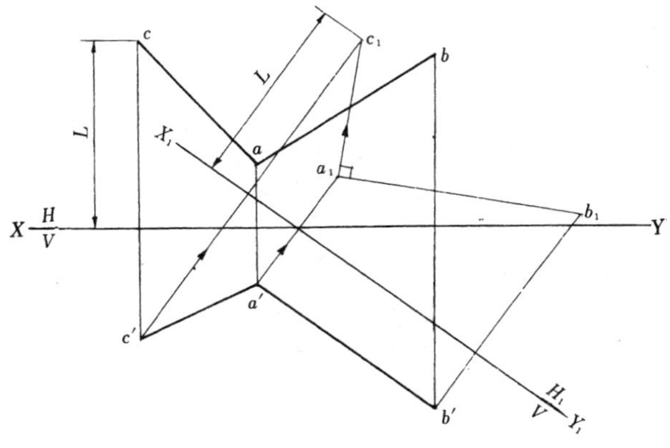

〈그림 5-31〉

작도 5-10. 주어진 AB 및 基線에 평행한 直線 CD에 공통된 垂線을 구하여라〔그림 5-32(a)〕.

① AB, CD의 側面圖 a_1b_1, c_1d_1(점이 된다)을 구한다.

② c_1에서 a_1b_1에 수선 c_1e_1을 긋는다.

③ e_1에서 立面圖 e'를 구한다.

④ e'에서 XY에 수선을 긋고 cd-$c'd'$ 위에 f, f'를 구한다(e_1f_1은 실제 길이).

ef-$e'f'$는 구하는 공통 수선이다.

《참고》 點形法 : 2직선 중에서 1직선이 점으로 나타나는 投像圖에서 다른 직선에 垂直線을 그리면 共通垂線이 된다〔그림 5-32(b)〕.

平面法 : 2직선이 實長을 나타내는 投像圖를 구하여 2직선이 교차하는 교점에 垂線을 세우면 공통 수선이 된다〔그림 5-32(c)〕.

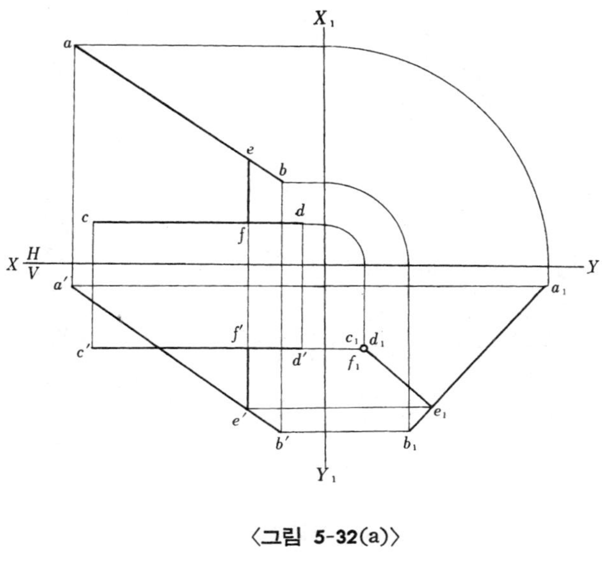

〈그림 5-32(a)〉

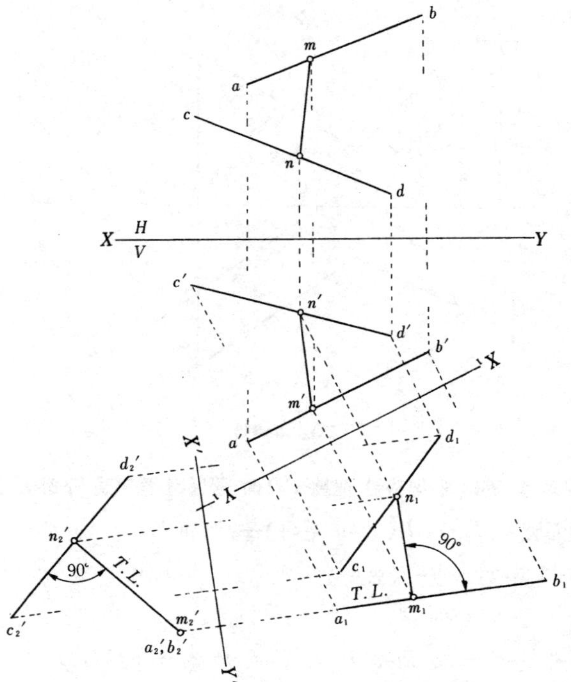

〈그림 5-32(b)〉

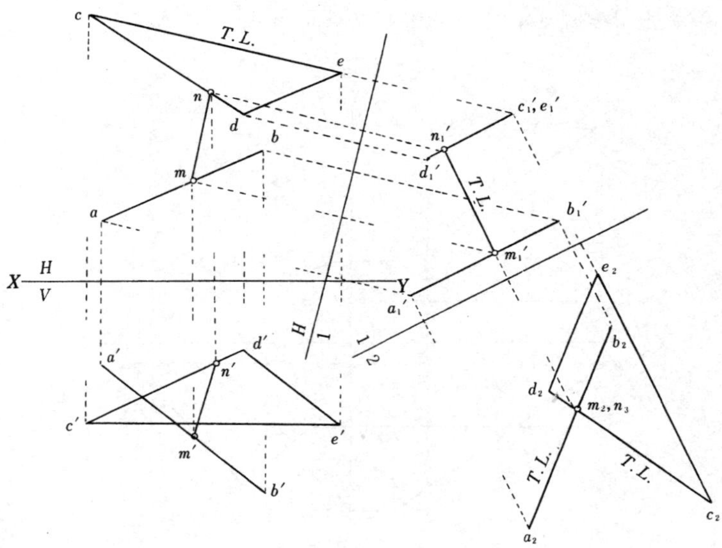

〈그림 5-32(c)〉

작도 5-11. 직선 AB의 길이 및 水平, 直立面과 이루는 角 θ 및 ϕ를 주고, 兩端이 投像面에 있을 때의 투상을 구하여라(그림 5-33).

① XY와 ϕ를 이루고 a_1b를 실제 길이로 한다(a_1b'는 立面圖의 길이).

② a_1b와 θ를 이루는 ba_2를 긋는다.

③ a_1에서 ba_2에 수선을 긋는다(ba_2는 平面圖의 길이).

④ ba_2를 반지름으로 하는 원호를 그리고 XY 위에 a점을 구한다. ab-$a'b'$는 구하는 투상이다.

《참고》 직선의 實長을 圖面에 그릴 때는 직선이 그 투상면에 평행으로 놓여져야 한다.

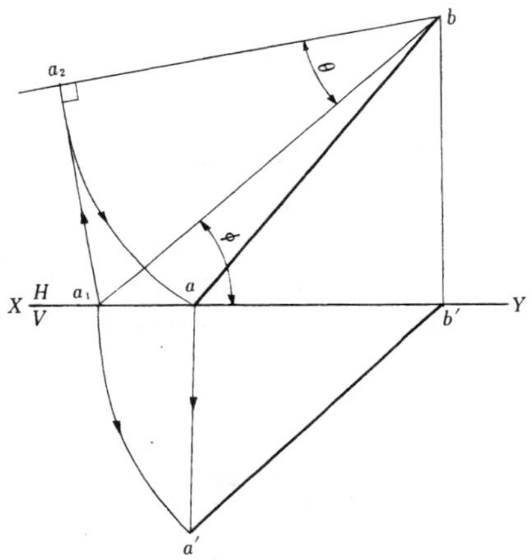

〈그림 5-33〉

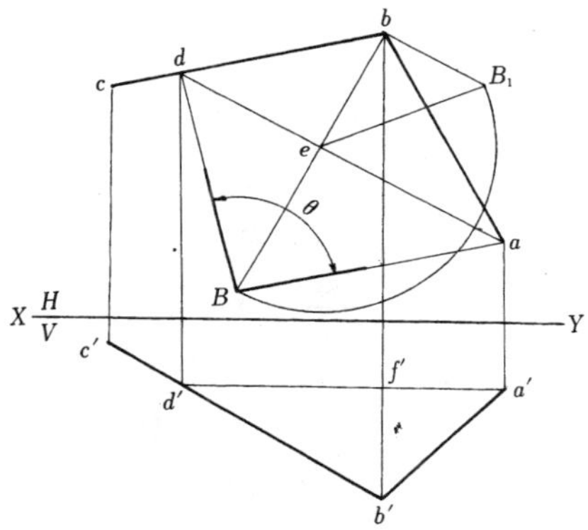

〈그림 5-34〉

작도 5-12. 2直線 BA, BC 사이의 角을 구하여라(그림 5-34).

① 수평선 $a'd'$를 긋고 실제 길이 ad를 구한다.

② b에서 ad에 수선을 긋고 e를 구한다.

③ b에서 eb에 수선 bB_1을 세우고, bB_1을 $b'f'$의 길이와 동일하게 취한다. B_1e는 be의 실제 길이이다.

④ eB를 eB_1과 같게 취한다.

⑤ Ba, Bd를 연결한다.

θ는 구하는 $\angle B$의 실제角이다.

《참고》 3각형 abd를, ad를 회전축으로 하여, B_1e를 반지름으로 수평면에 평행하게 회전시키는 것이다. 또 부투상법에 의하면 ad 직선에 수직으로 부기선을 세우고, $abdc$가 직선으로 나타나는 투상을 구하여, 이것에 평행하게 다시 부기선을 세워 부평면도에서 $\angle abd$의 실형을 구한다.

작도 5-13. 直立面上에 있는 직선 AB를 軸으로 하여 P점이 회전하고, 兩投像面과 교차되는 점을 구하여라(그림 5-35).

① p'에서 $a'b'$에 수선을 세우고 o'를 구한다. $p'p'' = pp_0$로 취하면 $p''o'$는 PO의 실제 길이가 된다(回轉반지름).

② o'를 중심으로 하고 $o'p''$를 반지름으로 하는 원을 그리면 $X'Y'$와의 교점 P_1, P_2는 直立面과의 교점이 된다.

③ p_3에서 $X'Y'$에 수선을 세우고 ②의 원호와의 교점을 p_3''로 한다.

④ p_3에서 $p_3'p_3''$를 반지름으로 원호를 그려 p_3에서 XY에 세운 수선과의 교점 P_3는 水平面과의 교점이다.

《참고》 P점에서 AB에 수선을 세우고 회전반지름을 구한다. AB의 방향에서 P점의 회전하는 원을 보면 投像面과 교차점이 보인다.

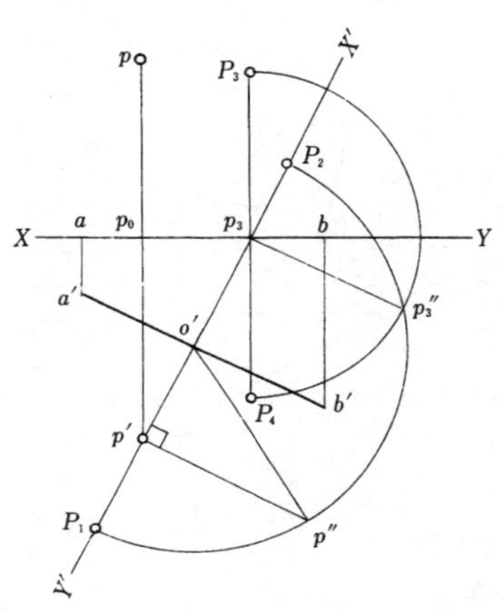

〈그림 5-35〉

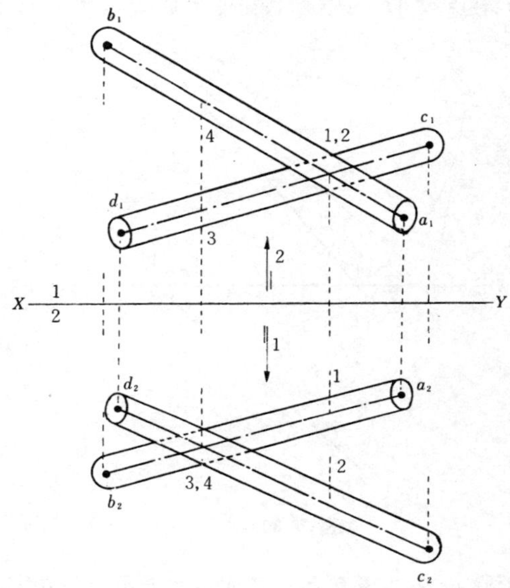

〈그림 5-36〉

작도 5-14. 주어진 2本의 棒이 교차할 때 교차점의 나타나는 상태를 밝혀라(그림 5-36).

① 平面圖上의 교점 (1, 2)에서 視線을 그어 a_2b_2 上의 1, c_2d_2 上의 2를 정한다.

② 화살표에서 a_2b_2 上 1이 2보다 위이므로 평면도에서 a_1b_1이 실선이다.

③ 立面圖上의 교점 (3, 4)에서 視線을 그어 c_1d_1 上의 3, a_1b_1 上의 4를 정한다.

④ 화살표에서 c_1d_1 上의 3이 4보다 앞에 있으므로 입면도에서 c_2d_2가 實線이다.

《참고》 棒端의 나타나는 상태는 法則 2를 적용한다. 棒材에서 보이는 상태를 찾을 때는 중심선 하나에 대하여 검토하면 모든 線이 검토된다.

平　面

第 6 章

6-1 平面의 表現法

그림 6-1에 平面을 표현하는 방법을 나타내었다.

a圖 : 2交叉直線

b圖 : 2平行線

c圖 : 1直線과 直線上에 없는 1점

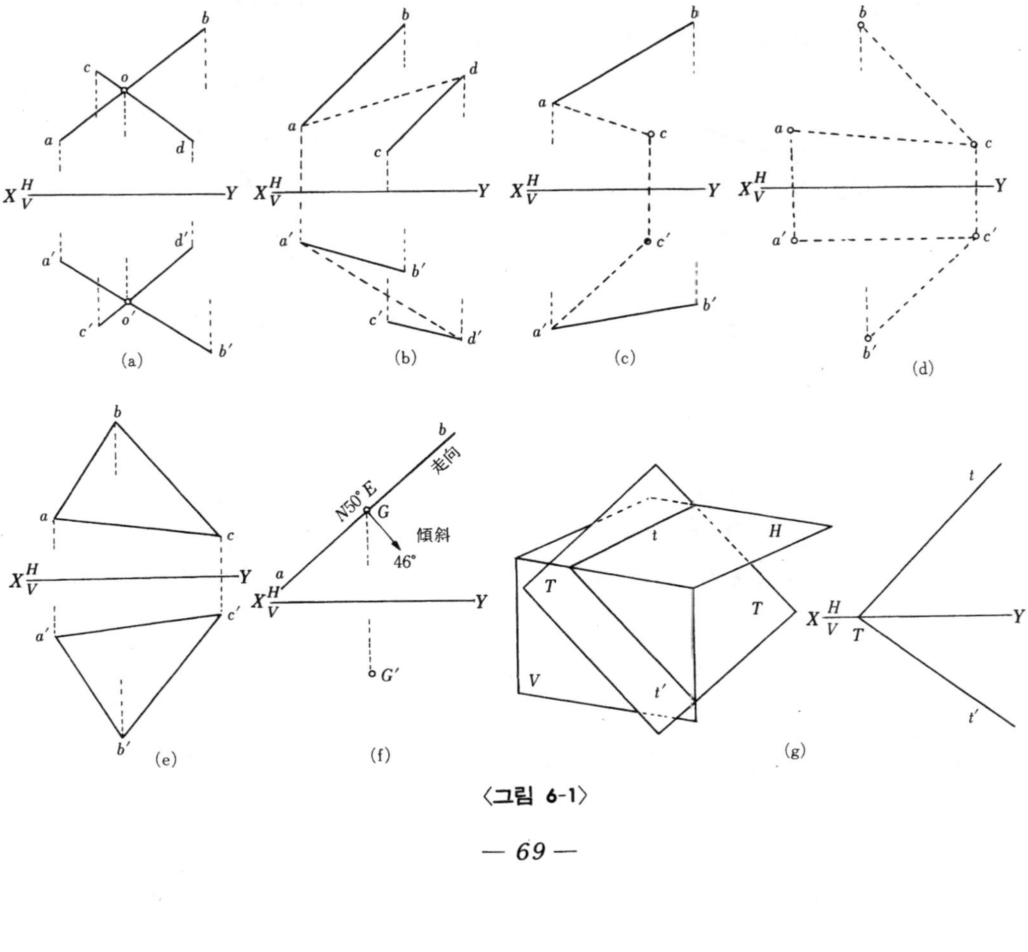

〈그림 6-1〉

d圖 : 동일 直線上에 없는 3점

e圖 : 平面形(4변형, 다각형, 圓 등)

f圖 : 地質學 또는 採礦 분야에 이용되는 走向(strike)과 傾斜(dip)로 표시하는 것

g圖 : 平面이 投像面과 교차하여 이루는 平面跡에 의한 방법, t(水平跡)는 水平線이고 t'(直立跡)는 正面線이다. t의 立面圖와 t'의 平面圖는 基線에 일치한다.

6-2 平面形 投像을 보는 방법

그림 6-2, 6-3의 兩投像이 어떠한 위치와 방향에 놓여진 平面形인가 차이점을 살펴보자.

① 基線 XY를 軸으로 平面圖를 직각되게 굽힘으로써 그림 6-2, 6-3의 차이점을 알 수 있다.

② 兩投像圖에서 각 점이 다른 투상면에 얼마나 떨어져 있는가를 살펴본다.

③ 그림 6-2의 表面이 平面圖와 立面圖에 나타났다면 그림 6-3은 平面圖에는 표면이, 立面圖에는 裏面이 투상된 것이다.

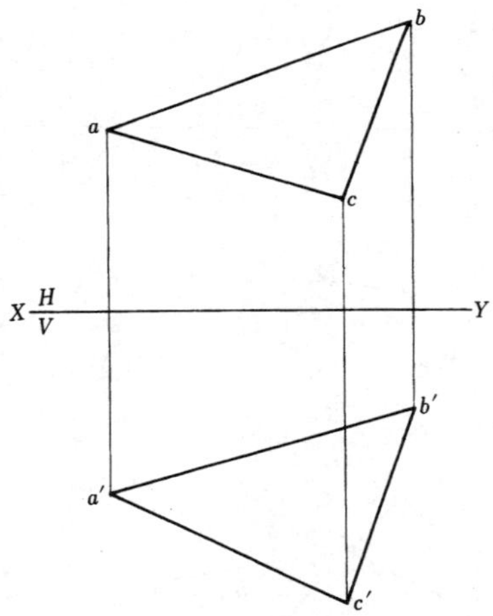

〈그림 6-2〉

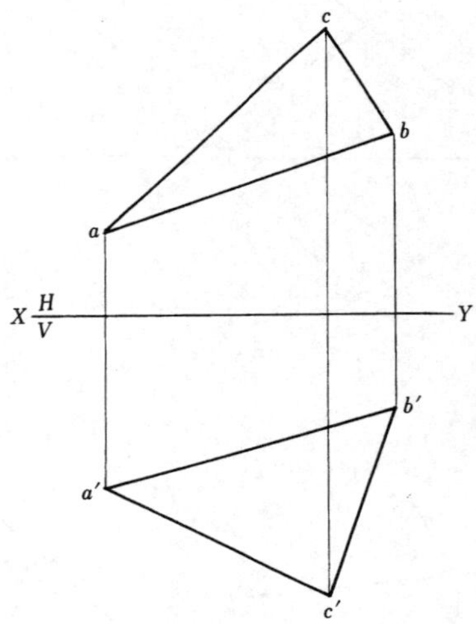

〈그림 6-3〉

6-3 주어진 平面內의 點과 直線

평면 내의 2점을 연결하는 1직선은 평면 내에 존재한다. 평면 내에 새로운 직선을 그릴 때는 그림 6-4에서와 같이 AB上의 e에서 CB上의 f를 연결할 수가 있다.

또 그림 6-5에서 평면 ABC와 그 평면 내에 1직선 MN이 주어졌을 때 立面圖를 그

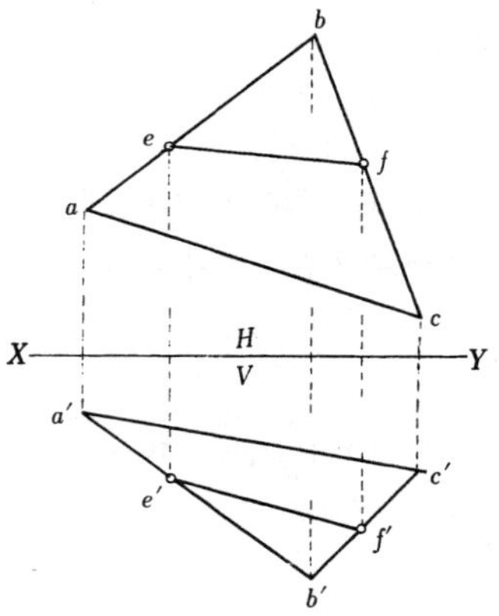

〈그림 6-4〉

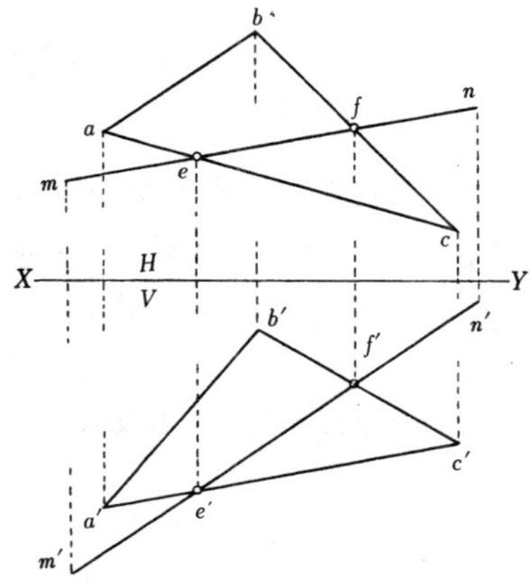

〈그림 6-5〉

리려면 AC 上의 e와 BC 上의 f를 立面圖에 투상하여 e'와 f'에 의하여 M과 N을 그림과 같이 그린다.

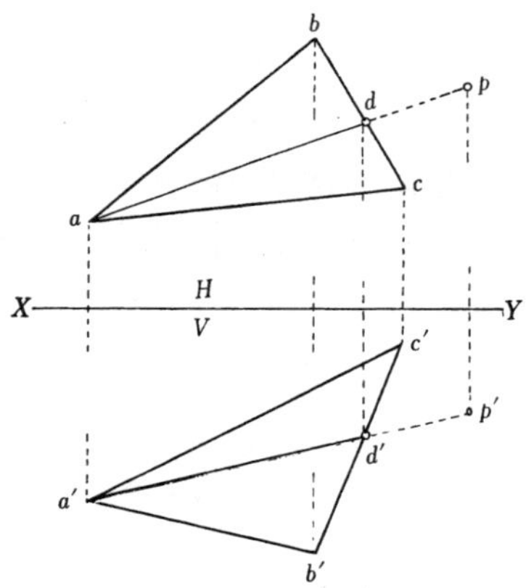

〈그림 6-6〉

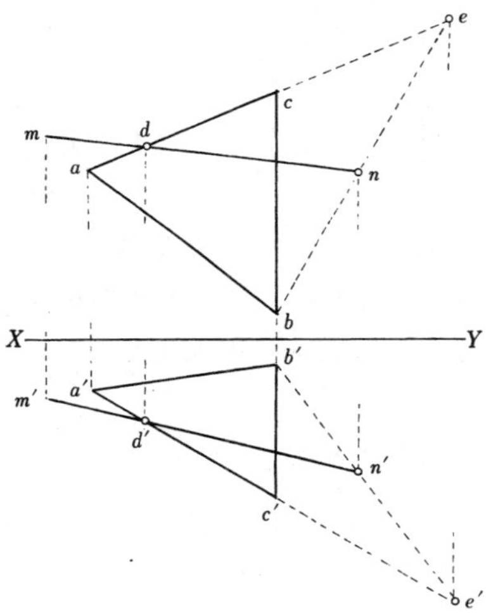

〈그림 6-7〉

그림 6-6과 같이 평면 ABC 밖에 동일 평면상의 점 P의 平面圖가 주어졌을 때 p'를 구하려면 ap를 연결하는 선과 bc의 교점 d를 정하여 d'를 구하고 $a'd'$를 연결하는 선상에서 P'를 구한다.

그림 6-7에서와 같이 주어진 평면 ABC의 BC가 기선에 수직일 때는 평면에 補助線 ade와 bne를 추가하여 n과 d'에 의하여 $m'n'$를 그릴 수 있다(BC가 기선에 수직이 아니고 수직에 가까울 때에도 이 방법으로 그리면 정확하다).

6-4 平面의 走向과 傾斜

평면 내의 1水平線의 방향 또는 方位를 평면의 走向이라 하므로 임의의 平面의 走向을 얻는 데는 평면에서 水平面에 평행한 직선(그것의 直立投像은 基線에 평행)을 긋고 그의 水平投像이 北-南線과 이루는 角을 계측한다.

[strike 표시]

1) 북쪽만을 기준으로 한다. 즉 N30E나 N60W로 표시하며 S30E나 S60W로 표시하지 않는다.

2) 경사 방향은 주향에 직각이다.

3) 긴 것은 주향, 짧은 것은 경사를 표시한다. 上을 북으로 할 때 표와 같다.

기 호	주 향	경 사
⅄35	N45E	35ES
60⅄	N50W	60SW
┬ 30	EW	30S
70┤	NS	70W
┼	水平	
┼	EW수직	

平面의 勾配는 그 평면이 水平面과 이루는 角이며, 地質 및 採礦 문제에서는 下方勾配를 경사(dip)라고 한다. 平面이 正面圖나 側面圖의 어느 하나가 1직선으로 나타날 때는 그림 6-8(a)와 같이 구배를 표시한다.

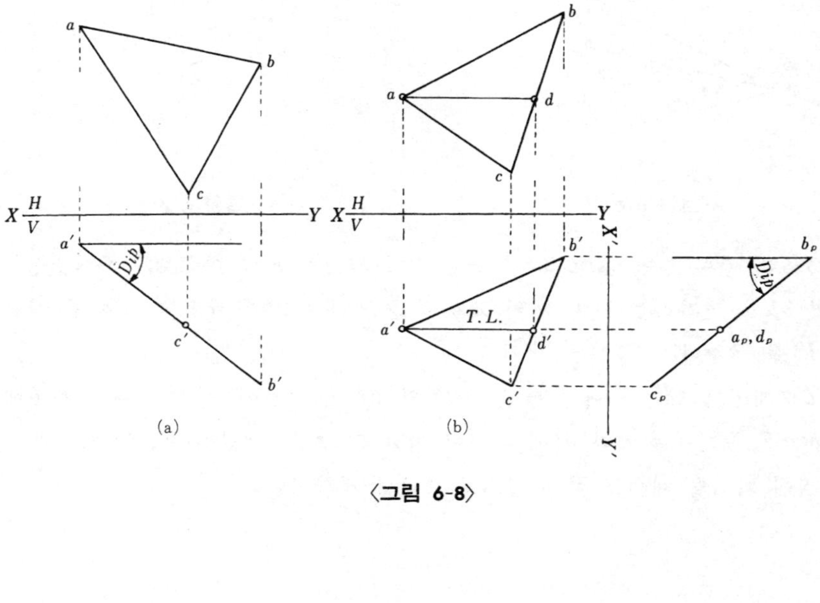

〈그림 6-8〉

또 그림 6-8(b)와 같이 수평면에 대한 평행선 ad가 직립면에도 평행할 때는 측면도에서도 구해진다.

어느 主投像面에도 경사진 평면에 대한 경사는 평면 내에 水平面에 平行線을 그리고 그림 6-9와 같이 표시한다.

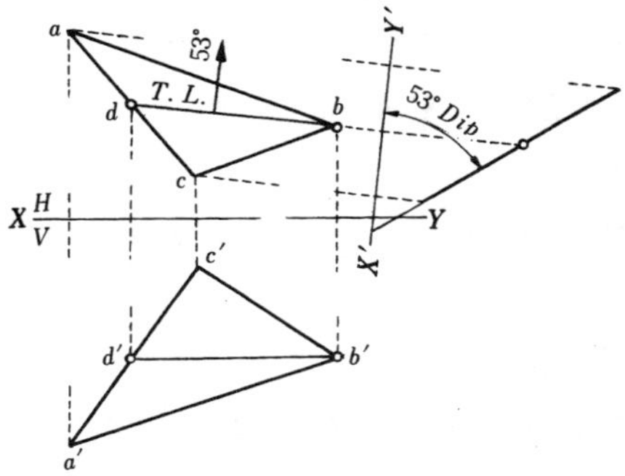

〈그림 6-9〉

그리고 平面形은 平面形內 임의의 직선에 수직인 投像面에 직선으로 나타난다. 그래서 平面이 投像面과 이루는 角도 平面이 直線으로 나타나는 投像面에 표시된다.

그림 6-10은 水平面에 대한 경사각 θ_H를 구하기 위해 기선에 평행선 $a'd'$를 그어 實長線 ad를 정한다(실장선에 수직이어야 평면이 직선으로 나타난다). 副立面圖에 의하여 θ_H를 얻는다.

그림 6-11은 直立面에 대한 경사각 θ_v를 구한 것이다.

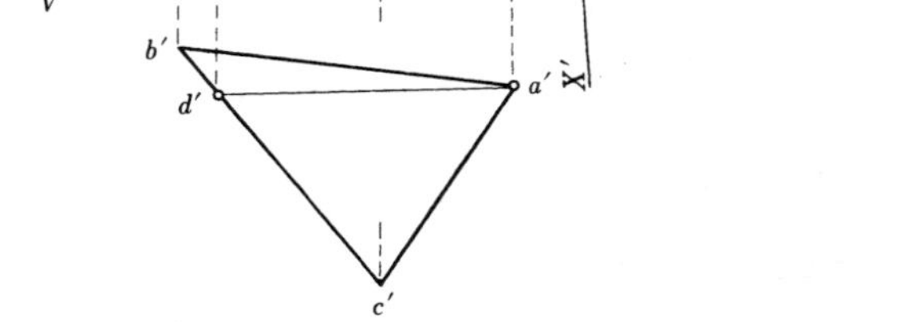

〈그림 6-10〉

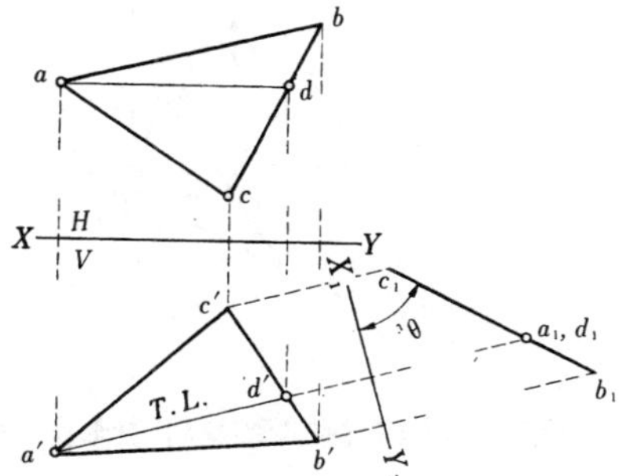

〈그림 6-11〉

6-5 平面形의 실제 모양

平面形의 實形을 구하기 위하여는 平面形에 나란한 투상면을 설치하거나 平面形을 투상면에 평행하게 놓아야 실형을 구할 수 있다.

平面形의 實形을 구하는 방법으로는 다음과 같은 것이 있다.

1) 각 변의 實長을 구하여 實形을 구한다.

2) 副投像에 의한 방법

3) 平面形을 포함하는 평면을 구하여 그 평면을 投像面에 평행하게 회전하는 방법 (rabatment)

4) 平面形을 투상면에 회전하는 방법

작도 6-1. 3각형 *ABC*의 實形을 구하여라(副投像法 ; 그림 6-12).

① XY에 평행하게 $c'd'$를 긋고 cd의 實長을 나타낸다.

② cd에 수직인 副基線 $X'Y'$를 그어 副立面圖 $a_1'c_1'b_1'$를 구하면 3각형은 직선으로 나타난다.

③ $a_1'b_1'$에 평행하게 副基線 X_1Y_1을 그어 副平面圖 $a_1b_1c_1$을 구하면 이것이 實形이다.

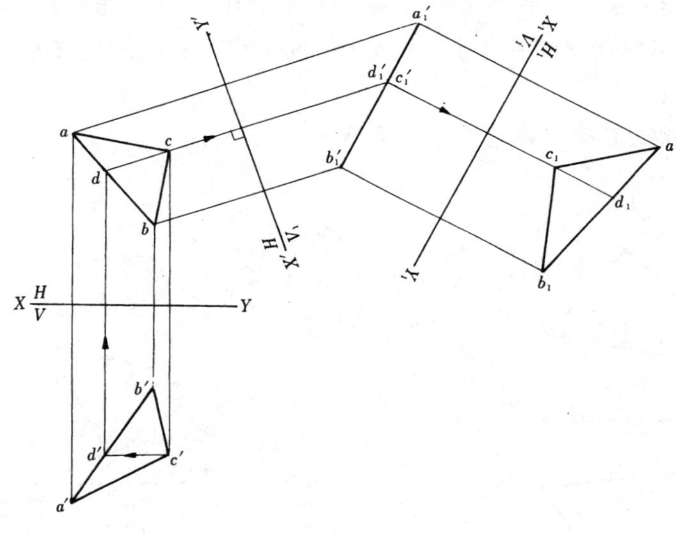

〈그림 6-12〉

작도 6-2. 4각형 *ABCD*의 實形을 구하여라(平面法 ; 그림 6-13).

① 4각형 $ABCD$를 포함하는 平面의 跡을 구하기 위하여 平面圖 c에서 基線에 평행선을 긋고 그 평행선과 만나는 점 a(또는 임의의 점)의 立面圖 a'(임의의 점이 입면도)를 정한다.

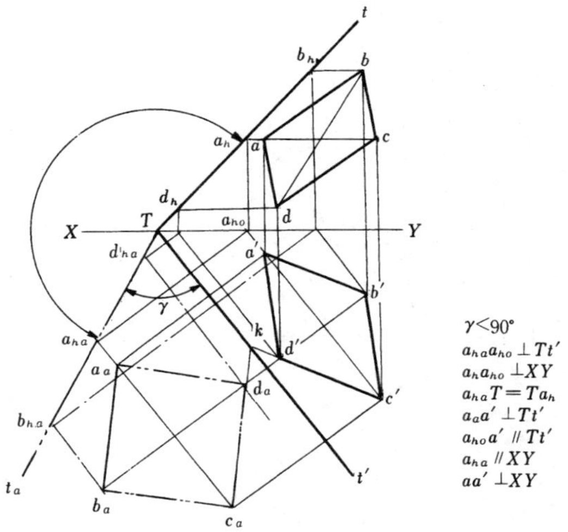

〈그림 6-13〉

② c'에서 a'(임의의 점의 입면도)를 지나는 선과 기선과의 교점(a_{ho})에서 수선을 세워 a_h를 잡는다.

③ b, d 점에서 기선에 평행선을 긋고 b', d' 점에서 $c'a'$에 평행선을 그어 기선과의 교점에서 수선을 세운다.

④ a_h점과 같은 3점을 연결하면 이것이 3각형 ABC를 포함하는 평면의 水平跡 Tt이다.

⑤ T에서 $a_{ho}c'$에 평행선을 그리면 이것이 3각형 ABC를 포함하는 평면의 直立跡 Tt'이다.

⑥ 평면을 直立面에 회전시키기 위하여 T에서 Ta_h를 반지름으로 원호를 그리고 a_{ho}에서 直立跡 Tt'에 수선을 세워 a_{ha}점을 잡는다.

⑦ Ta_{ha}를 연장하면 $t'\,T\,t_a$를 얻는다.

⑧ $a'b'c'd'$에서 直立跡 Tt'에 수선을 그리고 $a_{ha}\,b_{ha}\,d_{ha}$에 直立跡 Tt'에 평행선을 그어 교점을 잡으면 $a_ab_ac_ad_a$는 4각형의 實形이다.

작도 6-3. 4각형 *ABCD*의 實形을 구하여라(回轉法 ; 그림 6-14).

① c'에서 基線에 평행선 $c'e'$(수평면에 평행)를 그어 ce를 얻는다.

② ce에 수직으로 부기선을 그어 $ABCD$의 線視圖를 얻는다.

③ e_1'점을 中心으로 $d_1'b_1'a_1'$를 副基線에 평행하게 회전한다.

④ $d_0'b_0'$에서 副基線에 수선을 그린다.

⑤ abd에서 ce에 수선을 그어 $a_0b_0d_0$를 잡는다.

⑥ 4각형 $a_0b_0cd_0$는 $ABCD$의 實形이다.

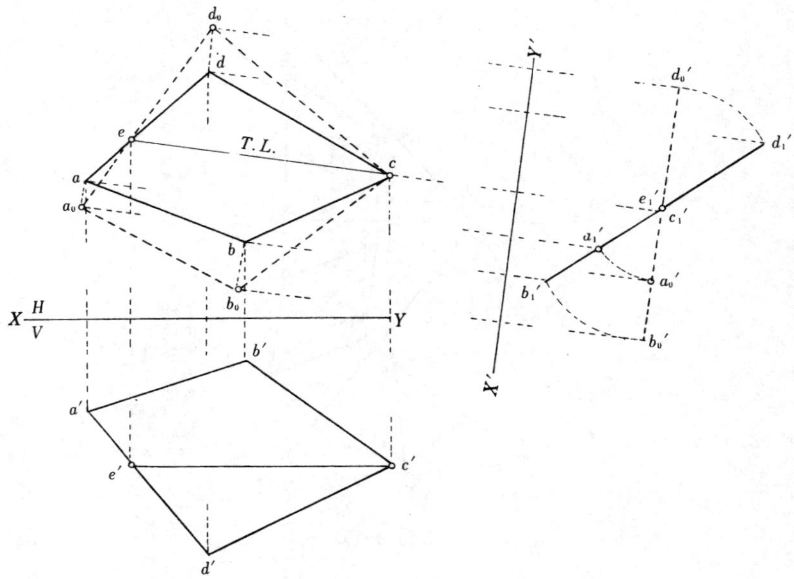

〈그림 6-14〉

작도 6-4. 1변의 길이가 2.5cm 되는 정 6 각형 *ABCDEF*가 水平面과 45°를 이루며 1변 *AB*가 수평면에 평행하고 直立面과 30°를 이룰 때 兩投像을 구하여라(그림 6-15).

① 水平面에 평행하고 直立面과 30°를 이루는 직선 *AB*의 投像 *ab-a'b'*를 구한다.

② *ab*를 1변으로 하고 수평면에 평행한 정 6 각형의 평면도 $abc_2d_2e_2f_2$를 그린다.

③ *ab*에 수직인 副基線 *X'Y'*의 副投像 $a_1'd_2'$($abc_2d_2e_2f_2$가 실제 모양이므로 $a_1'd_2'$는 직선이다)를 긋는다.

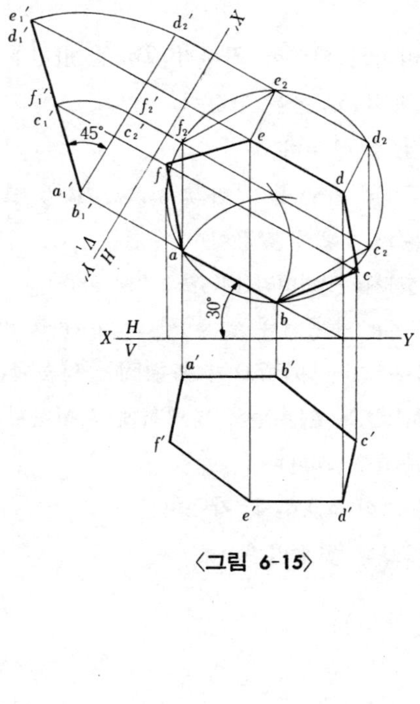

〈그림 6-15〉

④ a_1'를 중심으로 $a_1'd_2'$를 $X'Y'$에 대하여 45° 기울인다.

⑤ $a_1'd_1'$의 각 모서리점에 $X'Y'$의 수선을 긋고 $c_2d_2e_2f_2$에서 $X'Y'$에 평행선과의 교점 c, d, e, f를 구한다.

⑥ 부입면도와 평면도에 의해서 立面圖 $a'b'c'd'e'f'$를 얻는다.

6-6 直線과 平面의 관계

1평면 내의 2직선은 교차하거나 또는 평행이다. 직선이 평면 내의 임의의 직선에 평행일 때 그 직선은 평면에 평행이다.

작도 6-5. 주어진 점 P에서 주어진 3각형 ABC와 평행한 선을 그어라(그림 6-16).

① 삼각형 내에 임의의 직선 de-$d'e'$를 그린다.

② 점 p에서 de에, p'에서 $d'e'$에 평행선을 그린다.

《참고》 3각형의 세 변 중 하나에 평행하게 선을 그려도 된다.

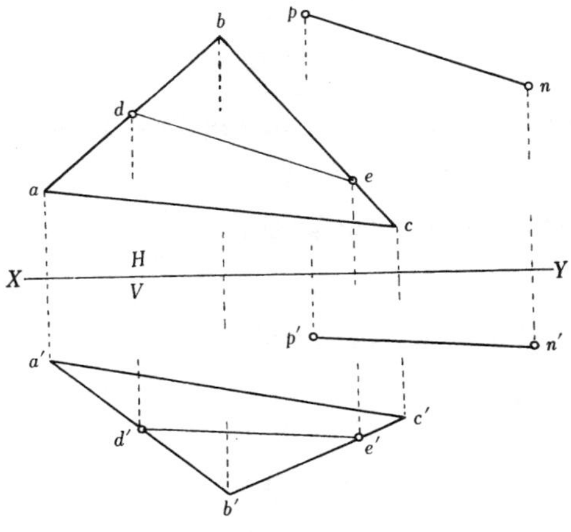

〈그림 6-16〉

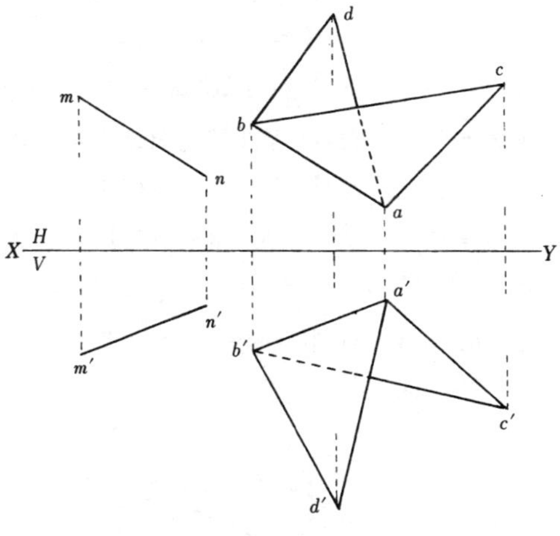

〈그림 6-17〉

작도 6-6. 주어진 직선 MN에 평행한 평면을 그려라(그림 6-17).

① 점 A에서 MN에 평행한 직선 ab-$a'b'$를 그리고 A점에서 다른 방향에 선을 그리면 평면이 된다.

3각형 ABC와 3각형 ABD는 MN직선에 평행이다.

작도 6-7. 주어진 직선 MN과 RS에 평행하고 점 B를 포함하는 평면을 그려라(그림 6-18).

① 점 B에서 MN과 RS에 평행선을 그리면 두 직선에 평행한 평면이 된다.

작도 6-8. 주어진 3각형 ABC의 C점에서 수직선을 그려라(그림 6-19).

① c에서 기선에 평행하게 ce를 그리고 $c'e'$를 얻는다.

② c'에서 $c'e'$에 수직선 $c'f'$를 그린다.

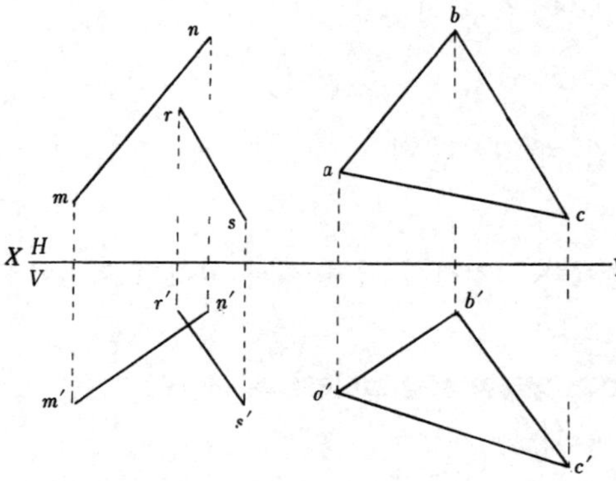

〈그림 6-18〉

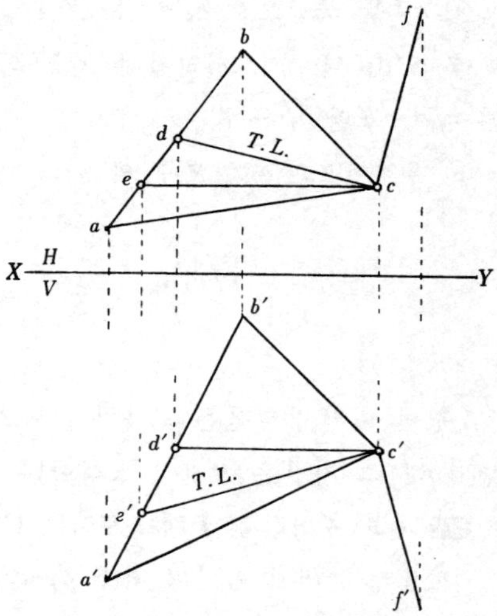

〈그림 6-19〉

③ c'에서 기선에 평행하게 $c'd'$를 그리고 cd를 얻는다.

④ c에서 cd에 수직선 cf를 그린다.

⑤ cf-$c'f'$는 3각형 ABC에 수직인 직선이다.

작도 6-9. 주어진 점 M에서 주어진 3각형 ABC에 수직선을 그려라(副投像法 ; 그림 6-20).

① c'에서 기선에 평행하게 $c'd'$를 그려 cd를 얻는다.

② cd에 수직으로 부기선을 세워 부입면도(線視圖) $a_1'b_1'c_1'$를 얻는다.

③ m_1'에서 $a_1'b_1'$에 수직선을 그린다.

④ $m_1'n_1'$에 의해서 mn과 mn에 의해서 $m'n'$를 그린다($dc \perp mn$).

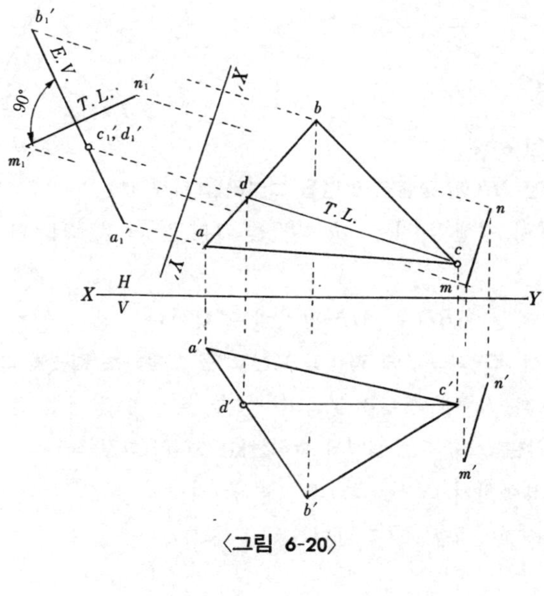

〈그림 6-20〉

⑤ mn-$m'n'$ 는 3 각형에 수직이며 $m_1'n_1'$ 는 實長이다.

《참고》 주어진 평면에 수직인 평면을 구하는 경우에는 점 M에서 임의의 직선을 그리면 된다.

작도 6-10. 주어진 점 P를 포함하고 주어진 직선 MN에 수직인 평면을 구하여라〔그림 6-21(a)〕

① p에서 mn에 수직선 pb를 그어 $p'b'$(기선에 평행)를 얻는다.

② p'에서 $m'n'$에 수직선 $p'a'$를 그어 pa를 얻는다.

③ 평면 PAB는 MN직선 수직인 평면이다.

【別法】 그림 6-21(a)와 (b)의 부평도 p_1에서 m_1n_1에 수직으로 p_1b_1과 p_1a_1을 그려도 된다.

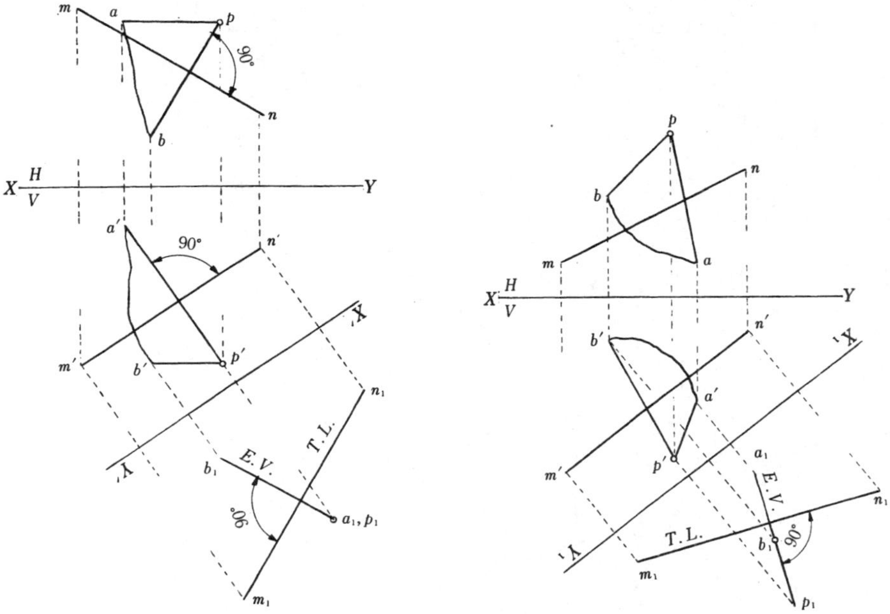

(a) (b)

〈그림 6-21〉

작도 6-11. 주어진 3각형 ABC와 직선 MN의 교점을 구하여라.

1) 切斷面〔그림 6-22(b)〕

① mn과 ac, bc의 교점 $1, 2\sim1', 2'$를 구한다.

② $1'2'$와 $m'n'$와의 교점 o'는 구하는 점이다(직선 MN을 포함하고 수평면에 수직인 평면으로 절단한 것이다).

2) 線視圖法〔그림 6-22(c)〕

① ad를 XY에 평행하게 그리고 $a'd'$(실제 길이)를 구한다.

② $a'd'$에 수직인 X_1Y_1을 부기선으로 하는 부평면도를 그린다.

③ 線視圖 $c_1a_1b_1$과 m_1n_1의 교점 o_1이 구하는 교점이다.

《참고》 직선이 평면과 교차했을 때 직선이 점선으로 나타나는 상태는 5-5절을 참고할 것.

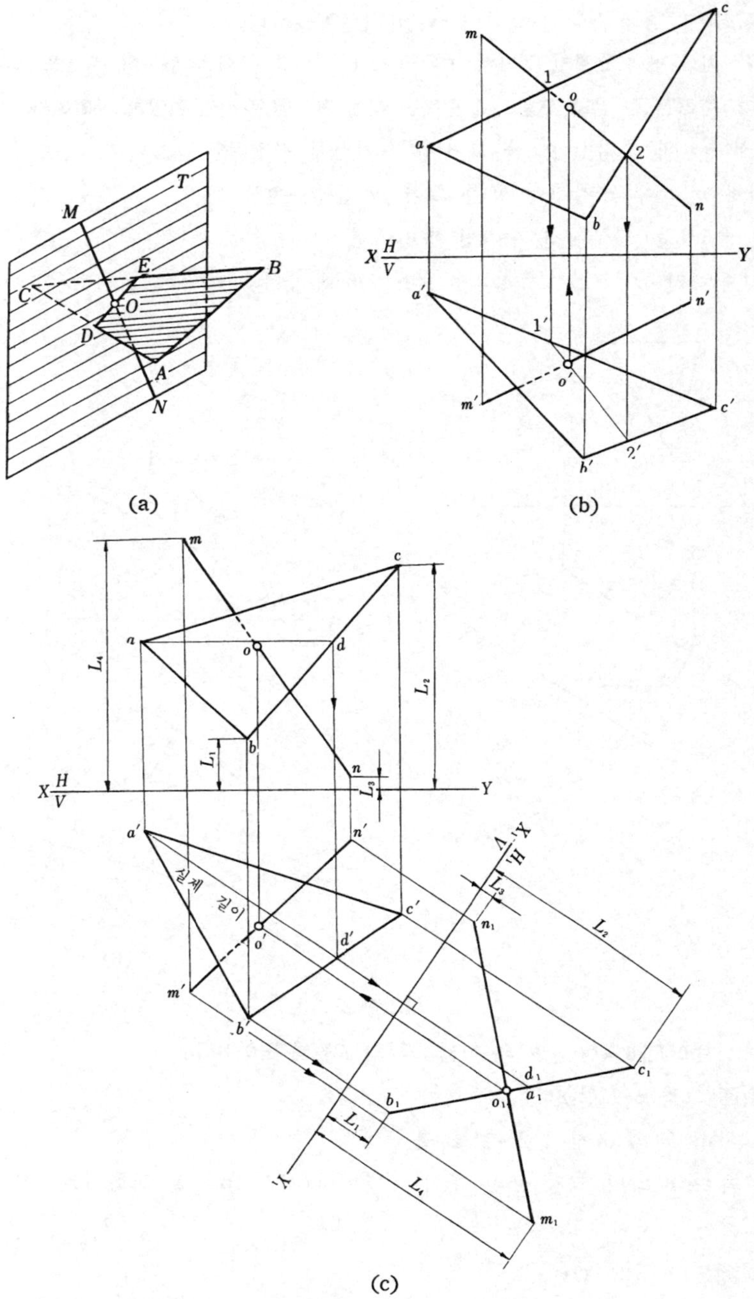

(a)　(b)

(c)

〈그림 6-22〉

작도 6-12. 직선 *PQ*에 평행하며 직선 *AB*, *CD*와 교차되는 直線을 구하여라(그림 6-23).

① *AB* 위의 임의의 점 ***m-m′***를 지나 *PQ*에 평행되는 직선 ***mn-m′n′***를 긋는다(*c′d′*와의 교점을 ***n′***로 하여 그 平面圖 ***n***을 구한다).

② $a'b'$와 $c'd'$와의 교점 o'에서 o를 구한다(평면 MNO는 PQ에 평행하고 AB를 포함한 평면).

③ 평면 MNO와 직선 CD와의 교점 k, k'를 구한다.

④ k, k'를 지나서 PQ에 평행선 $kl, k'l'$를 긋는다. kl은 PQ에 평행하며 AB, CD와 교차되는 직선이다.

《참고》 AB를 포함하고 PQ에 평행한 평면을 구하고 그 평면과 직선 CD와의 교차를 구한다.

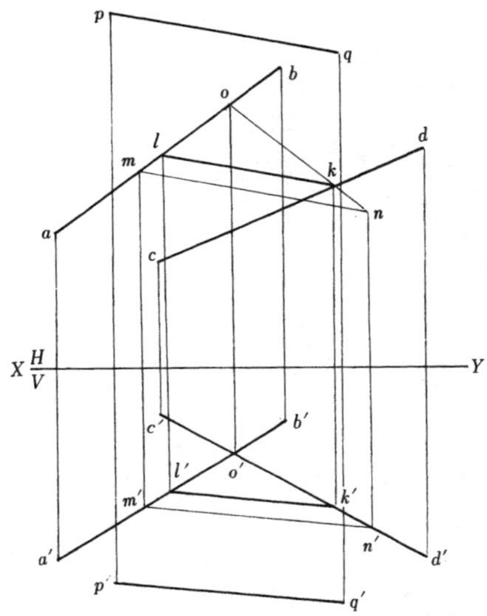

〈그림 6-23〉

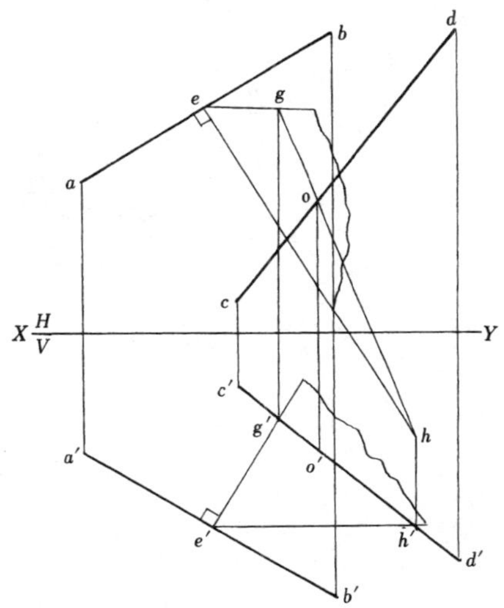

〈그림 6-24〉

작도 6-13. 直線 AB의 兩端에서 같은 거리가 되는 점 O를 CD上에서 구하여라(그림 6-24).

① ab-$a'b'$의 中點 e-e'를 지나 垂線 eh, $e'g'$, 기선 XY에 평행선 eg, $e'h'$를 긋는다(평면 GEH는 AB에 수직인 평면이 된다).

② 평면 GEH와 직선 CD와의 교점을 구한다.

③ O-O'는 구하는 교점이며 A, B에서 같은 거리가 되는 점이다.

《참고》 AB의 中點을 지나고 AB에 수직인 평면과 직선 CD와의 교점을 구한다.

작도 6-14. 평면 ABC 위에 直線 PQ의 투상을 구하여라(그림 6-25).

① c 및 b'에서 XY에 평행선을 긋고 실제 길이 $c'e'$, bd를 구한다.

② p, q에서 bd에, p', q'에서 $c'e'$에 수선을 긋는다.

③ 垂線과 평면 ABC와의 교점을 구한다(p', q'에서 수선과 $a'b'$, $a'c'$, $b'c'$와의 교점 $1', 2', 3', 4'$를 구한다). 12, 34와 p, q에서의 수선과의 교점 p_h, q_h와 그 立面圖 p_v', q_v'를 구한다.

p_hq_h-$p_v'q_v'$는 구하는 직선 PQ의 평면 ABC 위의 투상이다.

《참고》 직선 PQ의 兩端에서 평면 ABC에 내린 垂線의 발을 구한다. 그러므로 평면에 수선 그리는 방법, 평면과 직선의 교점을 구하는 방법을 알면 된다.

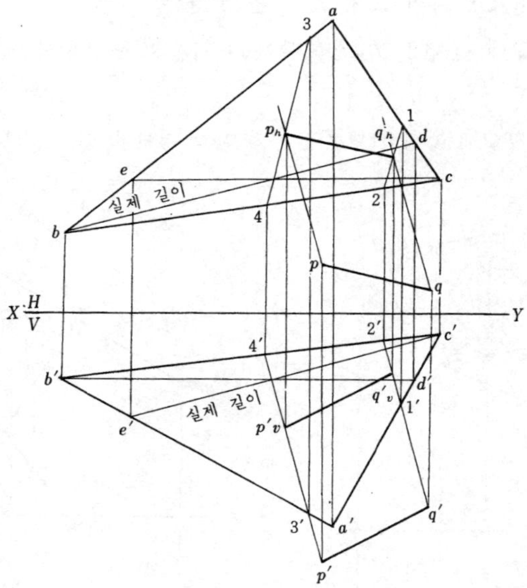

〈그림 6-25〉

6-7　平面과 平面의 교차

2평면이 교차하면 1직선이 되는데, 이 직선을 交切線이라 한다. 2평면의 交線을 구하는 방법은 線視圖法, 切斷平面法, 補助切斷平面法이 있다.

작도 6-15. 평면 ABC와 DBF의 交線을 구하여라(線視圖法 ; 그림 6-26).

① XY에 평행하게 $d'm'$를 긋고 실제 길이 dm을 구한다.

② dm에 수직인 $X'Y'$를 副基線으로 하는 副立面圖를 그린다.

③ 副立面圖 $a_1'b_1'c_1'$와 $e_1'f_1'$와의 교점 g_1', h_1'에서 i 및 h를 얻는다.

ih-$i'h'$는 구하는 교차가 된다.

작도 6-16. 평면 ABC와 $DEFG$의 交線을 구하여라(切斷平面法 ; 그림 6-27).

① ab와 dg, ef와의 교점 1, 2에서 立面圖 1′, 2′를 구한다.

② ac와 dg, ef와의 교점 3, 4에서 立面圖 3′, 4′를 구한다.

③ 1′2′와 $a'b'$, 3′4′와 $a'c'$와의 교점 p', q'을 구한다.

pq-$p'q'$는 구하는 交線이다.

《참고》 1平面의 각 변이 다른 平面을 관통한 점을 구한다.

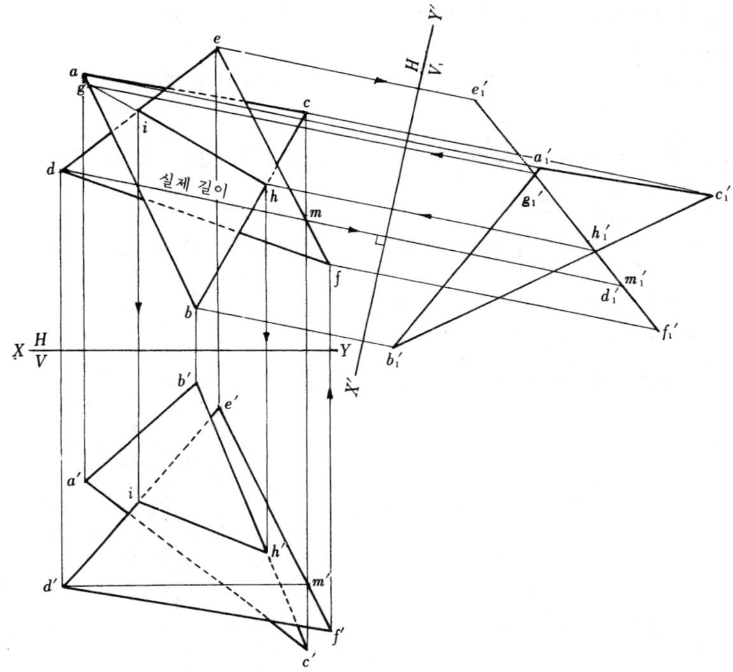

〈그림 6-26〉

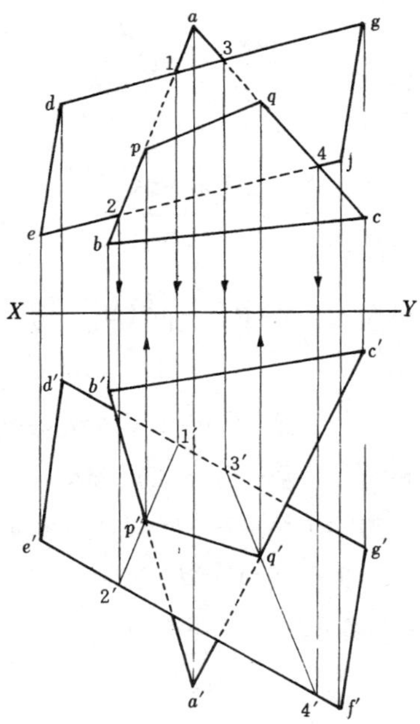

〈그림 6-27〉

작도 6-17. 空間에서 교차가 되지 않는 2평면 *ABC* 와 *DEF* 의 交線을 구하여라〔補助切斷平面法 ; 그림 6-28 (a), (b)〕.

《참고》 그림 6-28 (a)와 같이 *C* 점을 통하는 평면 Ⅱ와 兩平面의 교차 *C* 5, 67 의 교점 *Q* 는 구하는 兩平面의 교차의 1점이 된다.

① 水平面에 수직인 평면 Ⅰ과 兩平面의 교차 12-1′2′, 34-3′4′를 구한다.

② 1′2′와 4′3′의 교점 *p*-*p*′을 구한다.

③ *c*′를 지나서 直立面에 수직인 평면 Ⅱ와 兩平面의 교차 *c*5-*c*′5′, 67-6′7′를 구한다.

④ 5*c* 와 7*b* 와의 교점 *q*-*q*′를 구한다.

pq-*p*′*q*′는 구하는 交線이 된다.

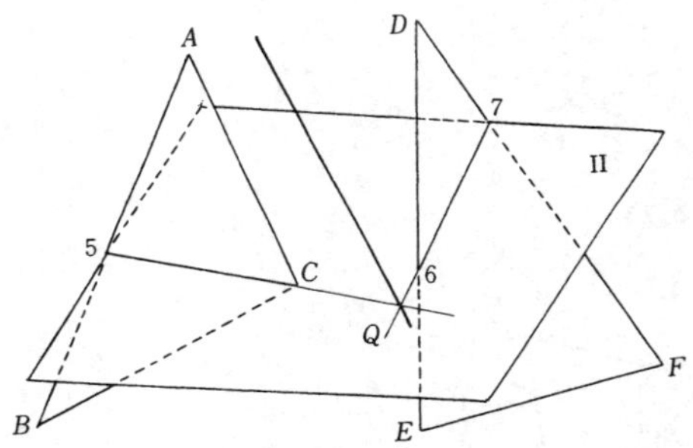

(a)

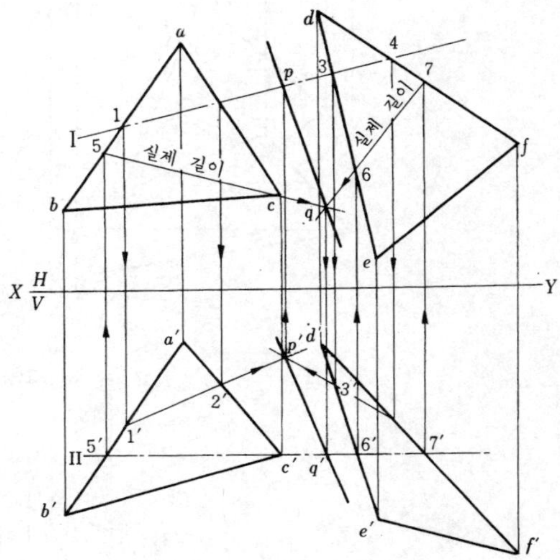

(b)

〈그림 6-28〉

6-8 平面 사이의 角

2평면이 교차하여 이루는 각을 2面角(dihedral angle)이라고 한다. 2面角의 實角은 交切線이 점으로 나타나는 투상, 즉 兩平面이 線視圖로 나타날 때 實角이 구해진다.

작도 6-18. 3각형 *ABC* 와 直立面과의 角 ϕ 를 구하여라(그림 6-29).

① *XY* 에 평행한 *ad* 를 긋고 실제 길이 *a*′*d*′를 구한다.

② *a*′*d*′에 수직인 X_1Y_1 을 부기선으로 副平面圖를 구한다.

ϕ 는 구하는 角이다.

작도 6-19. 2平面인 *ABC* 와 *ABD* 사이의 角을 구하여라(그림 6-30).

① *ab* 에 평행한 *X*′*Y*′ 부기선을 긋고 실제 길이 $a_1'b_1'$ 를 구한다.

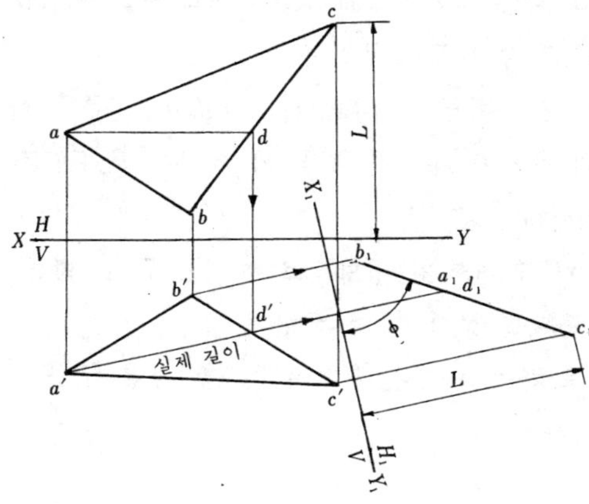

〈그림 6-29〉

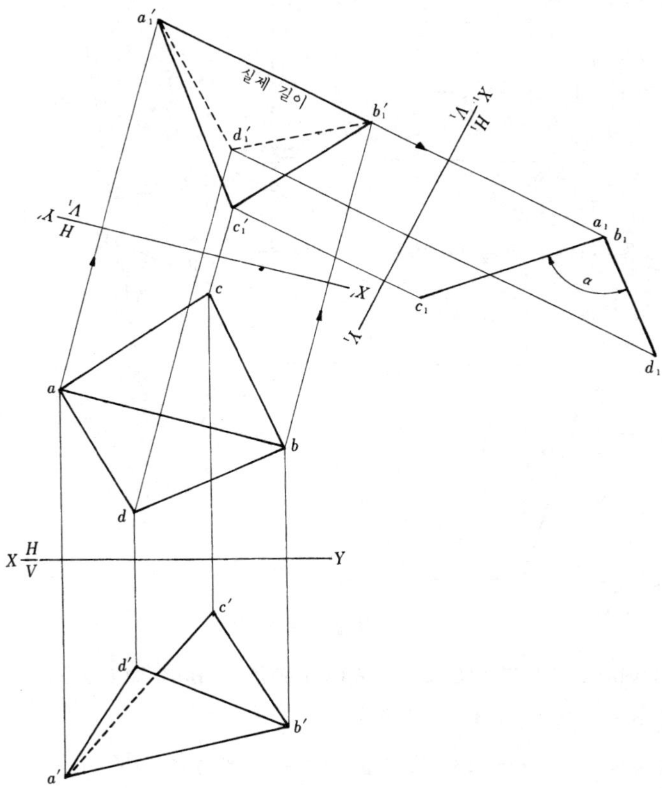

〈그림 6-30〉

② $a_1'b_1'$에 수직인 X_1Y_1 부기선을 그어 副平面圖($c_1a_1b_1d_1$)를 구한다. 角 α가 구하는 角이다.

작도 6-20. 4側面으로 이루어진 상자의 2面 A, B 사이의 角을 구하여라(그림 6-31).

1) 2평면의 교절선 ab의 點形圖를 구한다.

① ab에 평행한 $X'Y'$를 부기선으로 副立面圖 $a_1', b_1'c_1'$를 구한다.

② 실제 길이 $a_1'b_1'$에 수직인 부기선 X_1Y_1에 의하여 副平面圖 $c_1a_1d_1$을 구한다.

$\angle c_1a_1d_1$은 구하는 角이다.

2) 2평면의 交切線 AB에 수직인 평면으로 물체를 끊어 斷面의 실제 모양을 구한다.

① c_1'에서 $a_1'b_1'$에 垂線을 긋고 e_1'를 구한다.

② $c_1'e_1'$를 반지름으로 하는 원호에 의하여 e_2' 및 e_2를 구한다.

$\angle ce_2d$는 구하는 角이다.

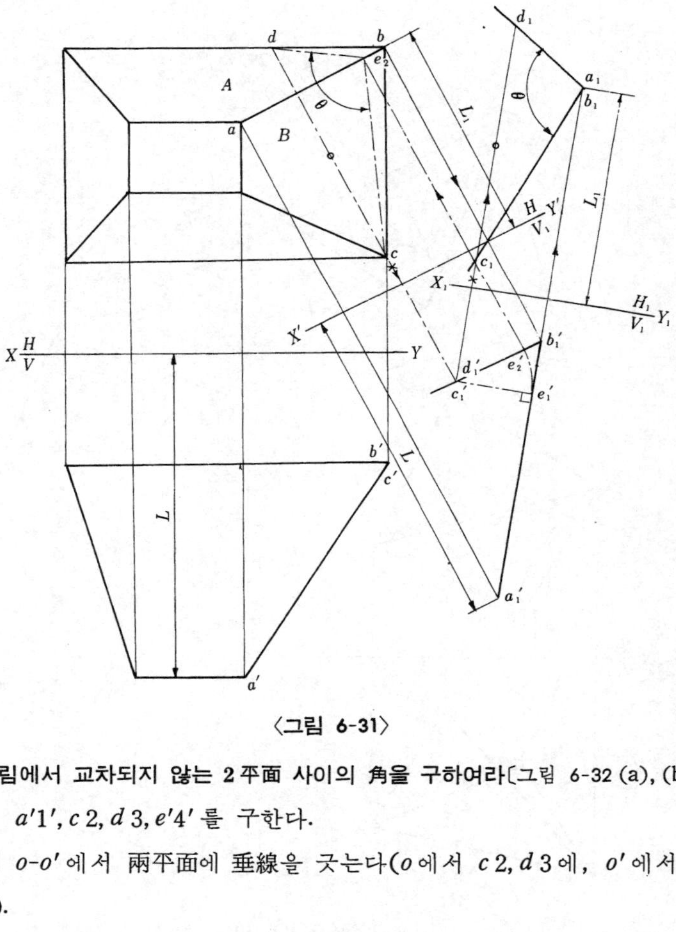

〈그림 6-31〉

작도 6-21. 그림에서 교차되지 않는 2平面 사이의 角을 구하여라〔그림 6-32 (a), (b)〕.

① 실제 길이 $a'1', c2, d3, e'4'$를 구한다.

② 임의의 점 o-o'에서 兩平面에 垂線을 긋는다(o에서 $c2, d3$에, o'에서 $a'1', e'4'$에 수선을 긋는다).

③ 垂線上의 1점 p'에서 XY에 평행선을 긋고 실제 길이 pq를 구한다.

《참고》 그림 6-32 (a)에서 공간의 1點 O에서 兩平面에 垂線 OM, ON을 긋고, 그 사이의 각 α를 구함으로써 2평면의 사이각 θ를 구할 수 있다.

④ pq에 수직인 $X'Y'$를 부기선으로 평면 OPQ의 線視圖를 그린다.

⑤ $p_1'o_1'$에 평행한 X_1Y_1을 부기선으로 平面 POQ의 實形 $p_1o_1q_1$을 그린다.

$\angle\theta$는 구하는 實角이다.

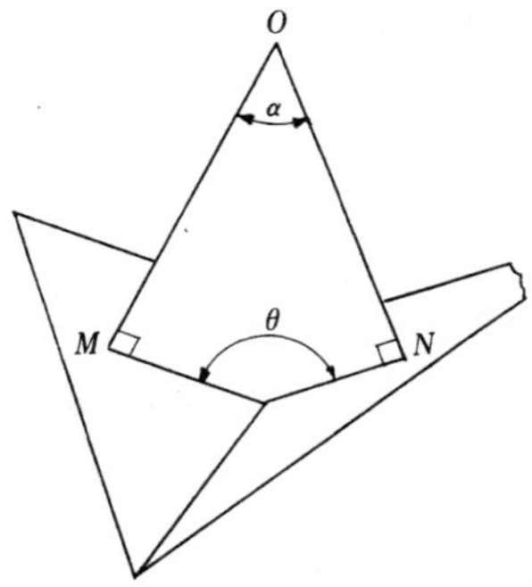

(a)

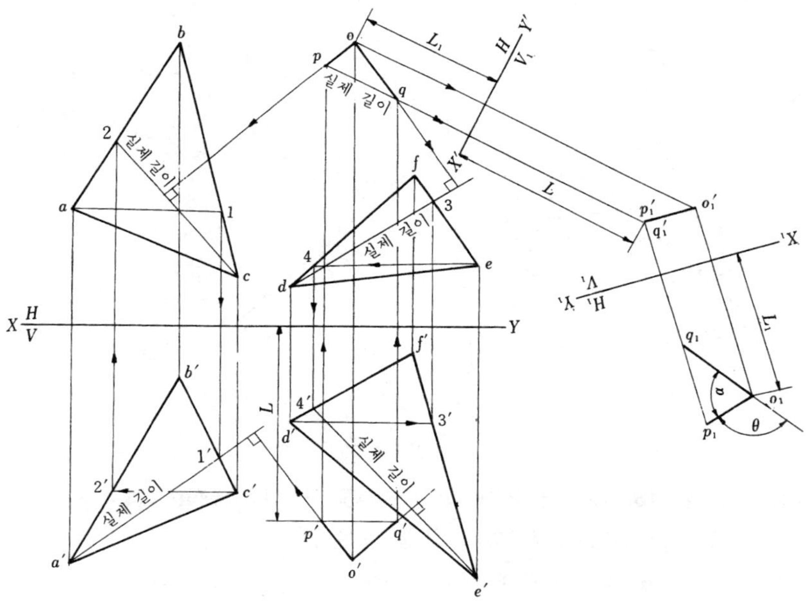

(b)

〈그림 6-32〉

6-9 平面과 直線이 이루는 角

직선과 평면이 이루는 사이角의 實角을 측정하려면 直線의 實長과 平面의 線視圖가 동시에 나타나는 투상을 그려야 한다. 즉 線視圖法과 이미 구한 각의 여각을 정하는 餘角法이 있다.

작도 6-22. 3각형 ABC와 직선 MN이 이루는 각을 구하여라(線視圖法, 回轉法 ; 그림 6-33).

① 그림 6-33에서 3각형 ABC의 線視圖 a_1c_1을 구한다.

② 3각형 ABC의 實形을 나타내는 副立面圖 $a_2'b_2'c_2'$와 $m_2'n_2'$를 그린다.

③ MN직선의 실장과 평면의 線視圖가 나타나는 제 2副平面圖 $a_3b_3c_3$ 및 m_3n_3를 구하면 각 θ가 구하는 實角이다.

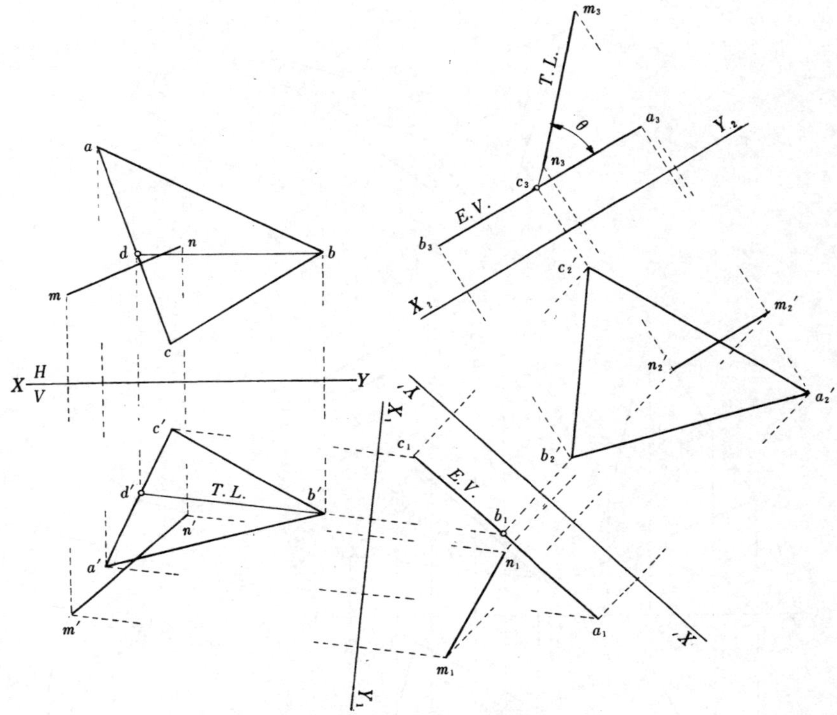

〈그림 6-33〉

작도 6-23. 3각형 ABC과 직선 MN이 이루는 角을 구하여라(餘角法 ; 그림 6-34).

① 3각형 ABC내에 實長線 be 및 $a'd'$를 그린다.

② m에서 be에, m'에서 $a'd'$에 수직선 mg 및 $m'g'$를 그린다.

③ n'에서 기선 XY에 평행선 $n'g'$를 그려 實長 gn을 얻는다.

④ 3각형 MGN의 實形 $m_2g_2n_2$를 그린다.

⑤ MG는 평면 ABC에 수직이므로 직선 MG와 평면 ABC의 사이각은 $90°-\alpha=\theta$이다.

$\angle g_2m_2K_2=\angle\theta$이다.

작도 6-24. 圓板을 兩投像面에 대하여 기울였을 때의 투상을 구하여라(그림 6-35).

① 원을 8등분하고 平面圖, 立面圖에 1, 2, 3, …8, 1, '2, '3', …8'를 구한다.

② 1'5'와 어느 경사를 이룬 X_1Y_1되는 副基線을 긋고 L_1에서 1_1을 구한다(1'5'가 實長

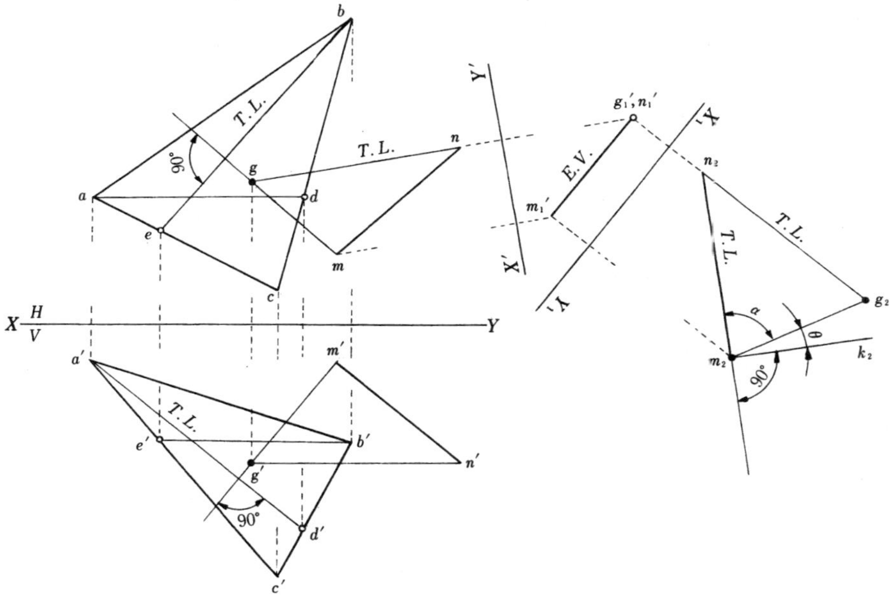

〈그림 6-34〉

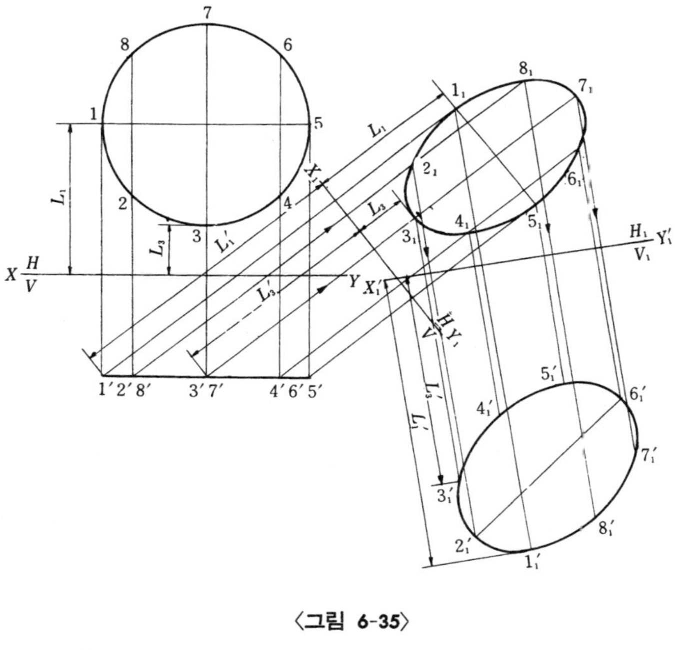

〈그림 6-35〉

이므로 1_1, 5_1 은 부기선 X_1Y_1 에 평행이어야 한다).

③ 또 어떤 경사를 이룬 $X'Y'$ 되는 副基線을 긋고 L_1'에서 $1_1'$, L_3' 에서 $3_1'$를 구한다. 1_1, 2_1, 3_1, …과 $1_1'$, $2_1'$, $3_1'$, …은 兩投像에 경사진 圓板의 투상이다.

立 體

第 7 章

7-1 多 面 體

직선은 두 점에 의하여, 平面은 직선에 의하여, 多面體는 平面의 모임에 의하여 형성된다.

多面體의 표면을 面(face), 面의 交線을 稜(edge)이라 하고, 稜의 집합점을 頂點(vertex), 同一面上에 있지 않은 頂點을 연결하는 직선을 對角線(diagonal)이라고 한다.

面數에 의하여 4면체, 8면체라 말하며, 둘러싸인 面의 형태와 크기가 같고 각 頂點에서 稜數가 같은 凸多面體를 正多面體(regular polyhedron)라고 한다.

1) 정 4면체(reguar tetrahedron) 2) 정 6면체(regular hexahedron)

3) 정 8면체(regular octahedron) 4) 정 12면체(regular dodecahedron)

5) 정 20면체(regular icosahedron)

의 5종류로 한정되어 있으나, 工學方面에서는 정 6면체 이외에는 실용적 가치가 적다.

다면체를 5종으로 한정하는 것은 3개 이상의 面으로 되고 面角의 合이 4직각 이하이어야 한다는 조건에 의해서이다.

多面體에는 正多面體 외에 角錐(pyramid)와 角柱(prism)가 있다. 角錐는 밑면이 多角形이고 다른 측면이 角錐의 共通頂點을 갖는 3각형으로 된 다면체이다.

軸(axis)은 밑면의 중심을 頂點에 연결하는 직선이다. 축이 밑면에 수직일 때는 直角錐(right pyramid), 그렇지 않을 때는 斜角錐(oblique pyramid)라고 한다. 角錐의 높이는 頂點으로부터 밑면까지의 수직거리이다.

切頭角錐(truncated pyramid) 또는 角錐臺(frustum of pyramid)는 切斷平面에 의해서 頂部를 잘라낸 입체이며, 角錐臺는 밑면에 평행으로 잘라낸 것이다.

角柱는 밑면에 평행인 2평면과 평행 4변형의 側面으로 둘러싸여 있는 다면체이다. 밑면은 임의의 多角形이라도 좋다. 切頭角柱(truncated prism)은 밑면에 평행이 아닌 切斷平面에 의해서 角柱의 1단이 잘려진 입체이다(그림 7-1 참조).

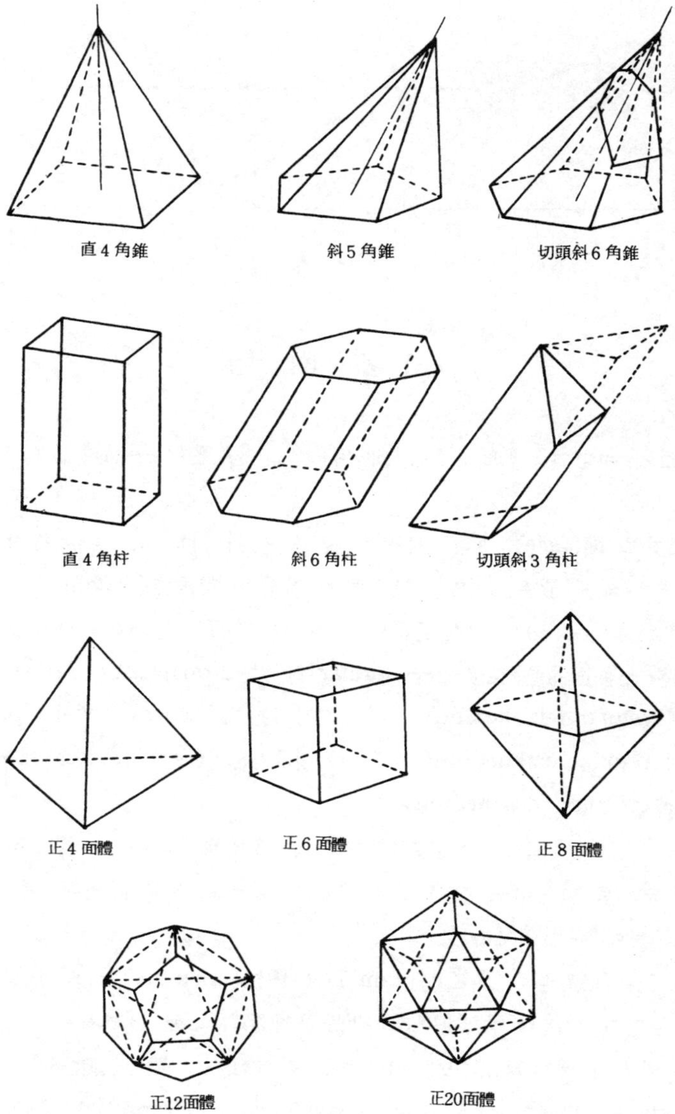

〈그림 7-1〉

작도 7-1. 입체 1개의 副投像에 대한 제 2, 제 3의 副投像을 구하여라(그림 7-2).

《참고》 投像面에서 거리 관계는

$$L_2(V)\rightarrow L_2(V_1),\ L_3(H)\rightarrow L_3(H_1),\ L_4(V_1)\rightarrow L_4(V_2)$$

로 취하면 된다. 實線과 破線을 잘 검토할 것이며 그림을 볼 때 平面圖나 副平面圖를 항상 위쪽에 놓고 관찰하면 좋다.

작도 7-2. 정 6 면체의 1 對角線이 水平面에 수직인 위치에 입는 투상을 구하여라.

1) 副投像에 의한다(그림 7-3).

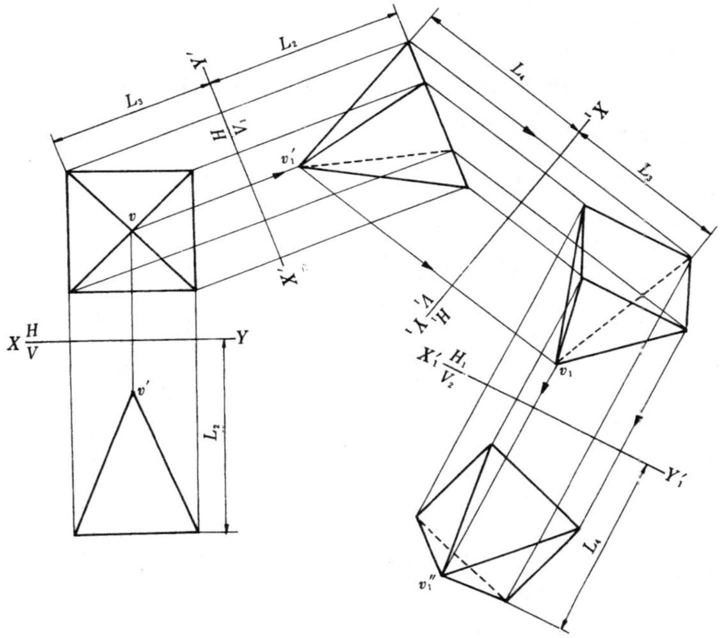

〈그림 7-2〉

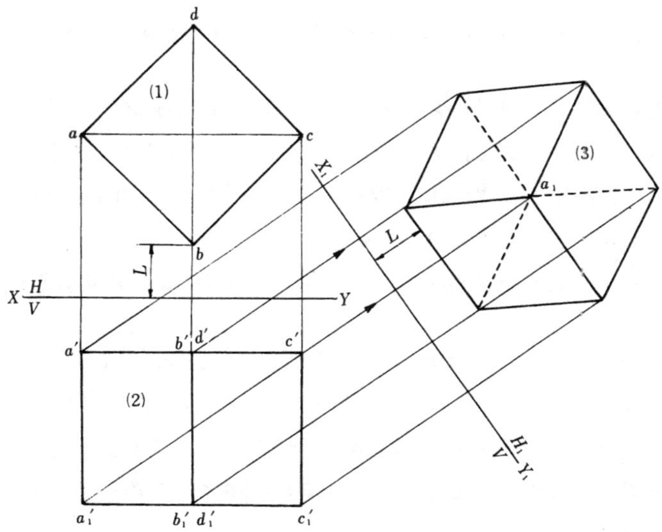

〈그림 7-3〉

① 對角線 ac 가 XY 에 평행한 정 4 각형을 그리면 平面圖(1)이 된다.

② 1 변의 길이와 (1)에서 (2)되는 立面圖를 구한다.

③ 對角線 $a_1'c'$에 수직인 부기선 X_1Y_1 을 긋고 副平面圖(3)을 구한다.

2) 投像을 구하는 위치에 이동한다(그림 7-4).

① 平面圖(1), 立面圖(2)를 구한다.

② 對角線 $a_1'c'$가 XY에 수직이 되도록 (2)를 (2)′로 옮긴다.

③ 平面圖(1) 및 立面圖(2)′에서 (3)이 되도록 平面圖를 구한다.

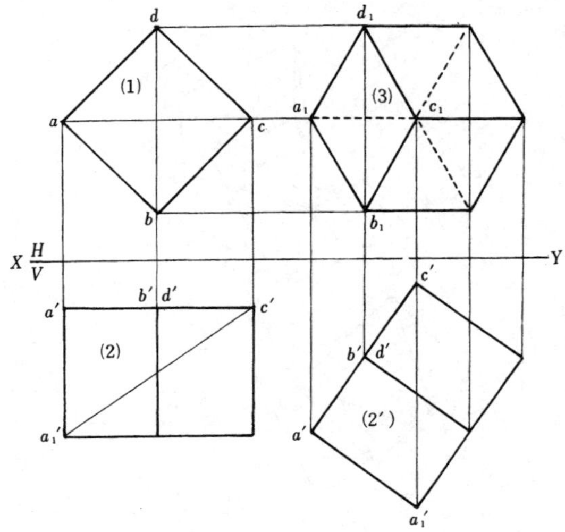

〈그림 7-4〉

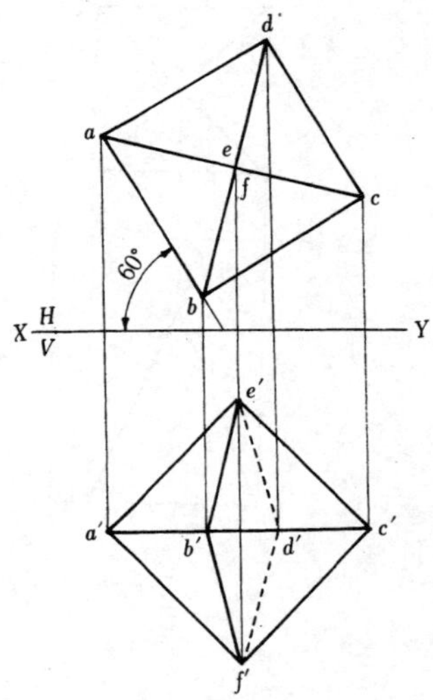

〈그림 7-5〉

작도 7-3. 정 8 면체의 對角線이 水平面에 수직이고, 1 변이 直立面과 60°를 이루는 투상을 구하여라(그림 7-5).

① 1 변이 XX와 60°를 이루는 정 4 각형을 그리고, 對角線을 연결한다. 對角線(ef)은 水平面에 수직이며, 1 변이 直立面과 60°를 이루는 정 8 면체의 平面圖가 된다.

② ef에서 그린 投射線上에 對角線 $e'f'$를 ac와 동일하게 하면 立面圖가 얻어진다. 그림에서 $a'c' \fallingdotseq e'f'$이며, $a'c' < e'f'$이다.

작도 7-4. 正 4 角柱의 축이 水平面과 45°, 축의 평면도가 基線과 60°를 이룰 때의 兩投像을 구하여라(그림 7-6).

① 軸이 수평면에 수직되는 正 4 角柱의 平面圖(1), 立面圖(2)를 그린다.

② 立面圖의 축과 45°를 이루는 副基線 X_1Y_1을 긋고 副平面圖(3)을 구한다.

③ 副平面圖의 축과 60°를 이루는 副基線 $X'Y'$를 긋고 副立面圖(4)를 구한다.

작도 7-5. 밑면이 水平面과 角 θ만큼 경사지고 軸의 平面圖가 基線과 角 α를 이룰 때의 正 6 角錐의 투상을 구하여라(그림 7-7).

① 밑면이 수평면에 평행하고 1변이 基線에 평행한 위치에 있는 6 角錐의 兩投像 (1), (2)를 구한다.

② 밑면과 θ의 경사를 이루는 副基線 X_1Y_1을 긋고, 副平面圖(3)를 그린다.

③ 軸 v_1o_1과 α를 이루는 副基線 $X'Y'$를 긋고, 副立面圖(4)를 구한다.

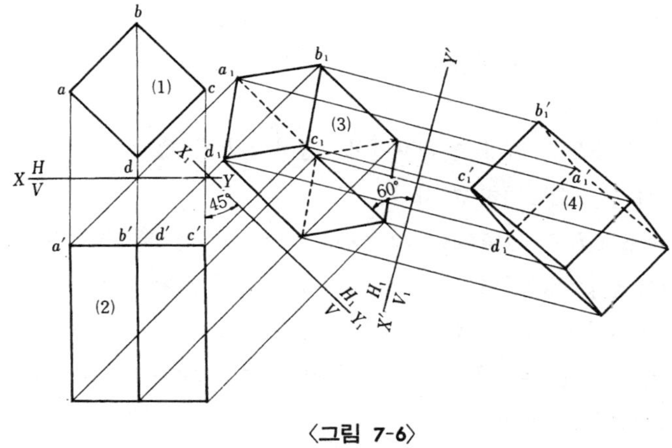

〈그림 7-6〉

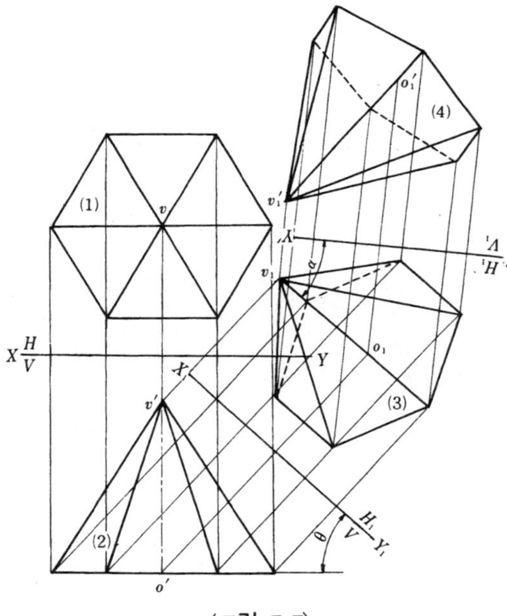

〈그림 7-7〉

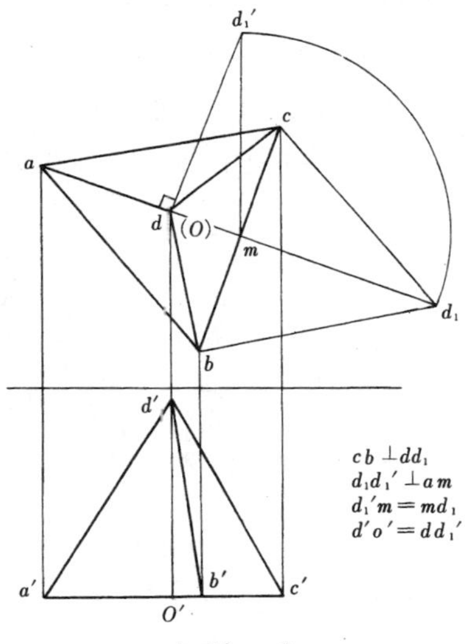

〈그림 7-8〉

작도 7-6. 정 4 면체의 1 面이 水平面에 평행할 때의 투상을 구하여라(그림 7-8).

① 1변의 길이가 주어진 정 4 면체의 평면도는 3각형 *abc* 이고 頂點 *d* 는 重心에 오게 된다.

② d'점을 정하고 측면 *DBC* 를 수평면에 rabat 하여 md_1을 구하고, 점 *d* 에서 *am* 에 수선을 세운다.

③ *m* 에서 md_1을 반지름으로 원호를 그려 d_1'를 구한다. 이 dd_1'가 정 4 면체의 높이가 되므로 입면도를 그릴 수 있다. 또 *a* 에서 *ac* 를 반지름으로 원호를 그려 d_1'점을 구할 수도 있다.

7-2 曲面의 구성과 그 분류

1직선 GL이 곡선 DL에 항상 접촉하면서, 평면 DP에 평행을 유지하면서 이동하면 面이 얻어지는데 이것을 曲面이라고 한다.

그림 7-9에서 직선 GL을 母線(generatrix), 곡선 DL을 導線(directing line), 평면 DP를 導線(directing plane)이라 하고, 1曲面의 임의의 위치에 있는 母線은 曲面을 구성하는 요소이므로 이것을 面素(element)라고 한다.

曲面은 直線面素에 의해서만 구성되는 線織面(ruled surface)과, 曲線面素로서는 구성되지 않는 複曲面(double curved surface)이 있다. 또 曲面 위에 한 점을 지나 오직 하나의 直線面素를 그을 수 있는 單線織面(single ruled surface)과 2개의 面素를 꺼낼 수 있는 複線織面(double ruled surface)이 있다. 單線織面은 전개되는 單曲面(single curved surface)과 전개되지 않는 拗面(warped surface)으로 구분된다.

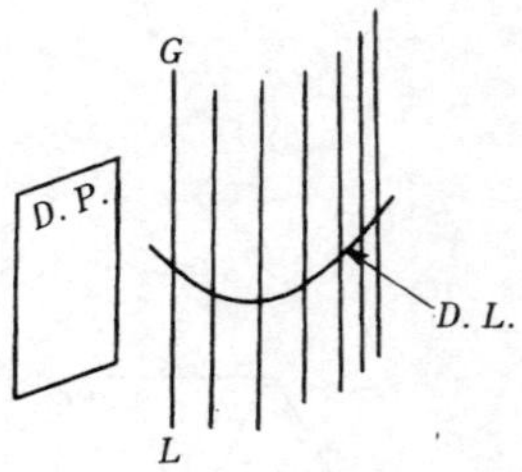

〈그림 7-9〉

曲面을 분류하면 표 7-1과 같다.

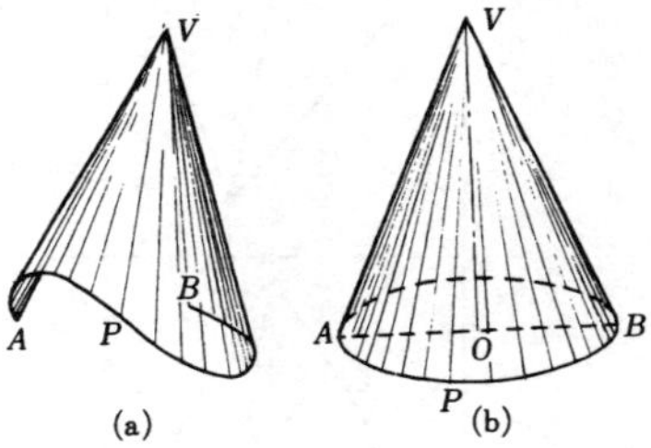

〈그림 7-10〉

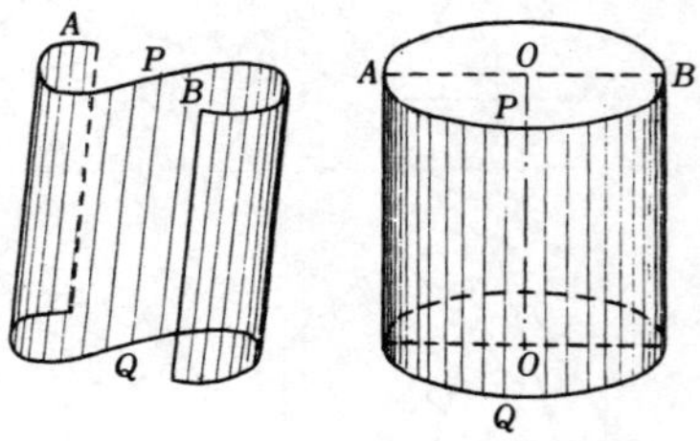

〈그림 7-11〉

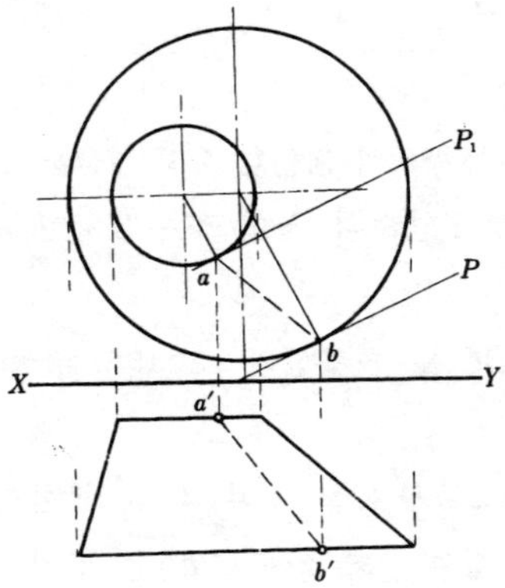

〈그림 7-12〉

표 7-1 규칙적인 曲面의 종류

구 분		명 칭	母線		도 면	비 고
			형태	曲面을 구성하는 방법		
線織面 (ruled surface)	單曲面 (single curved surface)	錐 面 (conical surface)	직선	모선은 언제나 한 정점을 지나면서 導線上을 이동한다.	그림 7-10 (a), (b)	전개 가능
線織面 (ruled surface)	單曲面 (single curved surface)	柱 面 (cylindrical surface)	직선	모선은 導面에 평행하게 導線上을 이동한다.	그림 7-11 (a), (b)	전개 가능
線織面 (ruled surface)	單曲面 (single curved surface)	類似 비 틀 림 면 (convolute)	직선	동일 평면상에 있지 않은 2개의 도곡선에 평면을 접촉시켰을 때, 2개의 접점을 연결하는 직선이 面素가 된다. 즉 모선은 導線에 접하면서 이동한다.	그림 7-12 그림 7-13	전개 가능 ① helical convolute ② conical convolute
線織面 (ruled surface)	拗面 (비틀림면) (warped surface)	錐 狀 面 (conoid)	직선	동일 평면 내에 있지 않은 직선과 곡선을 導線으로 하고, 한 평면에 대하여 평행 이동할 때	그림 7-14 그림 7-15	전개 가능 ① right conoid ② oblique conoid
線織面 (ruled surface)	拗面 (비틀림면) (warped surface)	柱 狀 面 (cylindroid)	직선	동일 평면 내에 있지 않은 두 곡선을 導線으로 하고, 언제나 하나의 평면에 평행으로 이동할 때	그림 7-16 그림 7-17	전개 가능
線織面 (ruled surface)	拗面 (비틀림면) (warped surface)	牛 角 面 (cow's horn)	직선	1직선과 2곡선을 導線으로 이동한다. 2곡선은 원이나 타원이 된다.	그림 7-18 그림 7-19	전개 가능 arch 형 통로 通水路에 이용
線織面 (ruled surface)	拗面 (비틀림면) (warped surface)	螺 絲 線 面 (helicoid)	직선	나선과 그 축을 導線으로 접촉하면서 導面에 평행 이동할 때	그림 7-20 (a), (b) 그림 7-21 (a), (b)	전개 가능 ① right helicoid ② oblique helicoid
線織面 (ruled surface)	拗面 (비틀림면) (warped surface)	雙曲拋物線面 (hyperbolic paraboloid)	직선	2개의 평행하지도 않고 교차하지도 않은 직선을 導線으로 하여 1直線母線이 떨어지지 않고 접촉해서 1導平面에 평행으로 이동할 때	그림 7-22 그림 7-23 (a), (b)	전개 불가능
線織面 (ruled surface)	拗面 (비틀림면) (warped surface)	單雙曲線回轉面 (hyperboloid of revolution of one sheet)	직선	① 교차하지 않고 평행하지도 않은 2직선 중 1직선이 다른 직선 주위를 회전할 때 ② 동일 평면에 있지 않은 평행한 동심원 3개에 1직선이 접촉하면서 회전할 때 ③ 1쌍곡선이 共軛軸 주위를 회전할 때	그림 7-24	전개 불가능 塔, roller에 이용
線織面 (ruled surface)	拗面 (비틀림면) (warped surface)	單 雙 曲 線 面 (hyperboloid of one sheet)	직선	長短軸이 평행한 3동심타원을 導線으로 1직선이 회전할 때	그림 7-25	전개 불가능

(표 7-1 계속)

구분		명칭	母線 형태	母線 曲面을 구성하는 방법	도면	비고
複曲面 (double curved surface)	回轉面 (surface of revolution)	球 面 (spherical surface)	원	원이 하나의 지름을 축으로 회전할 때	그림 7-26	전개 불가능
複曲面 (double curved surface)	回轉面 (surface of revolution)	圓 環 (annular torus)	원	원이 圓外의 한 직선을 축으로 회전할 때	그림 7-27	전개 불가능
複曲面 (double curved surface)	回轉面 (surface of revolution)	楕圓回轉面 (ellipsoid of revolution)	타원	타원이 장축 또는 단축을 회전축으로 회전할 때	그림 7-28	전개 불가능
複曲面 (double curved surface)	回轉面 (surface of revolution)	抛物線回轉面 (paraboloid of revolution)	포물선	포물선이 그 축의 둘레로 회전할 때	그림 7-29	전개 불가능
複曲面 (double curved surface)	回轉面 (surface of revolution)	複雙曲線回轉面 (hyperboloid of revolution of two sheets)	쌍곡선	쌍곡선이 그 主軸을 회전축으로 회전할 때	그림 7-30	전개 불가능
複曲面 (double curved surface)	非回轉面	楕面圓 (ellipsoid)	타원	직교하는 두 평면의 交線을 공동축으로 하는 두 평면상의 두 타원 중의 하나가 다른 타원 위를 순차적으로 그 형상을 상사적으로 변화하면서 이동할 때	그림 7-31	長短軸이 아닌 中位의 축을 지름으로 하는 球와 타원면과의 교선은 원이 된다. 그림 2-12의 공액지름에 평행평면으로 전달하면 단면이 원이다.
複曲面 (double curved surface)	非回轉面	楕圓抛物線面 (elliptic paraboloid)	포물선	직교하는 두 평면의 交線上에 정점을 공유하는 두 포물선이 있을 때, 그 중 하나의 정점이 다른 포물선상을 평행 이동할 때	그림 7-32	두 평면에 직교하는 평면으로 절단하면 단면은 타원이 된다.
複曲面 (double curved surface)	非回轉面	複雙曲線面 (hyperboloid of two sheet)	타원	직교하는 두 평면의 交線이 공동축이고, 그 위에 정점을 공유하는 두 쌍곡선상에 長短 兩軸端을 가지는 相似楕圓이 언제나 교선에 수직하게 이동할 때	그림 7-33	양 쌍곡선의 漸近線上에 軸端을 가지는 타원이 이동하여 생긴 곡면을 漸近錐 (asymptonic cone)라 한다. 점근추와 쌍곡선면을 동일 평면으로 절단하면 단면의 형태가 비슷하다.

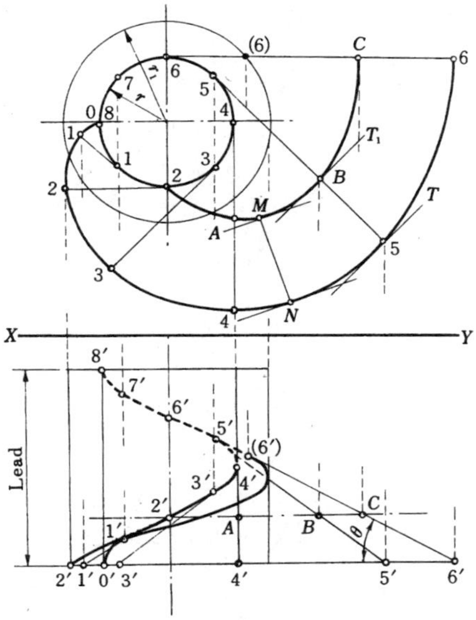

〈그림 7-13〉

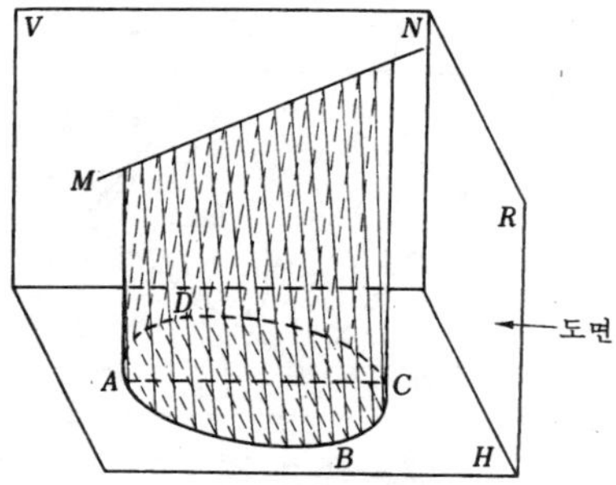

(도선은 ABCD와 직선 MN)
(모선은 R면에 나란하다.)

〈그림 7-14〉

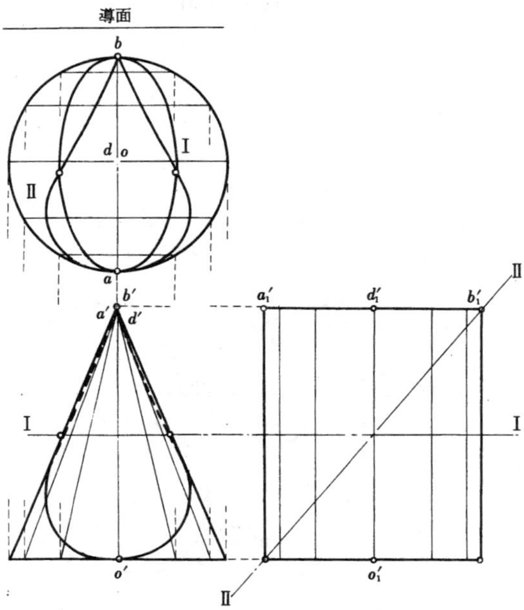

〈그림 7-15〉

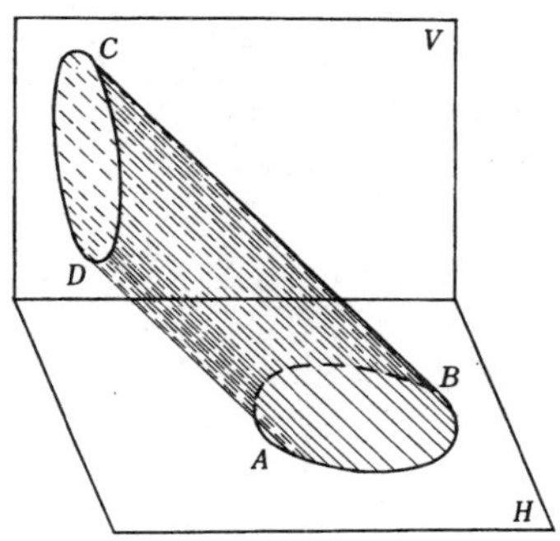

(도선은 곡선 AB와 CD)
(모선은 V면에 나란하다.)

〈그림 7-16〉

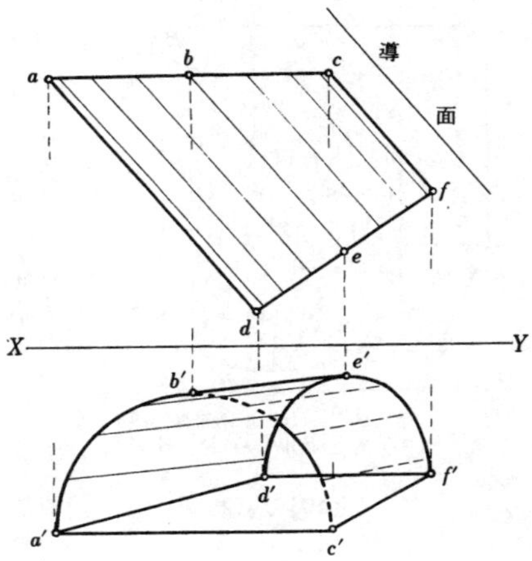

〈그림 7-17〉

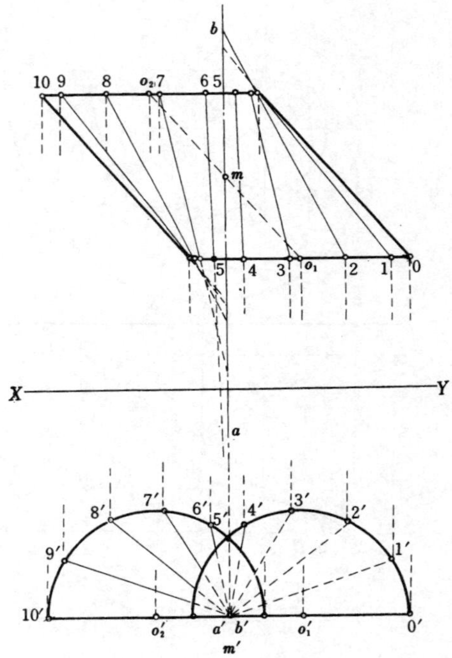

〈그림 7-18〉

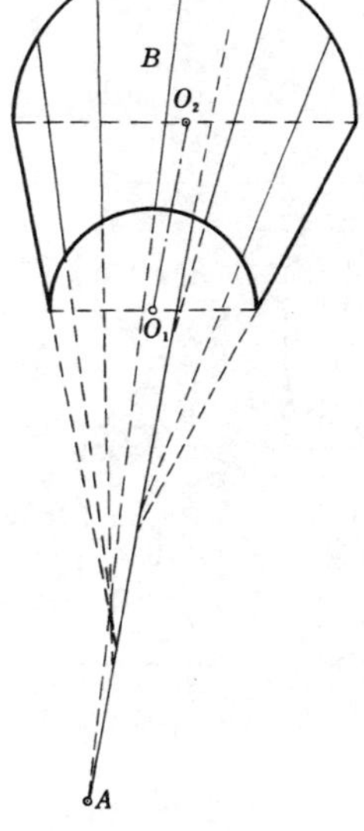

〈그림 7-19〉

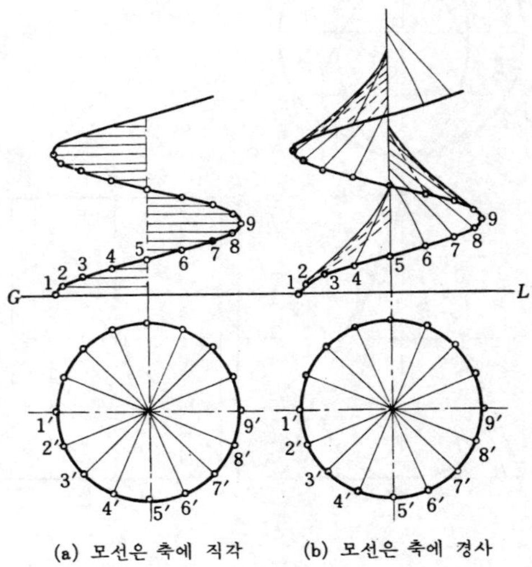

〈그림 7-20〉

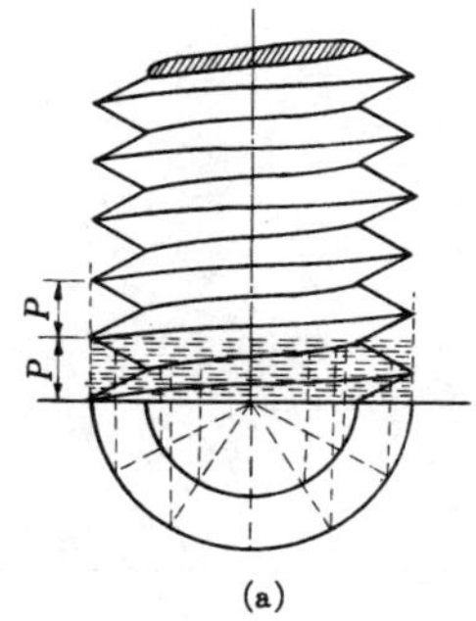

〈그림 7-21〉

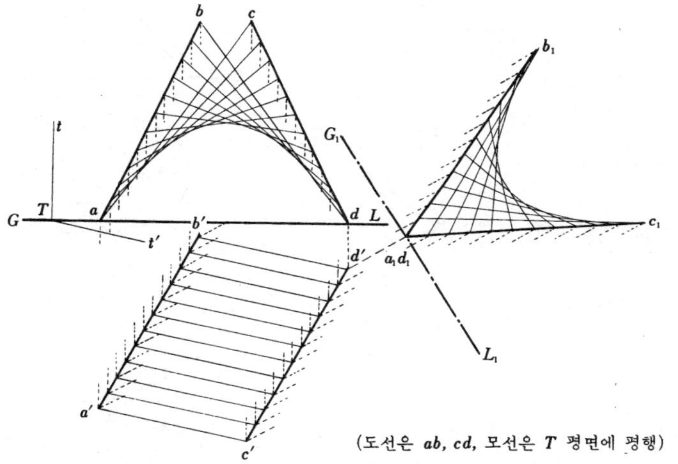

〈그림 7-22〉

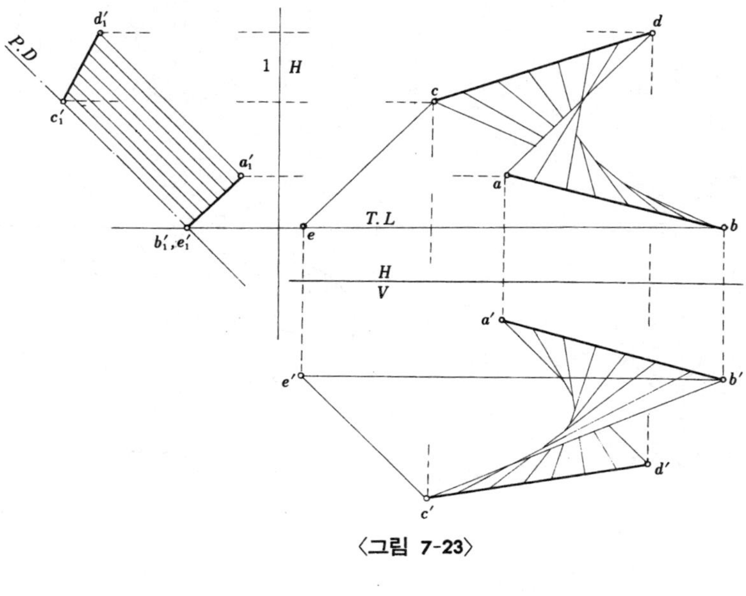

〈그림 7-23〉

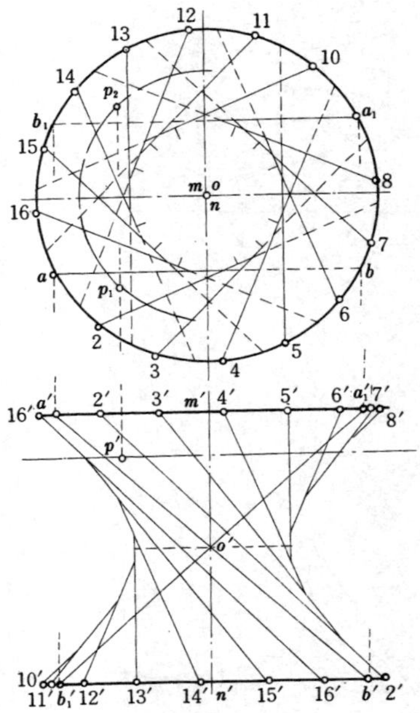
〈그림 7-24〉

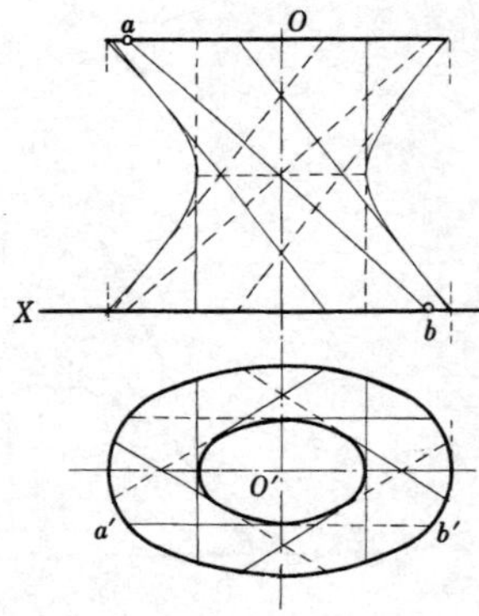
〈그림 7-25〉

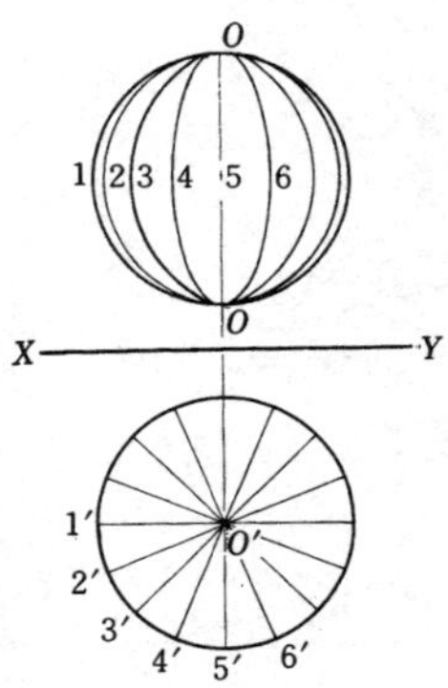
〈그림 7-26〉

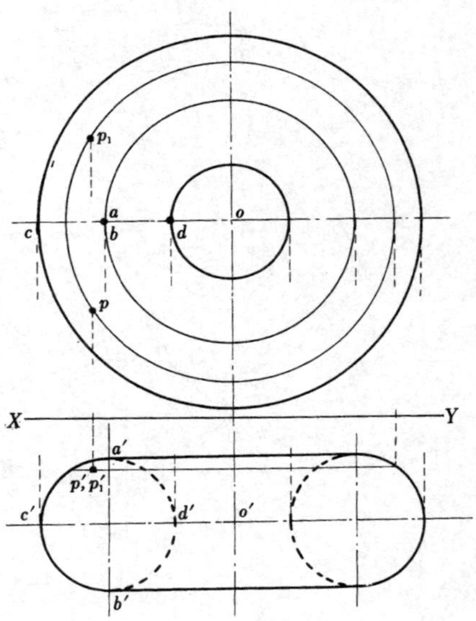
〈그림 7-27〉

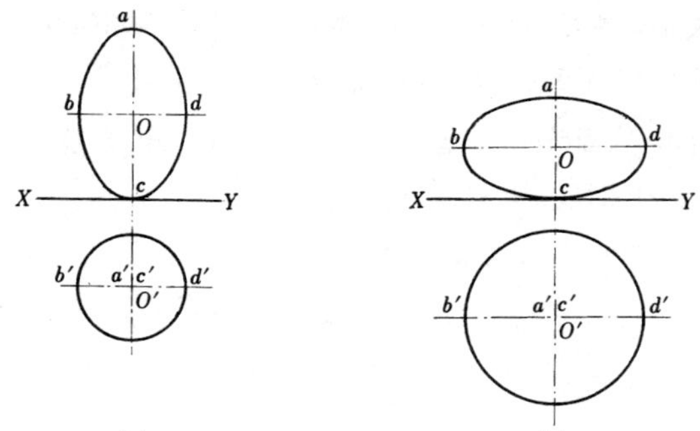

(a) (b)

〈그림 7-28〉

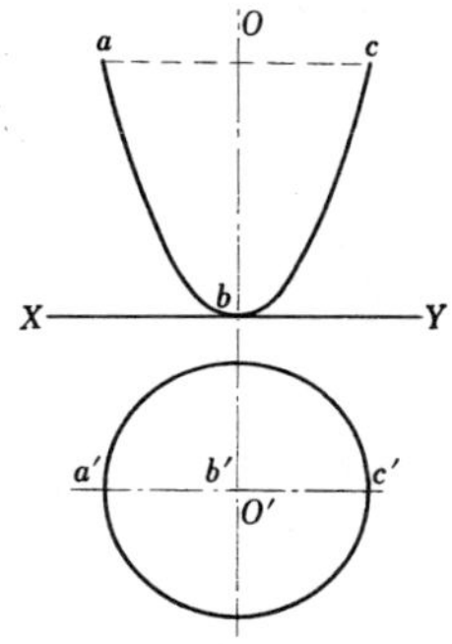

〈그림 7-29〉

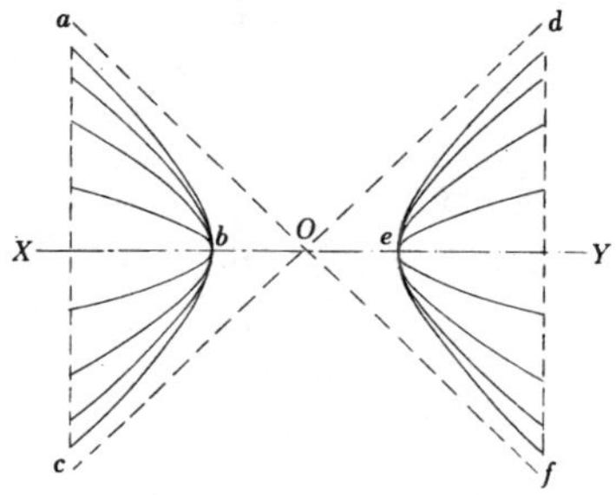

〈그림 7-30〉

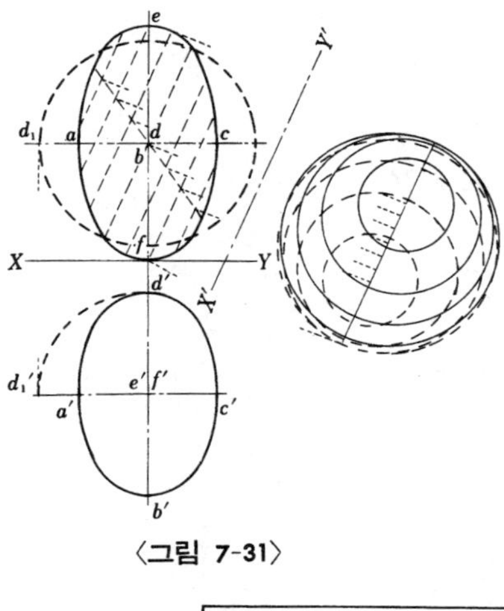

〈그림 7-31〉

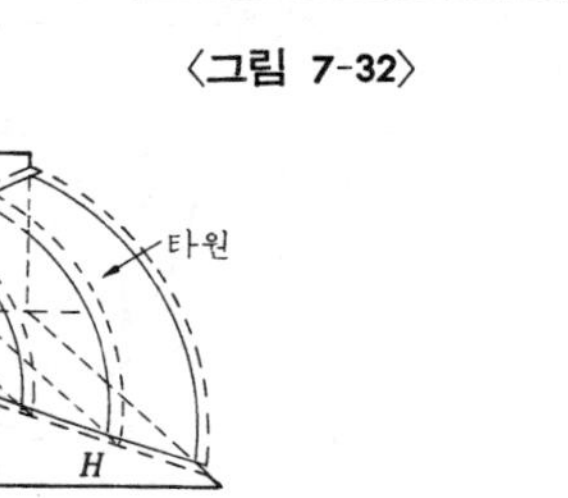

〈그림 7-32〉

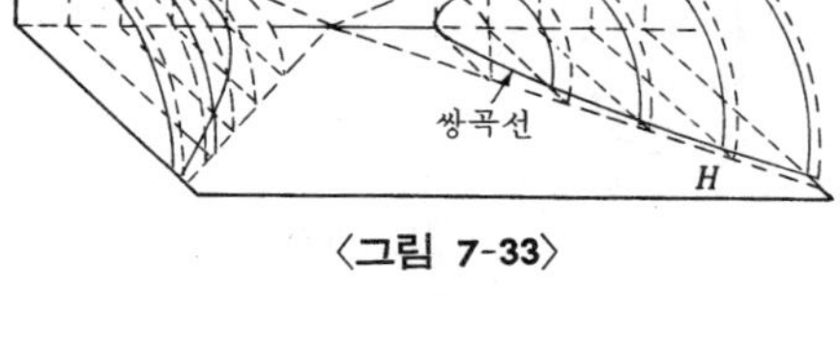

〈그림 7-33〉

작도 7-7. 軸의 兩投像과 底圓의 반지름을 주고 圓錐의 투상을 구하여라(그림 7-34).

① $v'o'$에 평행한 부기선 X_1Y_1 위에 부투상 v_1o_1을 그린다.

② v_1o_1을 軸으로 하고 底圓의 지름을 알고 원추 $v_1c_1d_1$을 그린다.

③ 부투상으로부터 입면도를 그린다.

④ 立面圖와 부투상에 의하여 平面圖를 그린다.

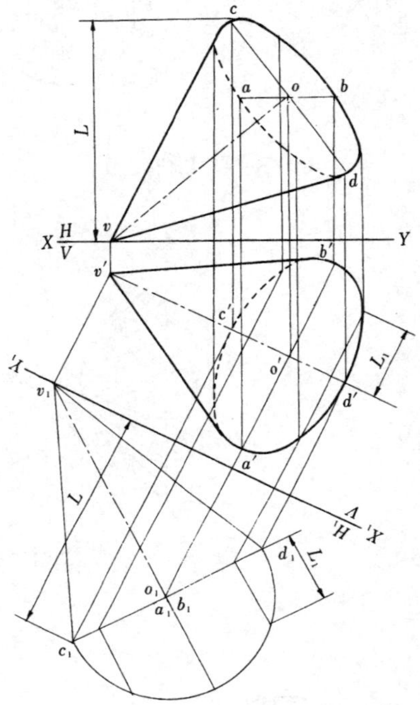

〈그림 7-34〉

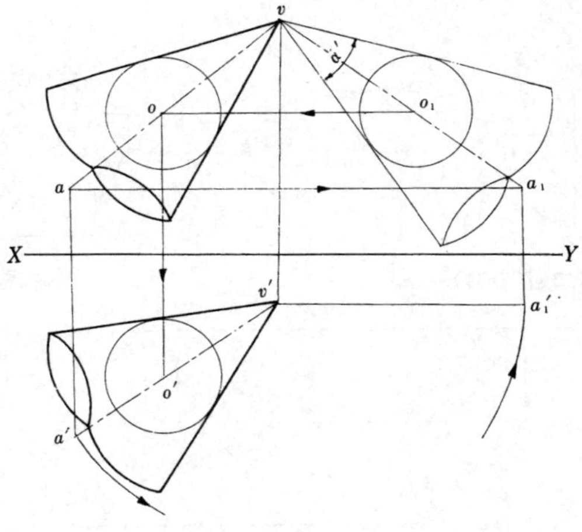

〈그림 7-35〉

작도 7-8. 軸의 투상 및 頂角 α를 주고 圓錐의 兩投像을 구하여라(그림 7-35).

① $v'a'$를 XY에 평행하게 회전하여 실제 길이 va_1을 구한다.

② va_1을 軸으로 頂角 α의 圓錐의 투상을 구한다.

③ 軸 va_1 위의 1점 o_1에서 원추에 內接한 구를 그린다.

④ o_1에서 o, o'를 구하여 同一球를 그린다. 球를 포함한 원추는 구하는 원추이다.

《참고》 頂角의 실제角이 나타나는 것은 軸과 평행한 投像面이다.

작도 7-9. 圓錐面上에 있는 1점의 立面圖 P'를 주고 平面圖 P를 구하여라(그림 7-36).

① 軸 위 임의의 1점 o'를 중심으로 內接球의 立面圖를 그린다.

② $v'p'$를 포함하고 直立面에 수직인 평면으로 원추와 球를 끊는다.

③ $v'p'$에 평행한 부기선 X_1Y_1에 의하여 단면의 실형을 구한다(v_1o_1').

④ p'에서 X_1Y_1에 수선을 그어 원추단면 선과의 교점 $p_{1a}p_{2a}$를 구한다. p_1p_2는 구하는 平面圖이다.

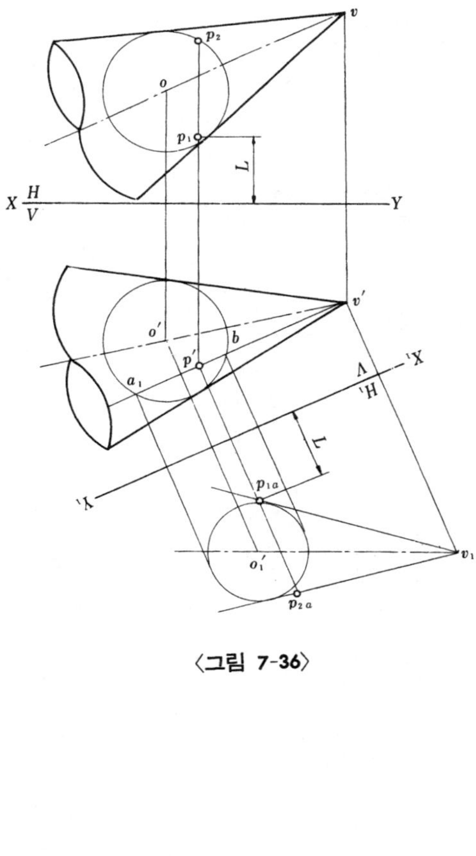

〈그림 7-36〉

面의 接觸

第 8 章

8-1 接平面

曲面上의 1점을 지나 그 面 위에 있는 平面曲線은 많이 있다. 그 점에서 이들 平面曲線에 접하는 直線은 그 점에서 曲面의 接線이 된다. 이들의 接線은 1개의 平面을 형성한다. 그리고 이 평면을 그 점에서의 曲面의 接平面(tangent plane)이라고 한다.

작도 8-1. 圓錐面上의 1點 P를 지나는 接平面을 구하여라(그림 8-1).

① $vp, v'p'$를 연결하고 底圓上에 qq'를 구한다.

② q에서 底平面上에서 底圓에 接線 qr를 긋는다. vrq-$v'r'q'$는 구하는 接平面이 된다.

《참고》 VP는 P점을 지나는 母直線이며 接平面上의 直線이 된다.

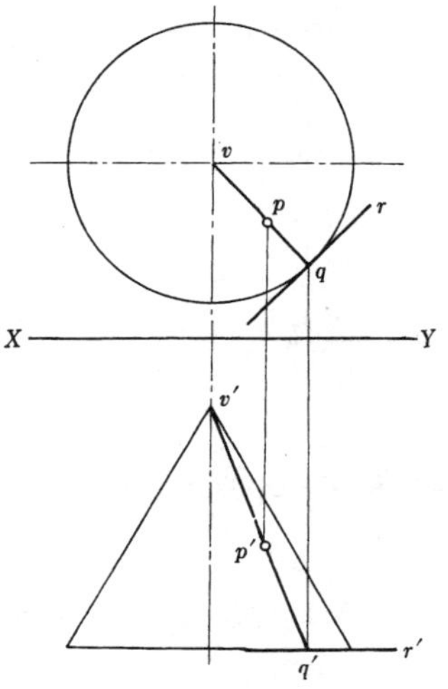

〈그림 8-1〉

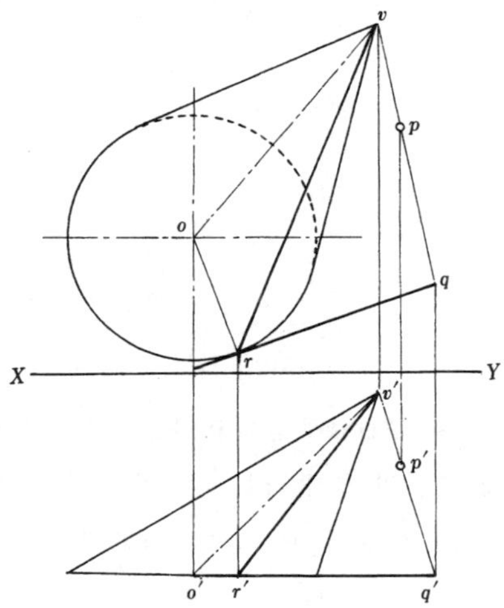

〈그림 8-2〉

작도 8-2. 斜錐體 외의 한 점 P를 지나는 接平面을 구하여라(그림 8-2).

① vp, $v'p'$를 연결하여 底平面과의 교점 q-q'를 구한다.

② q에서 底平面上의 底圓에 接線 qr를 긋는다.

$vrq\text{-}v'r'q'$는 구하는 接平面이다.

《참고》 VP와 底平面과의 交點 Q에서 底圓에 접하는 직선과 VP를 포함한 平面, 또 P점을 지나고 水平面에 평행한 평면으로 잘라 나타나는 圓에 접선을 그리고 그 접선과 VP 직선은 접평면을 이룬다.

작도 8-3. 직선 AB를 포함하고 수평면과 θ를 이루는 平面을 구하여라(그림 8-3).

① 점 A 밑에 밑각이 θ인 직원추를 세운다(밑면은 B端을 포함하는 水平面上에 세운다).

② 圓錐의 平面圖를 그린다.

③ b에서 底圓에 접선 be를 그린다.

$abe\text{-}a'b'e'$는 구하는 接平面이다.

《참고》 軸이 水平面에 수직이고 밑각이 θ인 원추에 접하는 平面은 수평면과 θ의 경사를 이룬다. A점이 아닌 직선상 임의의 점 밑에 원추를 세워도 좋다.

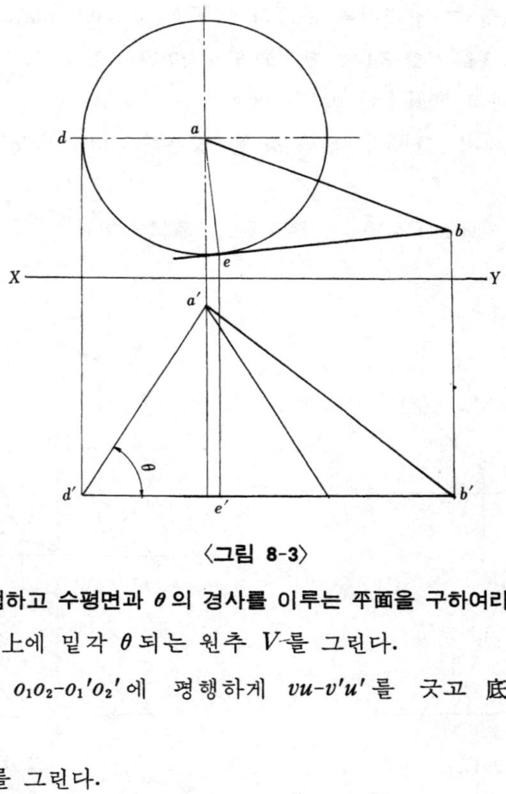

〈그림 8-3〉

작도 8-4. 斜柱體에 접하고 수평면과 θ의 경사를 이루는 平面을 구하여라(그림 8-4).

① 斜柱體의 底平面上에 밑각 θ되는 원추 V를 그린다.

② 頂點 V를 지나 $o_1o_2\text{-}o_1'o_2'$에 평행하게 $vu\text{-}v'u'$를 긋고 底平面上에 $u\text{-}u'$를 구한다.

③ u에서 接線 ut를 그린다.

④ ut에 평행하게 柱體의 底圓에 接線 rs를 긋는다.

⑤ 接點 $p\text{-}p'$에서 軸에 평행선 $pq\text{-}p'q'$를 긋는다.

$pqr\text{-}p'q'r'$는 구하는 平面이다.

《참고》 斜柱體에 內接球를 그리고, 內接球에 외접하고 밑각이 θ인 직원추를 그려 [작도 8-3]과 같은 방법으로 그려도 된다.

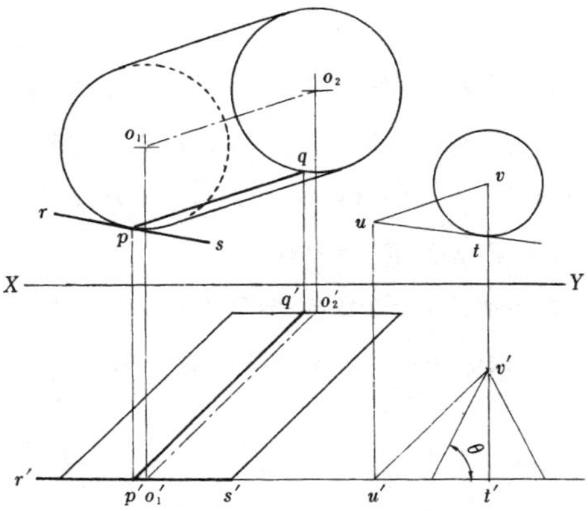

〈그림 8-4〉

작도 8-5. 直線 AB에 평행하고 圓錐에 접하는 平面을 구하여라(그림 8-5).

① 頂點 v-v'를 지나고 직선 ab-$a'b'$에 평행선을 그어 底平面과의 교점을 $q-q'$로 한다.

② q에서 底圓에 접선 qr를 긋는다.

vqr-$v'q'r'$는 구하는 平面이다.

《참고》 頂點 V을 지나고 AB에 평행한 直線 VQ를 포함하는 接平面을 구한다.

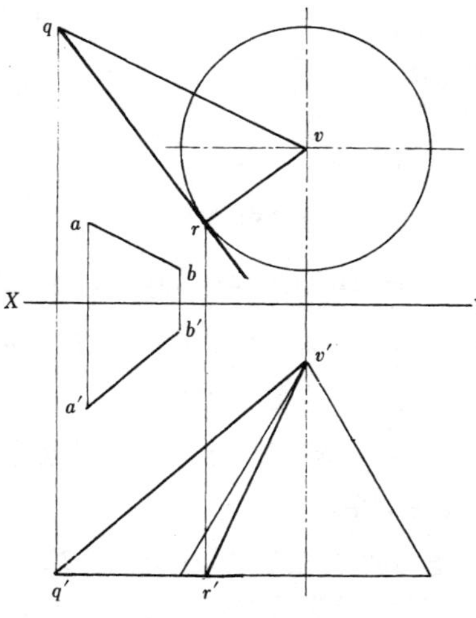

〈그림 8-5〉

작도 8-6. 球面上의 P점에 접하는 接平面을 구하여라(그림 8-6).

① 만일 p'만 주어졌으면 그림 (a)에서 p'점을 지나고 수평면에 平行線 a', b'로 球를

자르면 平面圖에 작은 원이 나타나고 p점을 찾을 수 있다.

② p에서 op에 수직선 ab(實長)를 그리고, p를 지나고 기선에 평행선(직립면에 평행) cd를 그린다.

③ 교차하는 두 직선 AB, CD는 接平面이다.

ⓐ 그림 (b)에서 op를 직립면에 나란하게 회전하여 p_2, p_2'를 구한다.

ⓑ p_2'에서 球에 접선 $p_2'g'$를 그린다. 점 G에서 GP를 그린다.

ⓒ p'에서 수평면에 평행선 $a'b'$를 그린다.

ⓓ 교차하는 두 직선 GP-AB는 구하는 接平面이다.

《참고》 GP는 G를 頂點으로 球에 외접하는 원추에 母線이다.

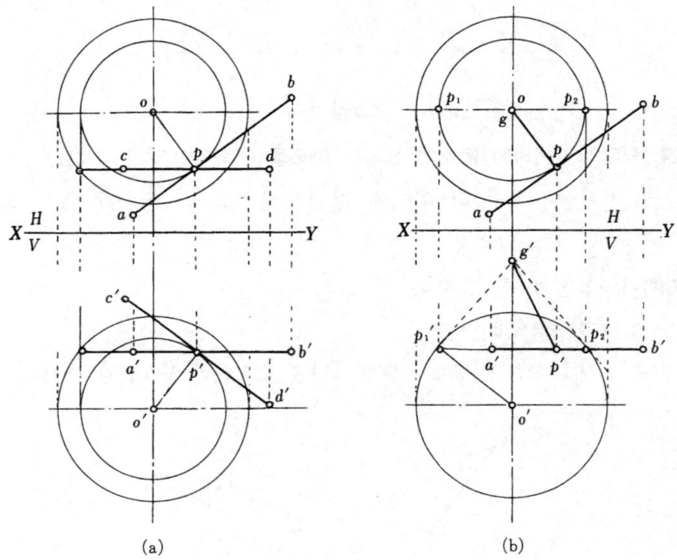

〈그림 8-6〉

작도 8-7. 圓環上의 점 P에 접하는 接平面을 구하여라(그림 8-7).

① 그림 8-6(b)에서와 같이 p'를 지나고 수평면에 평행선 $a'b'$를 그어 p_1'점을 구한다.

② p_1' 점에서 원에 접하는 접선 $g'p_1'$를 구한다.

③ $g'p'$를 그리면 교차직선 GP와 AB는 하나의 접평면이 된다.

[2개의 圓錐가 共通接平面을 갖는 경우]

① 2개의 圓錐가 1개의 球를 共通內接球로 가질 때, 球와 兩圓錐가 이루는 2개의 圓의 교점을 지나는 面素를 포함하는 接平面 2개가 있다(그림 8-8 참고).

② 2개의 圓錐가 頂點을 공유할 때, 兩圓錐의 같은 面과 다른 면에 접하는 接平面이 2개씩 있다. 接平面은 4개다(그림 8-9 참고).

③ 2개의 원추의 中心軸이 평행이고 꼭지각이 같을 때, 兩圓錐의 頂點을 연결하는 직

선을 포함하는 接平面 2개가 있다(그림 8-10 참고).

④ 2개의 圓錐가 導線을 공유할 때, 兩圓錐의 頂點을 연결하는 직선을 포함하는 평면 2개가 있다(그림 8-11 참조).

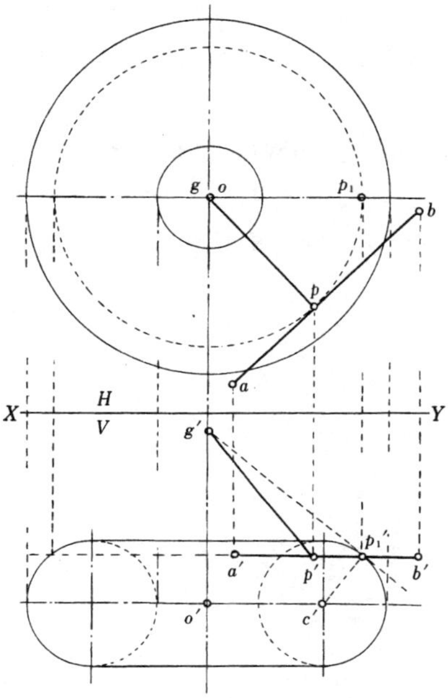

〈그림 8-7〉

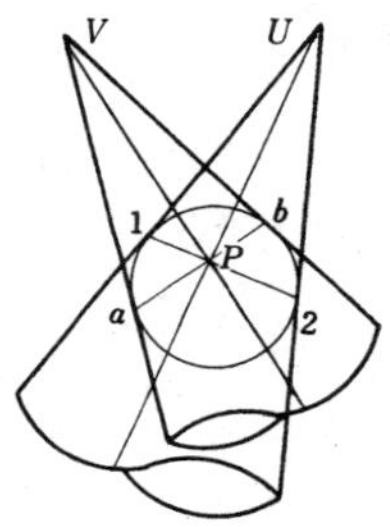

〈그림 8-8〉

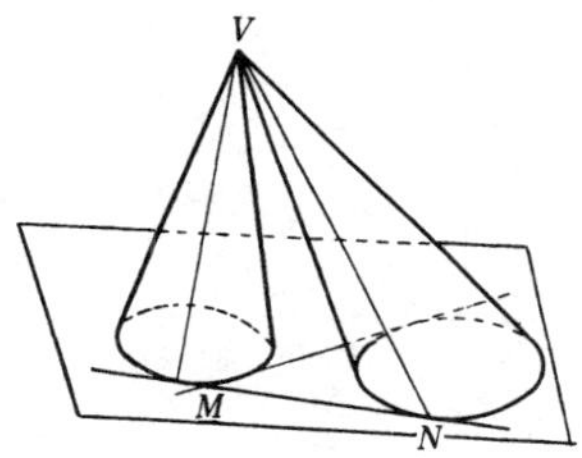

〈그림 8-9〉

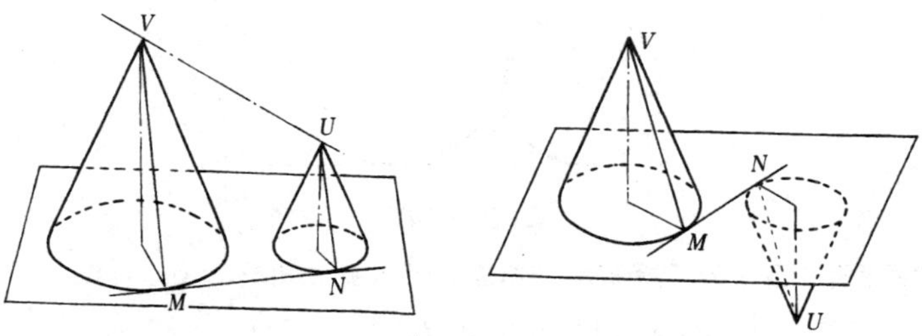

〈그림 8-10〉

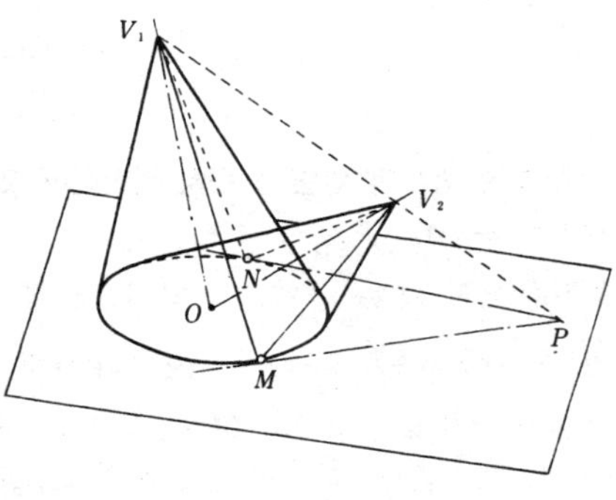

〈그림 8-11〉

8-2 曲面의 접촉

2개의 曲面이 1점에서 동일 평면에 접할 때, 2개의 曲面은 그 점에서 접촉하고 曲面은 그 접점에서 法線을 공유한다.

작도 8-8. 水平面上에서 서로 접하는 반지름 r, r_1 인 2球의 兩投像을 구하여라(그림 8-12).

① 수평선을 그리고 水平線上에 반지름 r의 球 o'를 그린다.

② o'에서 $r+r_1$을 반지름으로 원호를 그려, 수평선에서 r_1 거리 위에 있는 수평선과 만난 점 o_1'를 정한다.

③ o_1'에서 반지름 r_1의 球 o_1'를 그린다. 2球는 접한다.

④ 平面圖에서 oo_1은 기선에 평행이다.

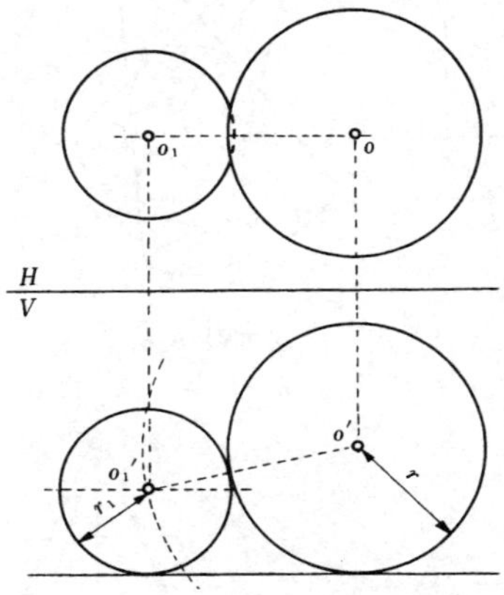

〈그림 8-12〉

작도 8-9. 圓錐面上의 1점 p에 접촉하는 반지름 r의 球를 그려라(그림 8-13).

① vp를 XY에 평행하게 vp_1에 회전시켜 p_1, p_1'를 구한다.

② p_1'에서 원추에 접하는 球 o_1의 투상을 구한다.

③ o_1, o_1'에서 o, o'를 구한다. o-o'를 중심으로 하는 반지름 r의 球는 구하는 투상이 된다.

작도 8-10. 軸이 水平面에 수직되는 원추의 밑면과 동일 평면상에 있는 球와 동시에 접하는 반지름 r의 球의 투상을 구하여라(그림 8-14).

① 원추, 구에 접하고 底平面上에 있는 반지름 r인 球의 투상 a-a', b-b'를 구한다.

② v'를 중심으로 하고 va를 반지름으로 하는 원호와 o를 중심으로 하고 ob를 반지

《참고》 底平面에서 r만큼 떨어진 水平線을 그리고 O'에서 공통법선 $o'b'$를 그린다. 원추의 모선에서 r 떨어진 거리에 모선과 평행선을 그어 a'를 잡거나 모선과 수평선에서 r되는 점 a'를 잡는다.

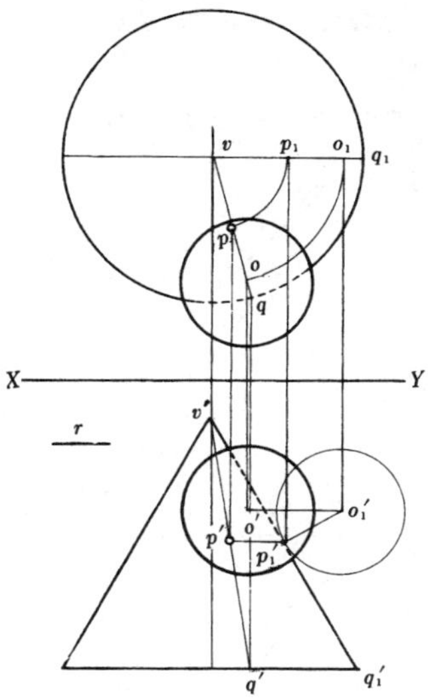

〈그림 8-13〉

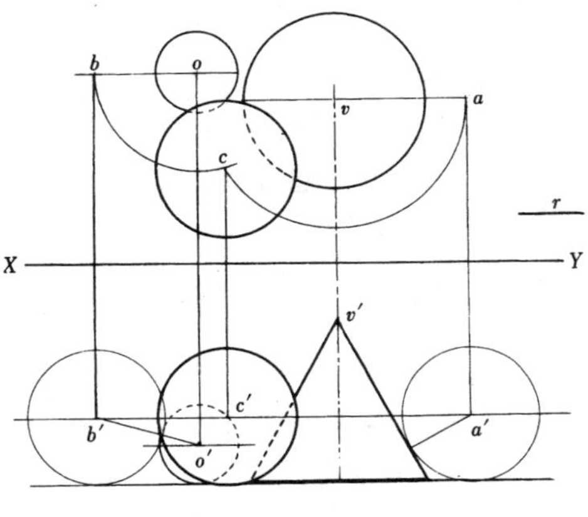

〈그림 8-14〉

름으로 하는 원호와의 교점을 c 로 한다.

③ c 에서 c' 를 구하고 c-c' 를 중심으로 하는 반지름 r 인 球는 구하는 투상이 된다.

작도 8-11. 주어진 원추면 위에 있는 점 P 에 내접하는 球를 그려라(그림 8-15).

① 球 o-o' 는 원추를 그리기 위한 球이다. vp 線을 포함하고 水平面에 수직인 평면으로 球와 원추를 절단한다.

② 단면의 實形을 구하기 위하여 부기선을 vp 에 평행하게 그려 부입면도를 그린다.

③ 단면원 중심 o'' 와 원추와 구의 단면선의 교점 t'' 를 연결한다.

④ P 의 부입면도 P'' 에서 $o''t'' /\!/ c''p''$ 되게 c'' 를 그린다. p'' 와 c'' 에 의하여 $cp'c'$ 를 구한다.

《참고》 $o''t''$ 는 t 에 접하는 球의 法線의 부입면도이므로 $c''p''$ 역시 p 에 접하는 球의 法線의 부입면도가 되며 c 는 중심이 된다,

$c'p'$ 는 內接球의 반지름이며 $c'p_1'$ 는 그의 實長이다.

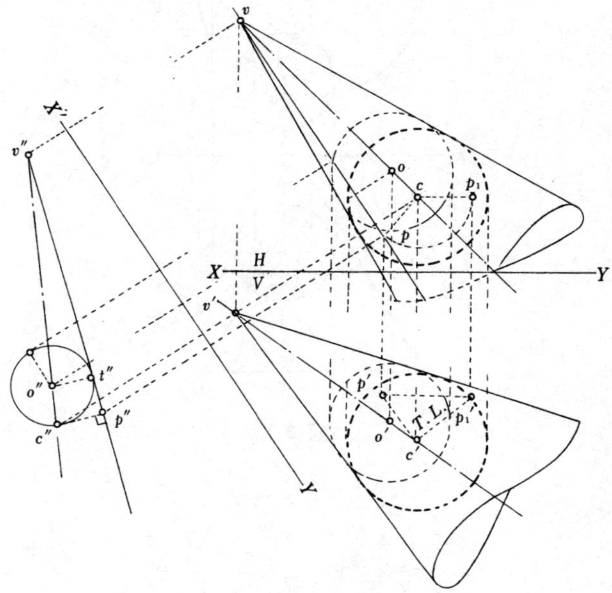

〈그림 8-15〉

立體의 切斷

第 9 章

9-1 立體의 切斷

構造物은 단순히 외관만으로는 그 내부의 형상과 구조를 완전히 표현하지 못하는 것이다. 예를 들면 건물의 내부 구조는 외측에서 알 수 없다. 立體內部를 표시하기 위하여 假想平面으로 平面이 입체를 절단한 斷面을 만든다. 平面이 입체를 잘랐을 때 생기는 면을 斷面(section), 절단하는 평면을 切斷平面(cutting plane)이라고 한다.

그림 9-1은 입체를 直立面에 평행하게 입체의 中心線을 포함하는 평면으로 절단하고 앞부분을 떼어내면 切斷面上에 그 단면도가 나타난다. 그림 9-2는 그 투상이다.

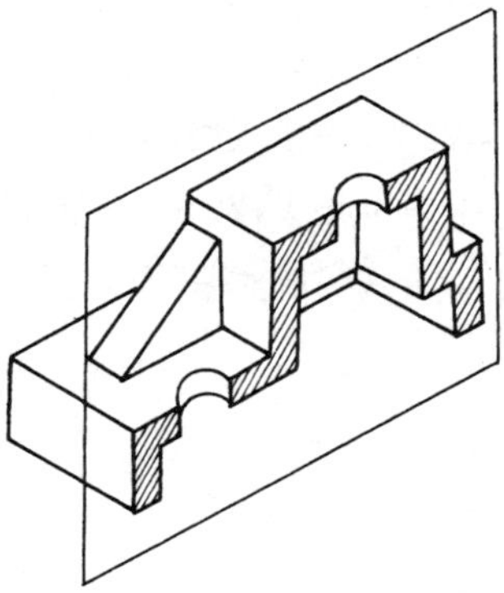

〈그림 9-1〉

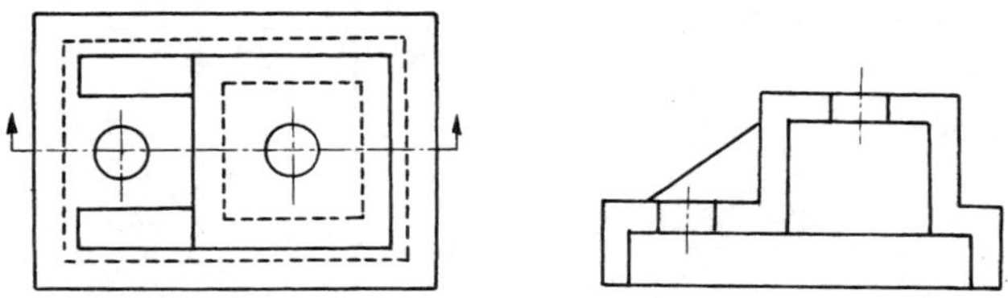

〈그림 9-2〉

機械製圖에서 물체의 內部形狀과 구조를 나타내거나 물체를 간단 명료하게 그리기 위하여 斷面圖를 그린다. 물체에 따라 斷面의 위치, 방향, 방법 등이 자동적으로 결정된다.

9-2 切斷原理

(1) 多面體의 斷面을 구할 때

1) 稜과 切斷平面과의 교점을 구하여 이것을 직선으로 연결한다(그림 9-3 참고).

2) 多面體의 側面과 切斷平面과의 交線을 순서적으로 구하여 연결한다.

(2) 單曲面의 斷面을 구할 때

1) 曲面의 面素와 切斷平面과의 교점을 구하여 이것을 곡선으로 연결한다. 예를 들면 원추의 경우는 緯圓(圓面素)과 절단 평면과의 교점을 斷面上의 점으로 한다. 즉 線織面의 斷面은 평면과 직선과의 교점을 구하는 作圖인 것이다.

(3) 回轉面의 斷面을 구할 때

1) 일반적으로 軸을 포함하거나 축에 수직인 평면을 補助平面으로 세운다. 緯圓 또는 外形線과 切斷平面과의 교점을 구하여 이것들을 연결하여 단면곡선을 그린다.

2) 切斷平面이 傾斜平面이거나 3각형 등으로 주어질 때는 切斷平面의 線視圖를 나타내는 斷面을 그리는 것이 편리할 때가 많다.

작도 9-1. 3角錐를 直立面에 수직인 평면으로 절단하여라(그림 9-3).

① 平面과 $v'a'$, $v'b'$, $v'c'$와의 교점을 $1', 2', 3'$라 한다.

② 平面圖 1,2,3을 구한다. 그림 (b)는 切斷面이 수평면과 평행이며 斷面은 實形이 된다.

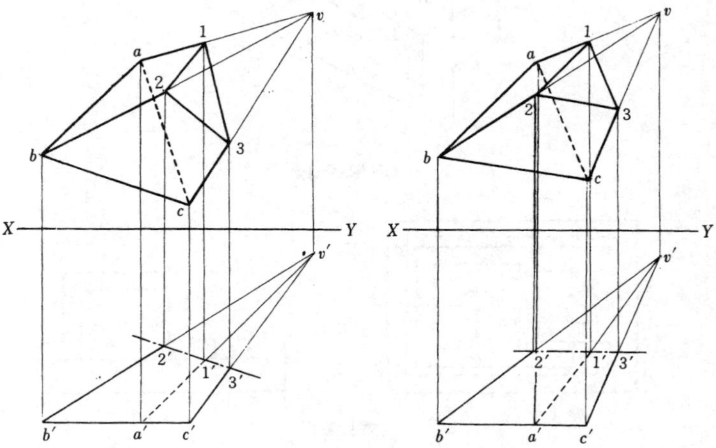

(a)　　(b)

〈그림 9-3〉

작도 9-2. 圓錐를 直立面에 수직인 평면으로 절단하고 그 斷面의 實形을 구하여라(그림 9-4).

① 切斷平面의 線視圖는 $p'p'$ 이다. 정점 vv' 에서 底圓에 $v\sim 1, 2, 3, \cdots, v'\sim 1', 2', 3', \cdots$를 그린다.

② ①의 선과 $p'p'$ 의 교점 $a', b', c', d', e', \cdots$와 그 평면도 $a, b, c, d, e, \cdots\cdots$를 구한다.

③ h', i' 로부터 그 平面圖를 구하려면, h' 로부터 밑면에 평행하게 $h'n'$ 를 그려 平面圖 n 를 구하고 h, i 를 구한다. a, b, c, d, e 의 모든 점을 이렇게 구하여도 좋다.

④ 切斷面에 평행하게 副基線 X_1Y_1 을 그어 副平面圖를 그리면 斷面의 實形이 된다.

《참고》 정점 v 에서 底圓에 圓錐母線을 그릴 때 $g'b'$ 사이에만 그린다. 斷面線이 曲線으로 나타나는 $e'g'$ 사이를 많이 그리는 것이 좋다.

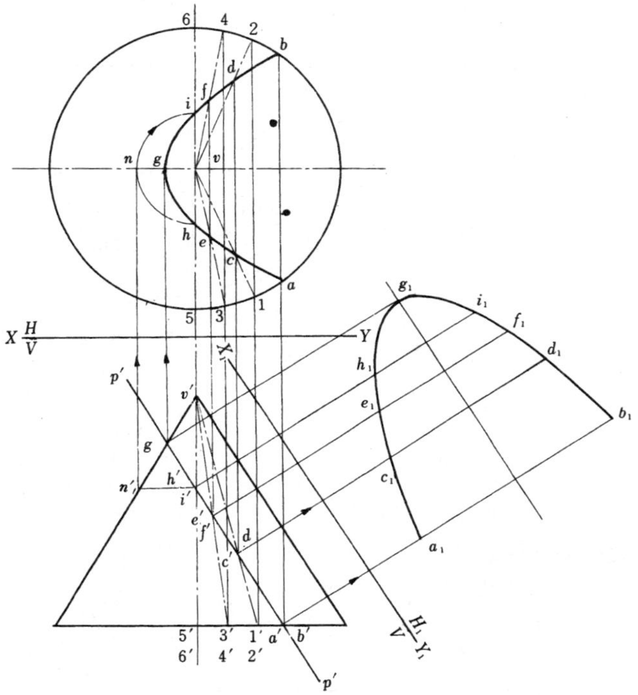

〈그림 9-4〉

작도 9-3. 3角錐 *V-DEF*를 3角形 *ABC*로 切斷할 때 斷面의 투상을 구하여라.

1) **直接法**〔그림 9-5(a)〕

① $a'b', a'c'$ 와 $v'd', v'e', v'f'$ 와의 교점 $1', 2', 3', 4', 5', 6'$ 에서 平面圖 12, 34, 56을 구한다.

② 12, 34, 56과 vd, ve, vf 와의 교점 p, q, r 와 그 입면도 p', q', r' 를 구한다.

2) **副投像法**〔그림 9-5(b)〕

① XY에 평행으로 $c'g'$ 를 그어 실제 길이 cg를 구한다.

② cg에 수직인 $X'Y'$를 副基線으로 하는 副立面圖를 구한다.

3각형 ABC는 직선이 된다.

③ 副投像에 있어서 교점 p_1', q_1', r_1'에서 p, q, r 및 p', q', r'를 구한다. PQR는 구하려는 斷面이 된다.

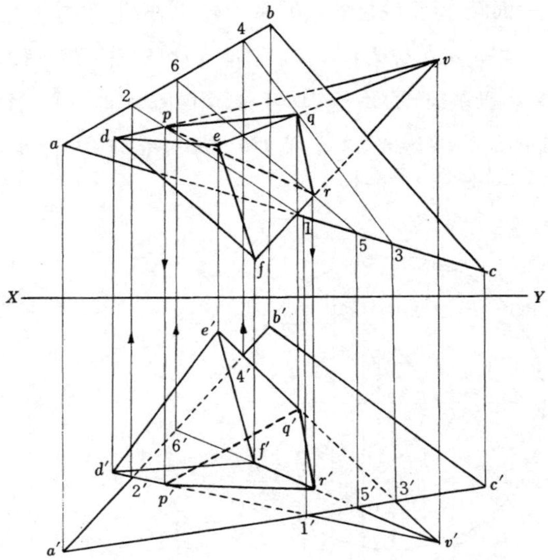

(a)

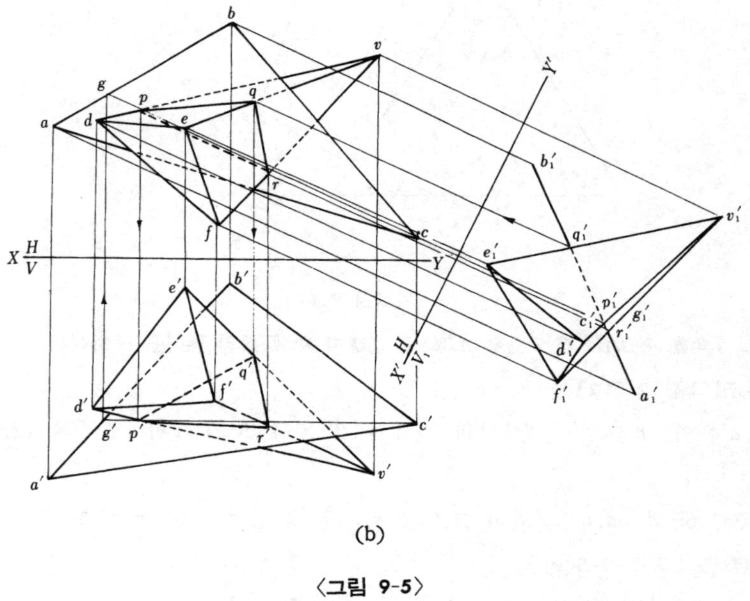

(b)

〈그림 9-5〉

작도 9-4. 주어진 원추를 3 각형 ABC 로 절단하여라(그림 9-6).

① 그림에서 밑면에 평행한 水平補助切斷平面 p_1', p_2', p_3' 를 세우면 平面圖에 원추는 頂點을 중심으로 하는 同心圓 斷面이, 切斷平面은 직선이 나타난다.

② 斷面圓과 직선의 교점은 구하는 斷面의 外形線上의 點이 된다.

③ 平面圖에서 頂點 v 를 지니고 補助平面과 切斷平面과의 交線에 직각인 직선 vd, vg 를 포함하고 수평면에 수직인 평면으로 자른다.

④ 切斷平面과의 交線(1′, 2′)과 $v'd'$ 및 $v'g'$ 의 교점 E 와 F 를 얻는다.

점 E 는 구하는 斷面의 最高點, 점 F 는 最底點이 된다.

⑤ 頂點을 지나고 直立投像面에 평행한 補助切斷平面을 세우면, 切斷平面과의 교선과 원추정면의 외형선과의 교점 t', t_1' 는 斷面外形線이 원추의 정면도 외형선과 접하는 점이 된다.

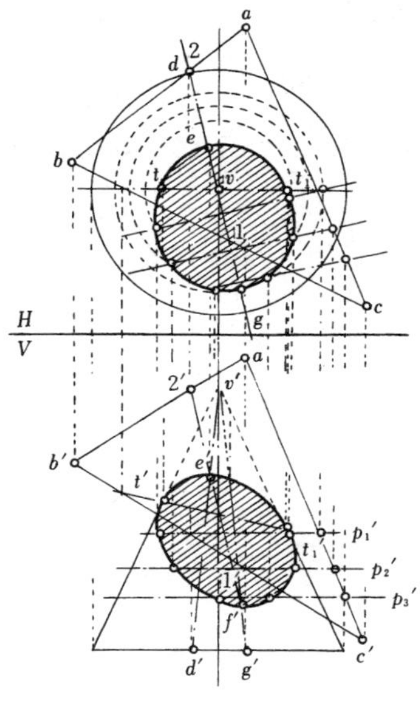

〈그림 9-6〉

작도 9-5. 그림 9-7 에 표시된 圓環과 直立面에 평행한 평면 A, B, 直立面에 수직인 평면 C, D 와의 斷面線을 구하여라(그림 9-7).

① A 平面 : A 평면과 平面圖에 있어서 1, 2, 3, 4 원과의 교점으로부터 立面圖의 1′, 2′, 3′, 4′ 위에 구하여 A 곡선을 얻는다.

② B 平面 : B 평면과 平面圖의 1, 2, …, 5, 4, 3 원과의 교점을 立面圖의 1′, 2′, …, 5′, 4′, 3′ 위에 구하여 B 곡선을 얻는다.

③ C 平面 : C 평면과 立面圖의 5′, 4′, …, 4′, 5′ 와의 교점을 平面圖의 1, 2, …, 5, 4, 3,

《참고》 1′, 2′, 3′, 5′ 평면으로 절단하면 1, 2, 3, 4, 5의 단면원이 생긴다.

2, 1 위에 구하여 C 곡선을 얻는다.

④ D 平面 : D 평면과 立面圖의 $4'$, $3'$, …, $3'$, $4'$, $5'$ 와의 교점을 平面圖의 5, 4, 3, 2, 1 위에 구하여 D 곡선을 얻는다.

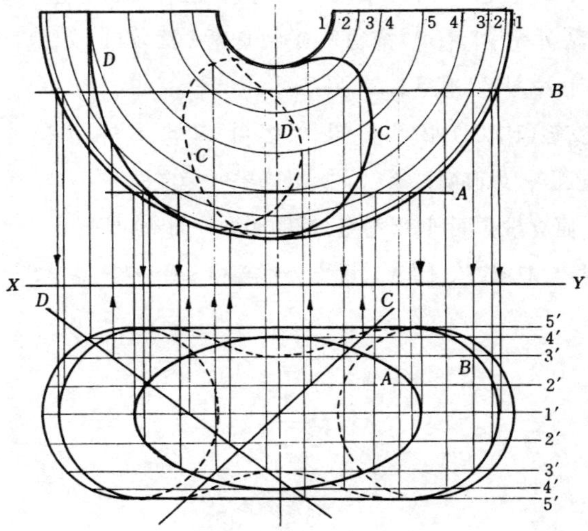

〈그림 9-7〉

相 貫 體

第 10 章

10-1 相貫體와 相貫線

2개 이상의 입체가 相交할 때 이것을 相貫體(solid of intersection)라 하고, 이들 입체의 交線을 相貫線(line of intersection)이라고 한다.

10-2 相貫線을 구하는 방법

일반적으로 相貫線을 구하는 데는 두 물체를 제 3의 補助切斷平面으로 자르면 동시에 2개의 斷面이 얻어진다. 이들 斷面의 교점은 두 물체에 공통되는 점이기 때문에 相貫線上의 점이다. 補助切斷平面을 옮겨가면서 교점들을 구하여 연결하면 相貫線을 그릴 수 있다. 이 경우에 斷面의 형태가 가능한 한 간단하고 그의 투상이 용이하게 그려지도록 補助切斷面의 위치를 선정한다.

일반적으로 다음과 같이 補助切斷面을 선정하는 것이 좋다.

1) 錐面이나 柱面에서는 直線面素가 나타나도록

2) 圓錐, 圓柱, 회전면 등에서는 緯圓이 나타나도록

3) 軸이 교차하는 회전면에서는 補助平面으로 절단하면 交線이 원이 아니므로 兩軸의 교점을 중심으로 하는 球面을 補助切斷面으로 한다.

4) 다면체에서는 稜과 側面과의 相貫點을 구하는 것이므로 稜을 포함하는 補助切斷面을 취하는 것이 좋다. 일반적으로 어느 것이나 투상면에 수직인 방향을 선택한다. 그러나 角錐라면 頂點을 지나도록, 角柱라면 側稜에 평행한 補助切斷面을 선택한다.

相貫線이 空間曲線일 때 이것을 정확하게 그리기 위하여는 相貫線이 正面, 平面, 兩外形線에 접하는 接點, 相貫線의 最高, 最底, 最左, 最右의 각 점, 그리고 線이 보이는 限界點 등을 정확하게 그리지 않으면 안 된다.

작도 10-1. 4角錐와 直線의 교점을 구하여라(그림 10-1).

① 그림 10-1에서 주어진 직선 MN을 포함하고 水平投像面에 수직인 補助切斷面을 이

용한다.

② 斷面의 輪廓線은 1 2 3 4 가 되고 立面圖에서 $m'n'$ 와 $1'2'3'4'$ 는 점 p'와 q' 에서 교차하고, P와 Q는 4角錐의 VAB 面과 VCD 面上에 MN의 貫通點이 있다.

③ 立面圖에서 P는 보이는 側面上에 있으나, Q는 보이지 않는 側面上에 있는 점이 된다. $q'n'$의 角錐 外形線 내의 부분은 보이지 않는 선으로 된다.

《참고》 MN을 포함하고 直立投像面에 수직인 補助面으로 잘라도 좋고, 또 MN上의 임의의 두 점과 頂點을 지나는 補助切斷面으로 절단하여 단면의 윤곽선과 MN의 교점을 구해도 좋다.

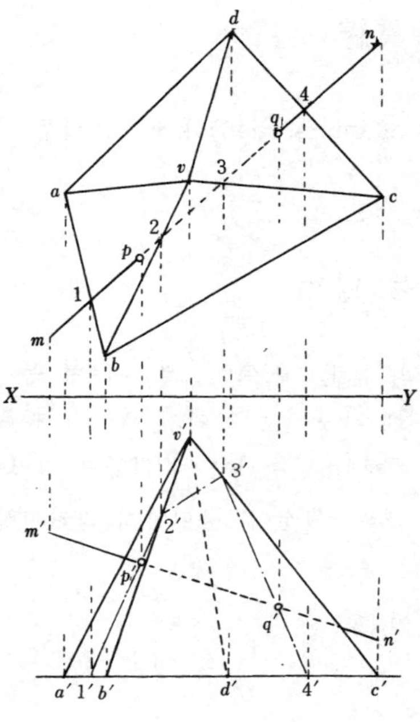

〈그림 10-1〉

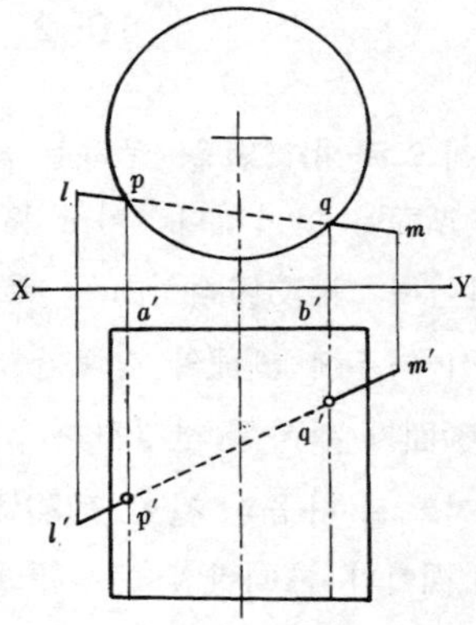

〈그림 10-2〉

작도 10-2. 圓柱와 직선의 交點을 구하여라(그림 10-2).

① lm-$l'm'$를 포함하고 수평면에 수직인 평면으로 절단한다.

② $a'b'$를 지나는 직 4각형 斷面上에 $l'm'$가 있으므로 p', q'는 구하는 교점의 立面圖이다.

《참고》 曲面의 相貫線은, 補助面에 의한 切斷面이 圓이나 直線面素가 되도록 하는 것이 좋다.

작도 10-3. 角錐와 水平角柱의 相貫線을 구하여라(그림 10-3, 10-4).

① 그림 10-3에서 角柱의 稜을 포함하는 水平補助切斷面 Ⅰ, Ⅱ, Ⅲ으로 3角錐를 절단하면 3각형 斷面이 나온다.

② 단면의 윤곽선과 角柱의 稜이 만나는 점은 角錐側面上의 관통점이 된다.

③ 角錐의 稜 V와 3角柱側面과의 교점은 立面圖로부터 직접 구해진다.

④ 이들 점은 3角柱의 側面을 순차적으로 찾아가며 연결하면 된다.

《참고》 立面圖에서 3角柱의 보이지 않는 $DFGE$ 上의 2～3, 또는 그 側面上의 4는 보이지 않는 점이기 때문에 이들을 연결하는 2～4, 3～4는 破線이다.

⑤ 그림 10-4에서는 3角柱의 稜을 포함하고 4角錐의 頂點을 지나는 平面을 補助切斷面으로 하면 1, 6, 5, 7, 3, 9점이 얻어지고 입면도에서 2, 4, 8, 10점이 얻어진다.

⑥ 2와 10은 보이지 않는 점이므로 2와 10에 연결되는 線은 破線이 된다.

《참고》 그림과 같이 稜(圓柱의 경우에는 軸)에 수직한 방향으로 바라보는 補助圖를 그리는 것이 편리하다.

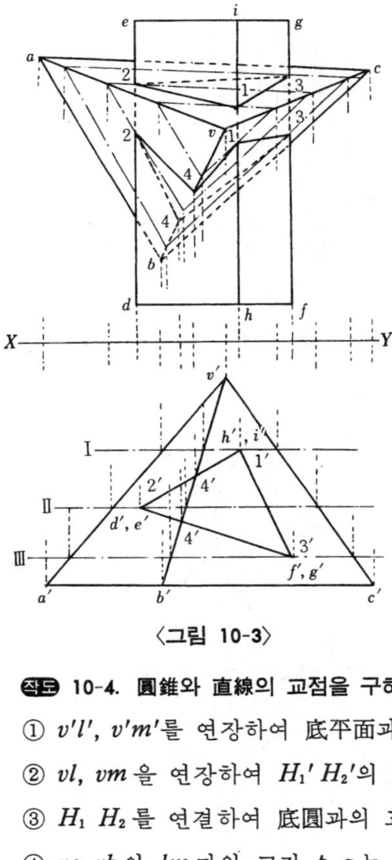

〈그림 10-3〉

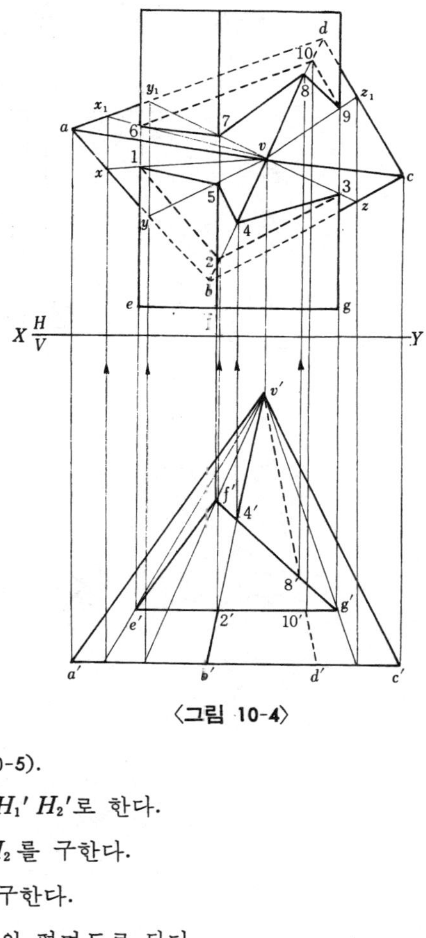

〈그림 10-4〉

작도 10-4. 圓錐와 直線의 교점을 구하여라(그림 10-5).

① $v'l'$, $v'm'$를 연장하여 底平面과의 교점을 $H_1'\,H_2'$로 한다.

② vl, vm을 연장하여 $H_1'\,H_2'$의 平面圖 $H_1\,H_2$를 구한다.

③ $H_1\,H_2$를 연결하여 底圓과의 교점 a, b를 구한다.

④ va vb와 lm과의 교점 p, q는 구하는 교점의 평면도로 된다.

《참고》 직선 lm을 포함하고 直立面에 또는 水平面에 수직인 평면으로 원추를 자르면 타원이 되므로 頂點과 직선을 포함하는 평면으로 절단한다.

작도 10-5. 球와 直線의 교점을 구하여라(그림 10-6).

① lm을 포함하고 수평면에 수직인 평면으로 球를 자른다.

② lm에 평행한 $X'Y'$를 부기선으로 하는 부입면도를 그린다.

③ $p''q''$는 구하는 교점의 부입면도이다.

④ $p''q''$로부터 p-p', q-q'를 구한다.

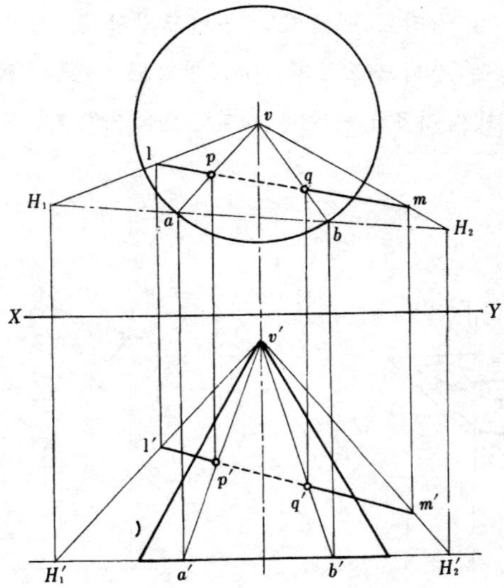

〈그림 10-5〉

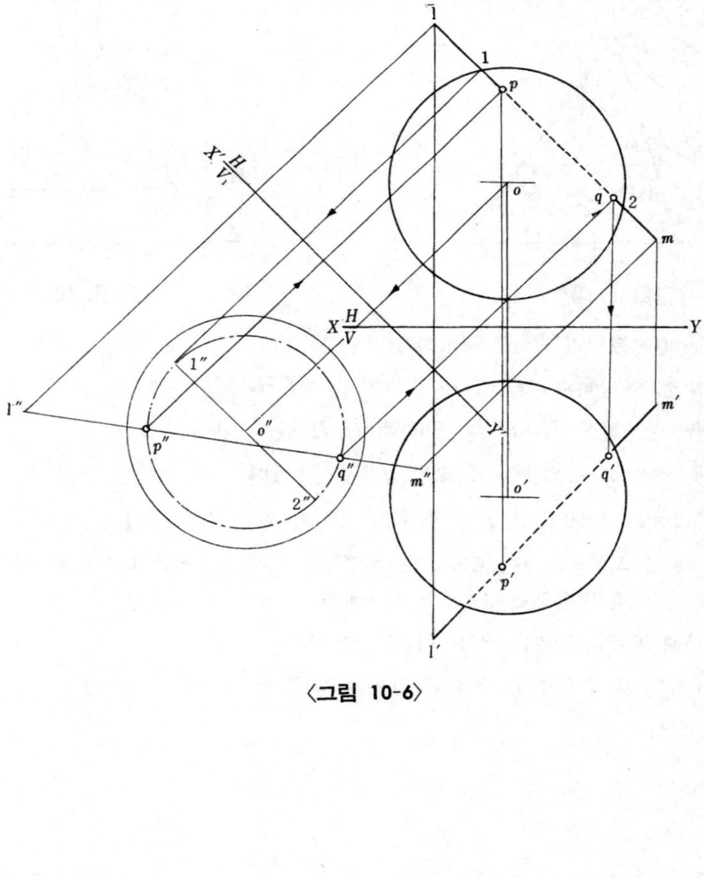

〈그림 10-6〉

작도 10-6. 5角柱와 3角柱의 相貫線을 구하여라(그림 10-7).

1) 割投像에 의한 것

① 3角柱의 軸에 수직인 X_1Y_1을 부기선으로 하는 부평면도를 그린다.

② 副投像에서 5角柱의 모서리 E가 3角柱를 관통하는 점 1_1, 8_1로부터 입면도 1′8′를 같은 방법으로 2′7′, 4′6′, 9′11′를 구한다.

③ 平面圖에서 3角柱가 5角柱를 관통하는 점 3, 12로부터 3′ 12′를 구하고 5, 10으로부터 5′10′를 구한다.

《참고》 副投像과 平面圖로부터 4′5′10′11′ 점이 보이지 않는 점인 것을 알 수 있으므로 이들 점과 연결되는 모든 相貫線은 破線이 된다.

2) 5角柱의 稜을 포함하고 3角柱의 稜에 평행한 평면을 補助切斷平面으로 한 것

① 직선 E를 포함하고 i직선에 평행한 평면으로 3角柱를 자르면 4각형 斷面이 언어진다.

② 斷面의 輪廓線과 E직선과의 교점 1′8′를 구한다. 8′를 구할 때 ih평면상에 h에서 경사선을 그려 경사선과 ex선과의 교점의 입면도를 찾아 교점에서 3각주의 稜에 평행선을 그린다. ③①②와 같은 방법으로 2′7′, 4′6′, 9′11′를 구한다.

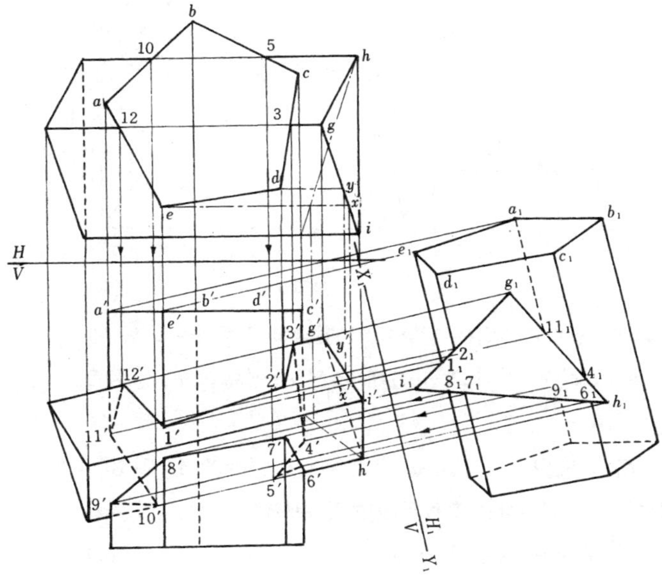

〈그림 10-7〉

작도 10-7. 밑면이 水平面에 평행한 3角錐와 傾斜 3角錐의 相貫線을 구하여라(그림 10-8).

① $u'd'$, $u'e'$, $u'f'$를 포함하고 直立面에 수직인 평면으로 直立 3角錐를 절단하고 斷面으로부터 1, 6(1′, 6′), 2, 7(2′, 7′), 3, 4(3′, 4′)를 구한다.

② vb를 포함하고 水平面에 수직인 평면으로 절단하면 斷面 $s't'x'y'$와 $v'b'$의 교점 5′,

8′가 구해진다.

③ 平面圖에서 2,7,8점과 立面圖에서 4′, 8′점은 보이지 않으므로 이들 점과 연결되는 선은 破線이다.

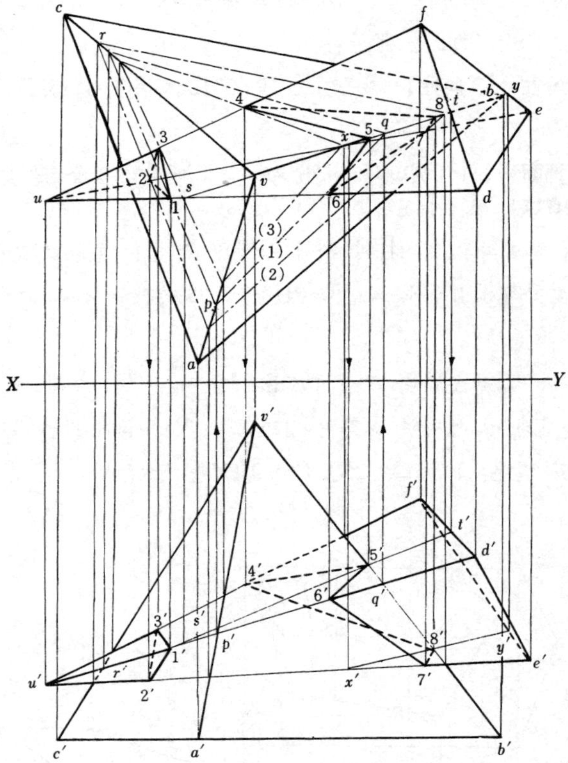

〈그림 10-8〉

작도 10-8. 圓錐와 軸이 직교하는 3角柱의 相貫線을 구하여라(그림 10-9).

① 立面圖 $a'd'e'b'c'$를 지나고 밑면에 평행한 평면으로 양쪽을 절단하면 斷面은 원과 직 4 각형이 된다.

② 양쪽의 斷面의 交點 1, 2, 3, 4를 구하여 그 立面圖 1′, 2′, 3′, 4′를 구한다.

작도 10-9. 軸이 서로 직교하는 圓錐와 圓柱의 相貫線을 구하여라.

1) 두 입체를 水平面에 평행한 平面으로 절단한다(그림 10-10).

① 4인 수평면으로 절단하면 원추의 단면은 圓이고, 圓柱의 단면은 4인 직 4 각형이 된다. 이들 단면의 교점이 구하는 相貫線上의 점이 된다.

② 직 4 각형의 폭 L은 側面圖, 즉 원의 副投像으로부터 구한다.

2) 圓錐의 頂點을 포함하고 圓柱의 軸에 평행한 平面(側面圖를 보아라)으로 절단한다 (그림 10-11).

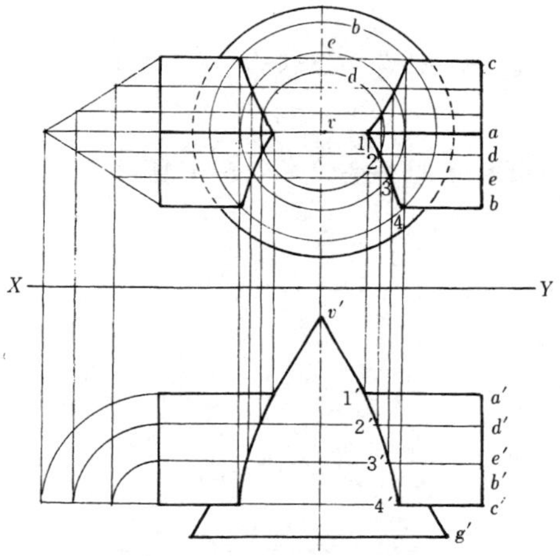

〈그림 10-9〉

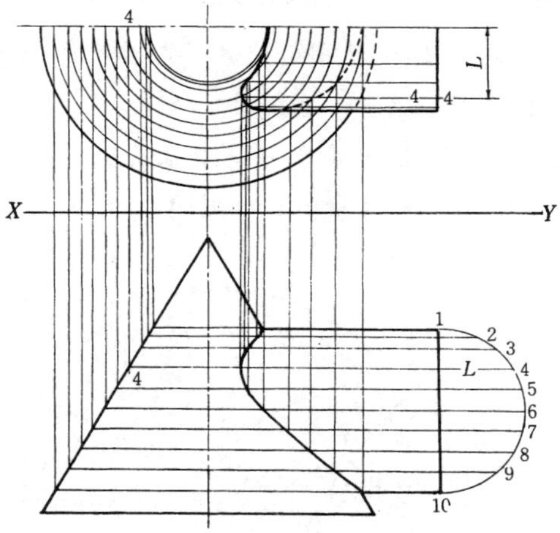

〈그림 10-10〉

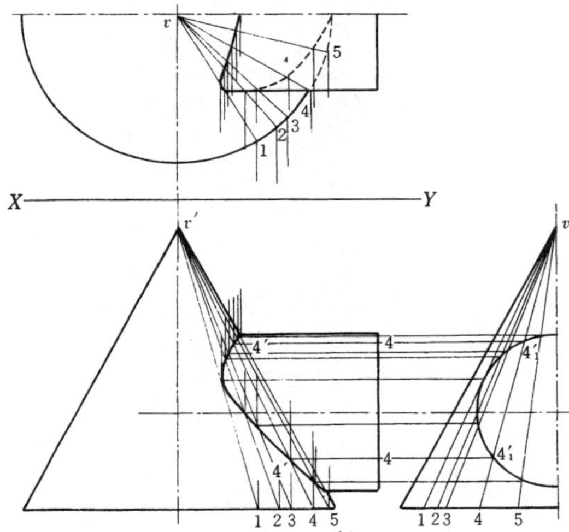

〈그림 10-11〉

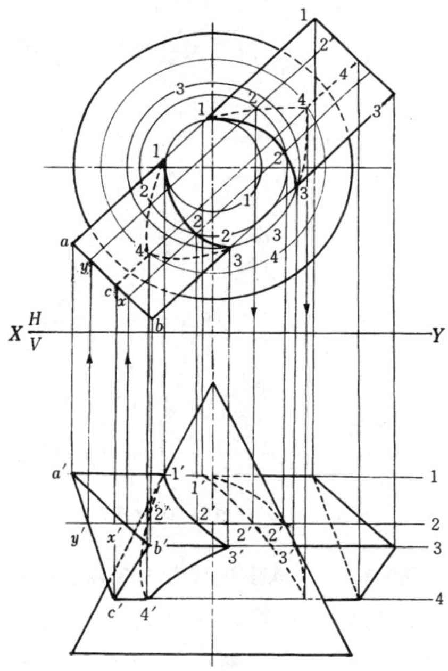

〈그림 10-12〉

① 圓錐의 斷面은 3각형 4이고, 圓柱의 斷面은 4각형 4이다. 이들 단면의 교점은 相貫線上의 점이다.

작도 10-10. 圓錐와 3角柱의 相貫線을 구하여라(그림 10-12).

① 稜 A, B, C를 포함하고 수평면에 평행한 평면 1, 3, 4로 절단하여 圓錐의 緯圓 1, 3, 4로부터 교점 1, 3, 4(1′, 3′, 4′)를 구한다.

② 또 2의 직선으로 자르면 그의 緯圓과 4각형 xy의 교점 2(2′)를 구할 수 있다.

작도 10-11. 2圓錐의 相貫線을 구하여라(그림 10-13).

① 兩頂點을 지나서 수평면에 수직인 평면으로 절단하여 그 단면($v'x'x'$, $v_1'x_1'x_1'$)의 교점 1′는 상관선의 최고점이 된다.

② 水平面에 평행한 평면 2, 3, 4, 5로 절단하면 兩圓錐의 단면은 2, 3, 4, 5의 圓이 되고, 이들의 교점은 相貫線上의 점이 된다.

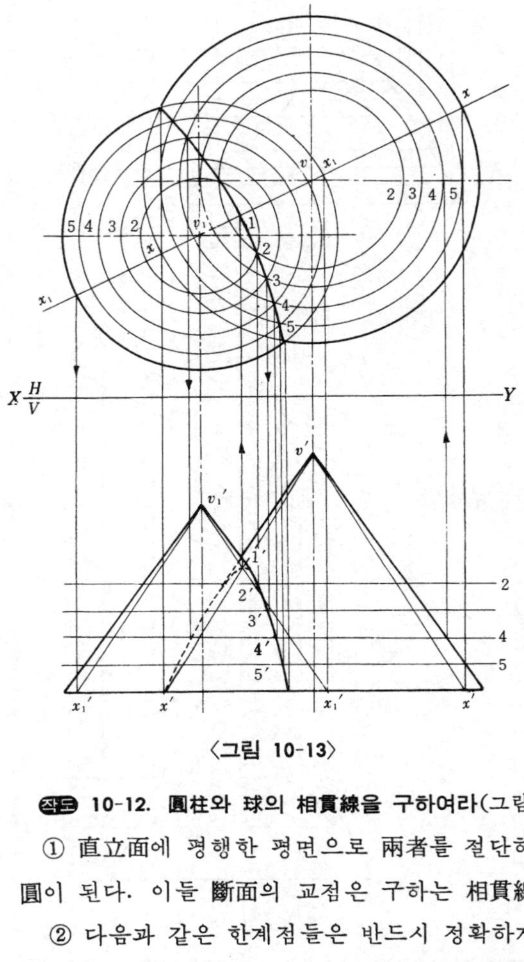

〈그림 10-13〉

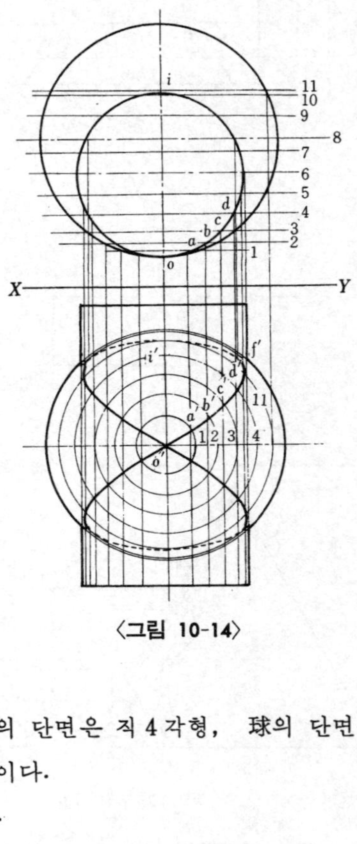

〈그림 10-14〉

작도 10-12. 圓柱와 球의 相貫線을 구하여라(그림 10-14).

① 直立面에 평행한 평면으로 兩者를 절단하면 圓柱의 단면은 직 4 각형, 球의 단면은 圓이 된다. 이들 斷面의 교점은 구하는 相貫線上의 점이다.

② 다음과 같은 한계점들은 반드시 정확하게 구한다.

ⓐ 圓柱의 中心을 지나는 斷面 6(相貫線이 圓柱에 접하는 점).

ⓑ 球의 중심을 지나는 단면 8(球에 접하는 점).

ⓒ 圓柱의 가장 후방에 접하는 단면 11(圓柱의 가장 후방의 교점).

작도 10-13. 2개의 斜圓錐의 相貫線을 구하여라. 2斜圓錐의 底圓은 동일 평면상에 있다〔그림 10-15(a), (b)〕.

① 頂點 U, V를 연결하는 직선을 포함하는 평면으로 물체를 절단하면 단면은 3각형이

된다. 이들 단면의 교점은 相貫線上의 점이다.

② U, V를 연결하는 직선이 밑면을 포함하는 평면과 만나는 점을 H라 한다.

③ 접선 HO을 긋고 uz와 vy_1, vy_2와의 교점 1, 4를 구한다.

④ $H1$을 긋고 ux_1, ux_2와 vw_1, vw_2와의 교점 2, 3, 5, 6은 구하는 점이다.

⑤ UV와 $H2, H3, \cdots$을 포함하는 평면으로 절단하여 교점을 구한다.

⑥ $H10$인 직선을 포함하는 평면으로 HO와 같은 한계점이 구해진다.

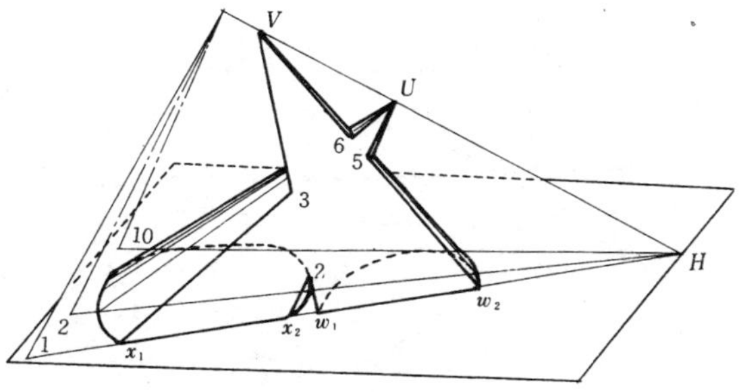

(a)

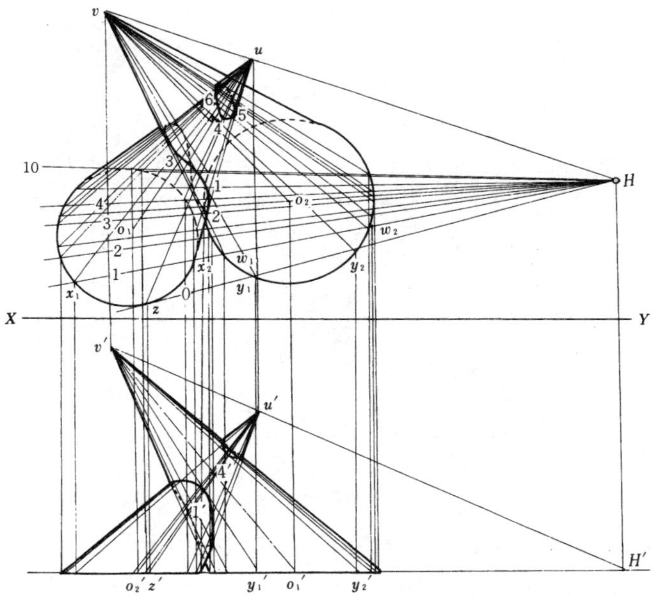

(b)

〈그림 10-15〉

작도 10-14. 斜圓錐의 相貫線을 구하여라〔그림 10-16(a), (b)〕.

① 斜圓錐의 頂點을 지나고 斜圓柱의 축에 평행한 평면으로 두 물체를 자르면 단면은 3각형과 평행 4변형이 된다.

② 頂點 V에서 斜圓柱의 축에 평행선을 그어 저평면과의 교점 $H(H')$를 구한다.

③ 底圓에 접선 HZ를 긋고 z를 지나 斜圓柱의 축에 평행선 및 vy_1, vy_2를 긋고 교점 1,4를 얻는다.

④ $H1$을 긋고 x_1, x_2를 지나 軸의 평행선과 vw_1, vw_2와의 교점 2,3,5,6을 구한다.

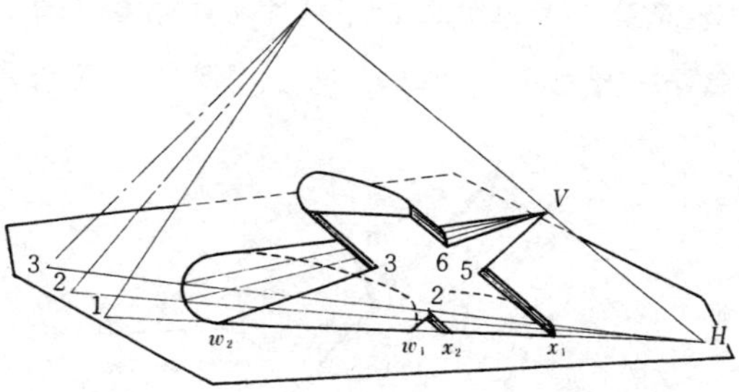

(a)

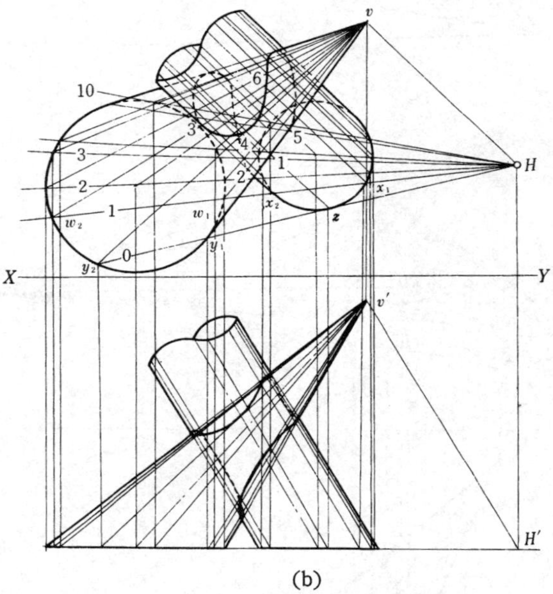

(b)

〈그림 10-16〉

작도 10-15. 2개의 斜圓柱의 相貫線을 구하여라(그림 10-17 (a), (b)).

① 軸上의 점 $p_2(p_2')$로부터 다른 축에 평행선을 긋고 底平面과 만나는 점 $H(H')$를 정한다. $p_2(p_2')$, $H(H')$ 직선을 포함하고 다른 축에 평행한 평면으로 두 물체를 자르면 2개의 평행 4변형 단면선이 얻어진다.

② Hp_1에 평행하게 직선 0, 1, 2, …, 10을 그린다.

③ 단면의 輪廓線 z, y, y_2에 의하여 1,4를 정하고 w_1, w_2, x_1, x_2에 의하여 2, 3, 5, 6 점을 정할 수 있다.

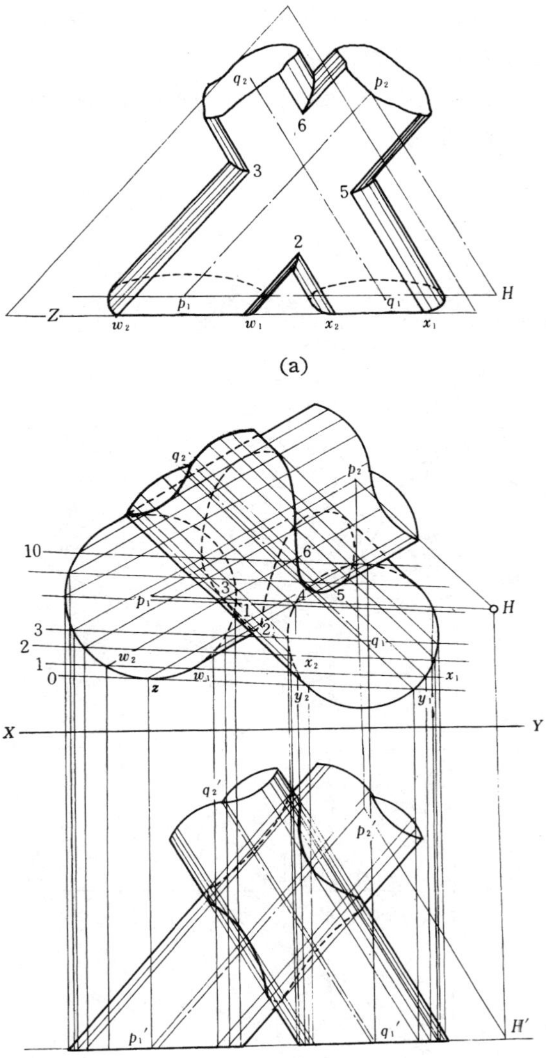

(a)

(b)

〈그림 10-17〉

작도 10-16. 밑면이 수평면에 평행한 평면상에 있는 斜 4 角柱와 斜 3 角柱의 相貫線을 구하여라 (그림 10-18).

① $d(d')$를 지나 다른 斜柱의 稜에 평행한 직선을 그어 底平面과의 교점 $H(H')$를 정한다.

② a_1을 지나 Hd_1 직선에 평행선을 그어 3角柱의 底에 x_1y_1을 구한다. x_1, y_1을 지나 稜에 평행선 x_1x, y_1y를 그어 a_1a와의 교점 1, 3을 구한다.

③ e_1을 지나 Hd_1에 평행선을 그어 4角柱 v_1, w_1을 구하여 v_1, w_1을 지나 稜에 평행

선 v_1, v, w_1, w를 그어 e_1, e와의 교점 5, 6을 구한다.

④ 같은 방법으로 2, 7, 8, 10, 4, 9를 구한다.

《참고》 제 1의 角柱稜을 포함하고 다른 角柱의 稜에 평행한 평면으로 두 물체를 절단하여 단면의 윤곽선과의 교점을 구하면 된다.

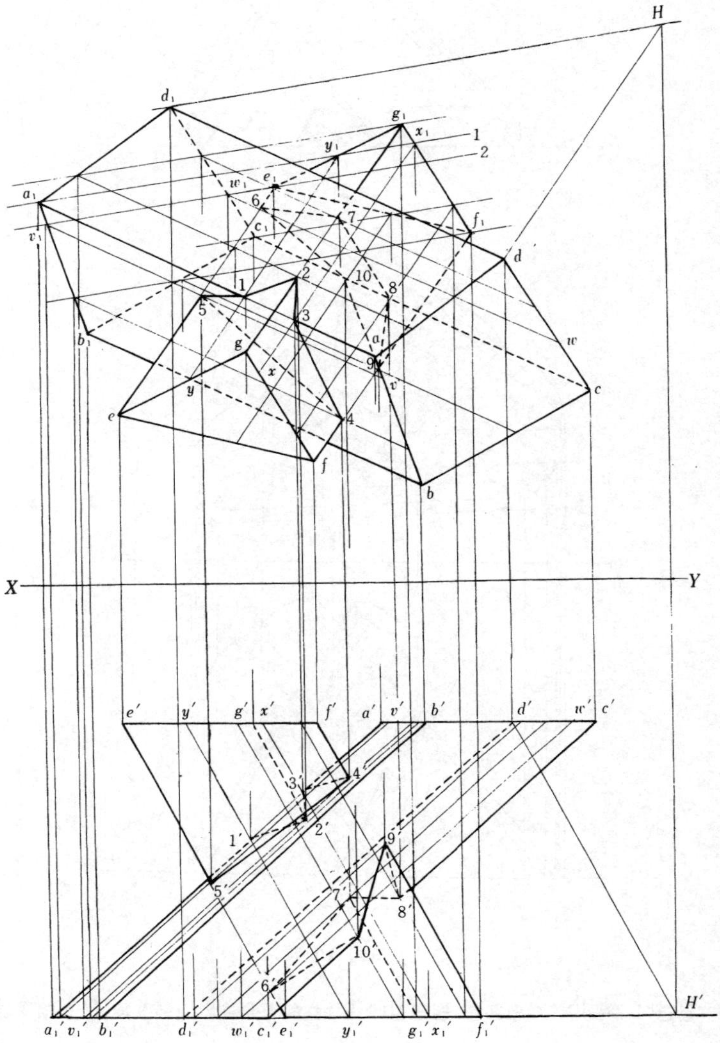

〈그림 10-18〉

작도 10-17. 圓錐와 正 6 角柱의 相貫線을 구하여라(그림 10-19).

① 정 6 각형의 外接圓, 内接圓에 상당하는 水平補助切斷面으로 원추와 6각주를 자른다. 외접원에 의하여 d', c', b', a'점을 잡고 내접원에 의하여 상관선의 최고점 $3'$를 잡는다.

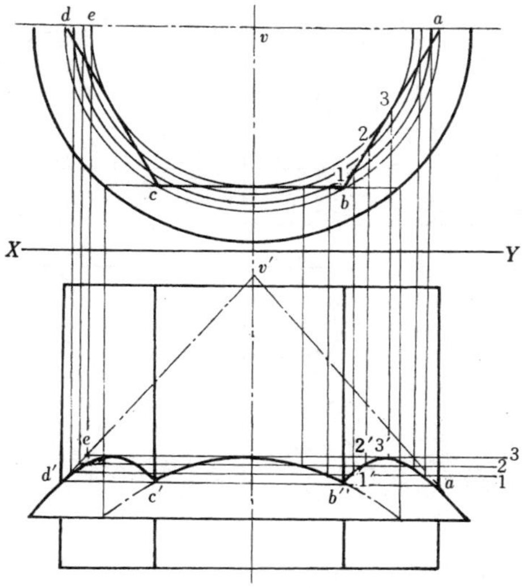

〈그림 10-19〉

② 내접원과 외접원 사이 원 1, 2에 상당하는 水平補助切斷面으로 절단하여 1(1′), 2(2′)를 구한다.

작도 10-18. 축이 교차하고 共通內接球를 갖는 直立, 傾斜圓柱의 相貫線을 구하여라(그림 10-20).

① 兩軸을 포함하는 평면이 直立面에 평행한 경우이므로 평면 Ⅱ로 兩圓柱를 수평면에 수직으로 자르면 直立圓柱와 傾斜圓柱는 m_1', m', n_1', n'의 4각 단면이 된다. 이들의 교점 m', n_1', m_1, n_1은 상관선상의 점이다.

② 兩軸을 포함하는 평면으로 자르면 a_1', a', b_1', b' 4점을 얻는다.

③ 相貫線은 그림과 같이 兩圓柱의 輪廓線 교점을 연결하는 직선으로 된다〔그림 10-20(a), (b), (c), (d)〕.

《참고》 축이 교차하고 共通內接球를 가질 때 兩曲面(兩圓錐, 兩圓柱, 圓錐와 圓柱)은 2개의 타원으로 교차하고 이 양축을 포함하는 평면에 평행한 평면상에 투상하면 2타원은 線視圖로 표시되고 접점에서 교차한다. 이것은 管 등의 접촉 설계에 적용된다. 여기서 제도할 때 2圓柱의 相貫線이 어떠한 모양으로 되는가를 미리 알고 있으면 作圖에 용이하므로 4개의 기본형을 표시한다(그림 10-21).

작도 10-19. 회전체와 그 軸上에 중심을 갖는 球의 相貫線을 구하여라(그림 10-22(a), (b), (c)〕.

① 圓柱, 圓錐, 回轉體의 軸上에 球의 중심이 있는 경우 그 相貫線의 입면도는 직선이 된다.

작도 10-20. 서로 만나는 兩軸이 直立面에 평행한 원주와 원추의 相貫線을 구하여라(그림 10-23).

① 兩軸의 교점 O를 중심으로 하고 球 Ⅰ, Ⅱ, Ⅲ을 그린다.

② 球와 圓柱, 球와 원추의 交切線은 직선 1, 2, 3이 된다.

③ 양자의 交差로부터 교점 1, 2, 3이 구하여진다.

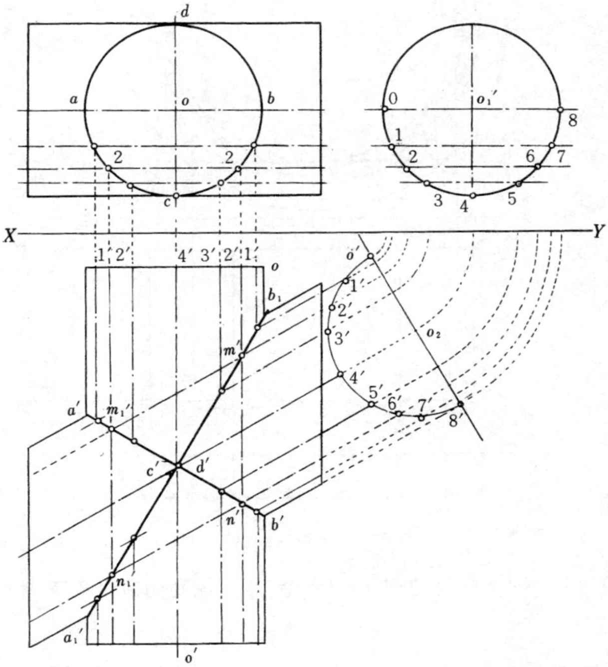

(a)

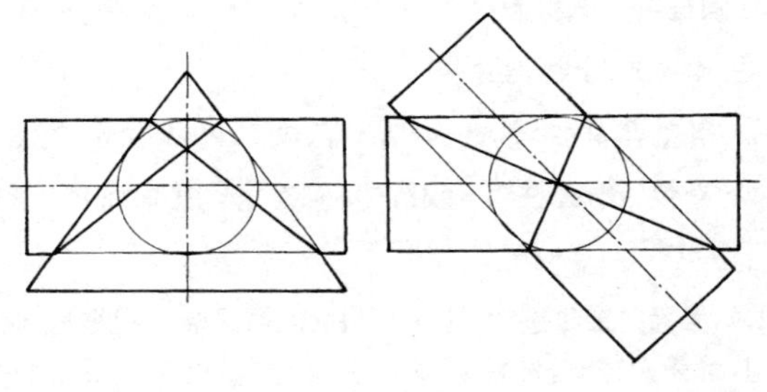

(b)

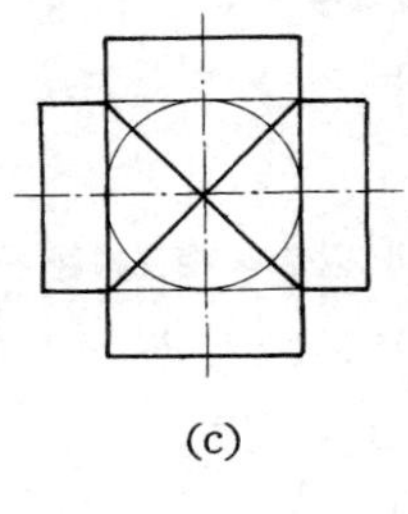

(c)

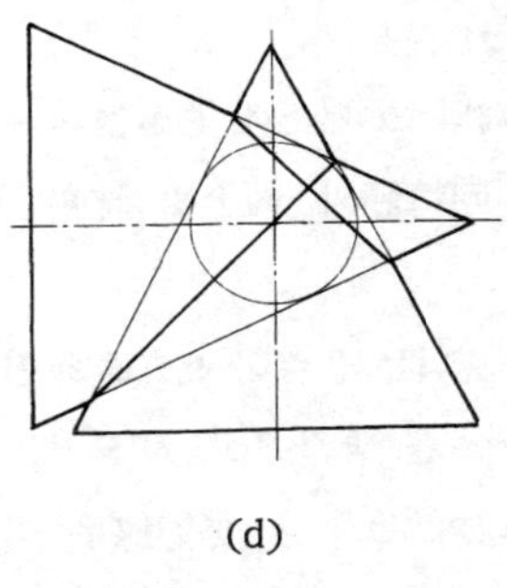

(d)

〈그림 10-20〉

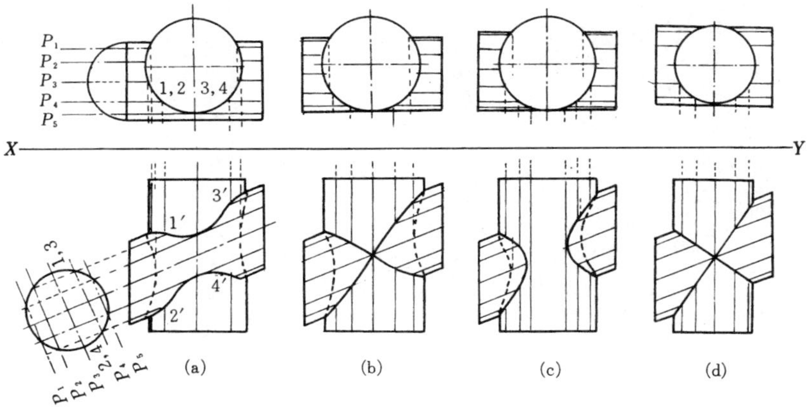

〈그림 10-21〉

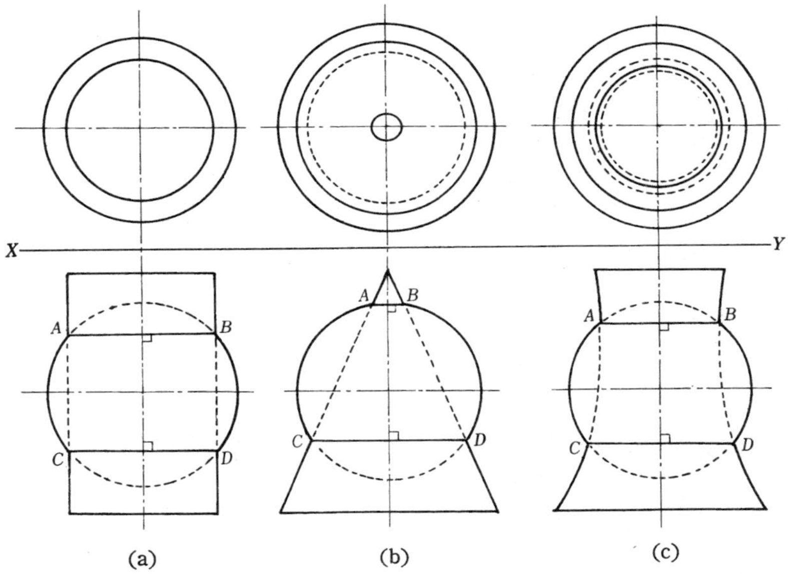

〈그림 10-22〉

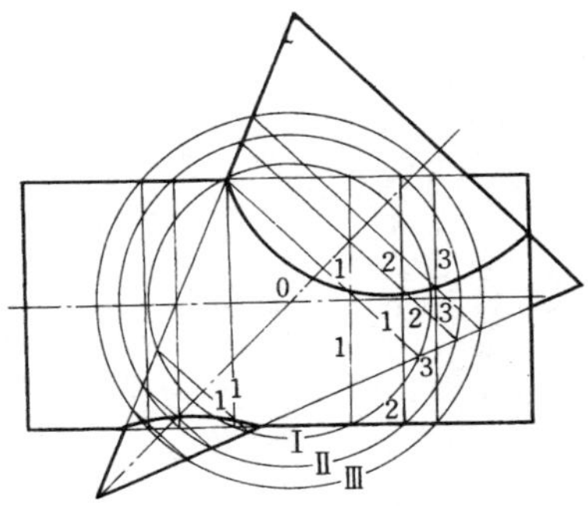

〈그림 10-23〉

面의 展開

第 11 章

11-1 面의 展開

접어진 것 또는 감아져 있는 입체의 면을 평면으로 펼치는 것을 展開(development)라고 한다. 전개된 平面形은 입체의 각 면이 실형이기 때문에 展開圖 내의 모든 선은 實長이고, 이것을 접거나 제작할 때 소요의 형태가 얻어지도록 연결되어 있지 않으면 안된다.

複曲面은 전개 불가능이나 전개할 수 있는 單體로 분할하여 실용상으로 충분히 정확한 근사적 방법으로 전개할 수 있다.

曲面上의 임의의 두 점 사이를 연결하는 最短거리를 測地線(geodetic line)이라고 한다. 이 測地線을 구하기 위하여는 展開圖上에서 두 점 사이를 연결하는 선은 직선이므로 展開圖에서 原投像에 逆投像하여 구한다.

複曲面은 정확한 전개가 불가능하므로 정확한 測地線은 구할 수 없으나, 球는 두 점을 지나는 圓弧가 測地線이고 單曲面에서는 곡선이 되고 圓錐, 圓柱上에서는 螺線이며, 多面體에서는 꺾어진 線이 된다.

정다면체의 전개는 그림 11-1～11-5(정 4 면체, 정 6 면체, 정 8 면체, 정12면체, 정20면체)와 같다.

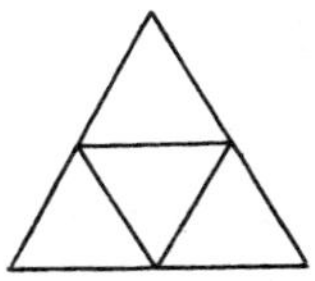

〈그림 11-1〉

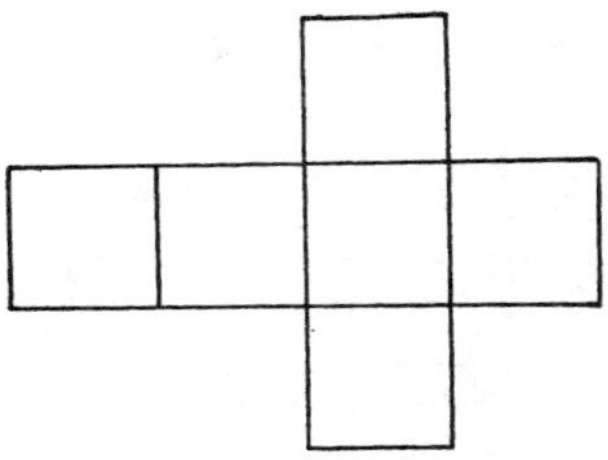

〈그림 11-2〉

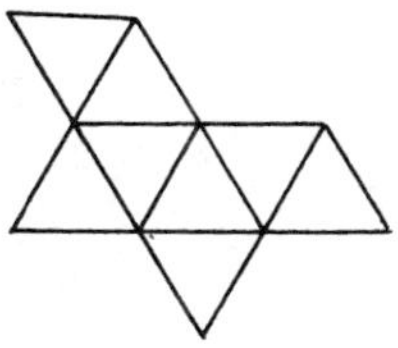

〈그림 11-3〉

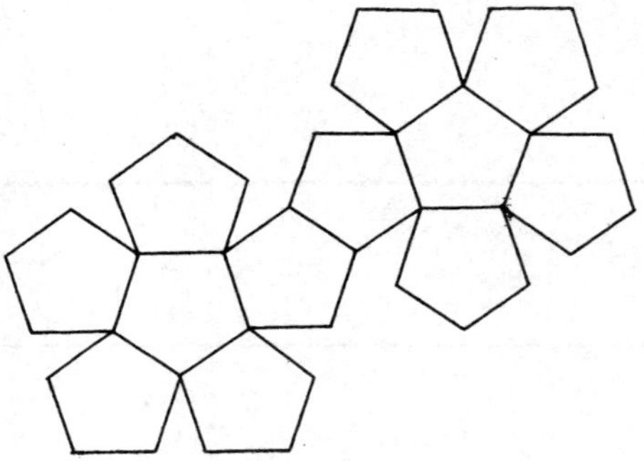

〈그림 11-4〉

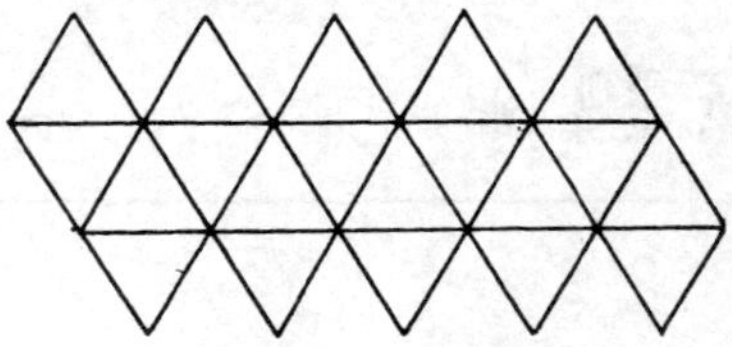

〈그림 11-5〉

11-2　多面體의 展開

작도 11-1. 5角錐의 展開圖를 구하여라(그림 11-6).

① 각 稜의 實長을 구한다(頂點 밑에 角錐의 높이를 높이로 하고, 각 稜의 평면도를 밑변으로 하는 직각3각형을 세우면 3각형의 빗변은 각 稜의 實長이 된다).

② V를 중심으로 Va_1, Vb_1, Vc_1, …을 반지름으로 하는 同心圓弧를 그린다.

③ $BC = bc$, $CD = cd$, $DE = de$, …되는 C, D, E, …를 구한다.

④ 5角錐를 直立面에 수직인 平面으로 절단하면 切斷線과 각 稜과의 교점 a_1', b_1', c_1'로부터 밑면에 평행선을 그어 실제 길이 va_1, vb_1, …과 교차하는 점을 구한다.

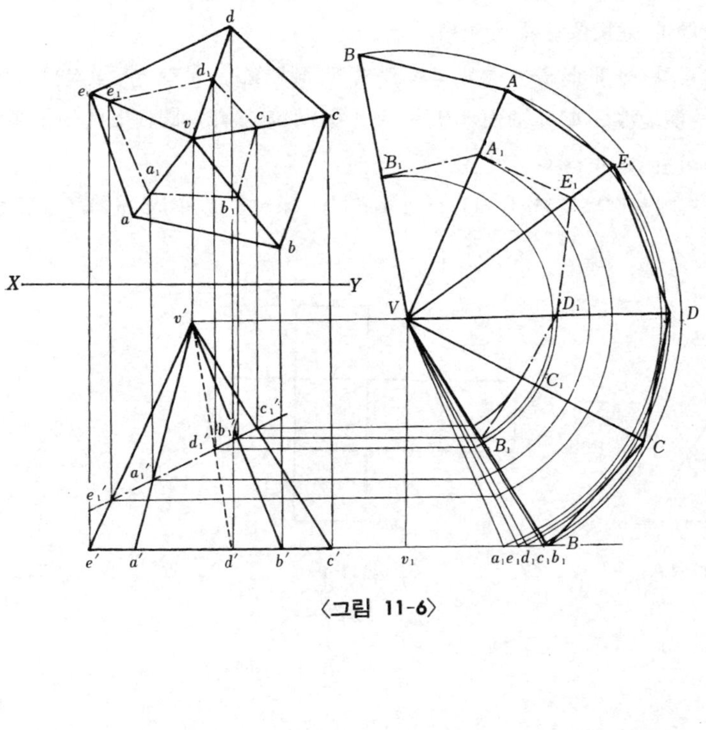

〈그림 11-6〉

⑤ V를 중심으로 하여 ④의 교점까지를 반지름으로 하는 圓弧와 $VB, VC, \cdots$와의 교점 B_1, C_1, $D_1, \cdots$을 구한다.

작도 11-2. 斜 4 角柱의 展開圖를 구하여라(그림 11-7).

① 각 側稜에 평행한 副基線에 의하여 副立面圖를 그리면 角柱의 側稜의 實長이 얻어진다.

② 양밑면의 입면도는 기선에 평행하므로 평면도에 양밑면의 實形이 나타나 있다.

③ 副立面圖를 P평면으로 절단하면 그의 斷面圖 a_2, b_2, c_2, d_2가 얻어진다. 각 점까지의 거리는 斜 4 角柱의 側稜 사이의 수직거리이다.

④ 전개하는 데는 임의의 側稜(각 稜에 장단이 있을 때는 가장 짧은 稜의 위치)을 절단하여 열고 이 稜에 평행하게 副基線을 그어 전개한다.

⑤ 양밑면의 전개도를 側面展開圖에 접속할 때는 평면도의 實形을 대각선에 의하여 3각형으로 분할하여 각 변을 전개도에 옮긴다.

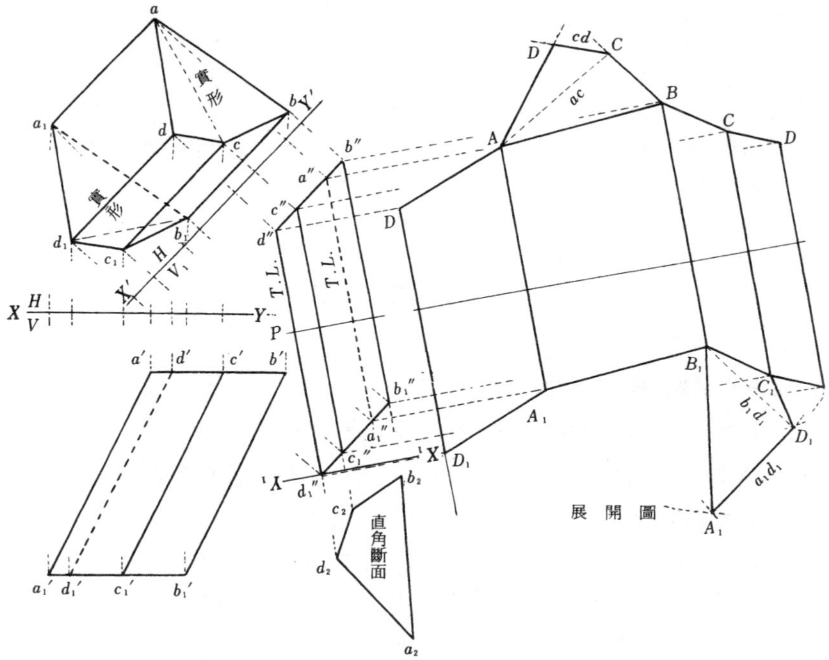

〈그림 11-7〉

작도 11-3. 角柱의 相貫線과 展開圖를 구하여라(그림 11-8).

① 斜 3 角柱의 側稜의 실장을 구하기 위하여 副立面圖를 그린다.

② 斜 3 角柱의 側稜 사이의 거리를 구하기 위하여 直角斷面圖 a_2, b_2, c_2를 그린다.

③ 直立 4 角柱의 側稜은 입면도에 나타나 있고 側稜 사이의 거리는 평면도 $defg$에 나타나 있다.

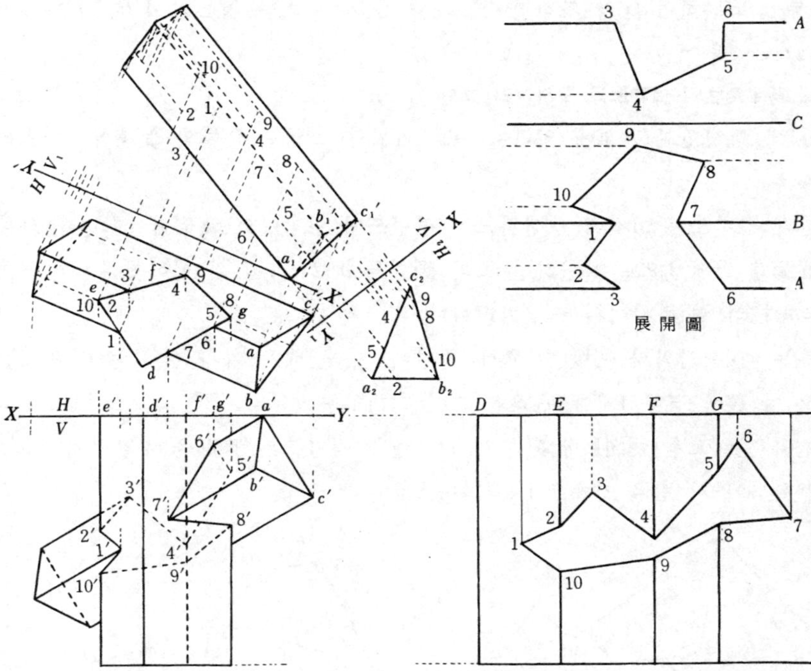

〈그림 11-8〉

11-3　曲面의 展開

작도 11-4. 圓錐의 展開圖를 구하여라(그림 11-9).

① v' 를 중심으로 $v'1$ 을 반지름으로 하는 원호를 그린다.

② 底圓을 12등분하여 ①의 원호상에 저원의 등분 길이와 같게 1, 2, 3, …을 취한다.

③ 直立面에 수직인 평면으로 절단한 단면의 전개도를 구하려면 $v'1$, $v'2$, $v'3$, …과의 교점 a', b', c', …를 $v'1$ 上에 옮겨 그 실제 길이를 구한다.

④ v' 를 중심으로 하고 ③의 실제 길이를 반지름으로 하는 원호를 그려 $v'2$, $v'3$, …상에 B, C, D, …점을 구하여 곡선으로 연결하여 斷面의 전개를 얻는다.

⑤ 展開圖上의 직선 LM 을 투상上에 구하려면 LM 과 $v'2$, $v'3$, $v'4$, …와의 교점을 투상上에 옮겨 $l'm'$ 를 얻는다.

작도 11-5. 斜圓錐의 展開圖를 구하여라(그림 11-10).

① 底圓을 12등분한다.

② $v1 = v_0 1$, $v2 = v_0 2$, $v3 = v_0 3$, …으로 취하면 $v'1$, $v'2$, $v'3$ 은 각 母線의 실제 길이가 된다.

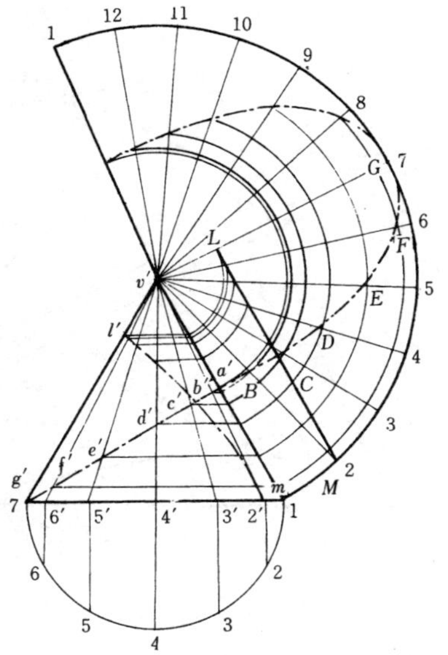

〈그림 11-9〉

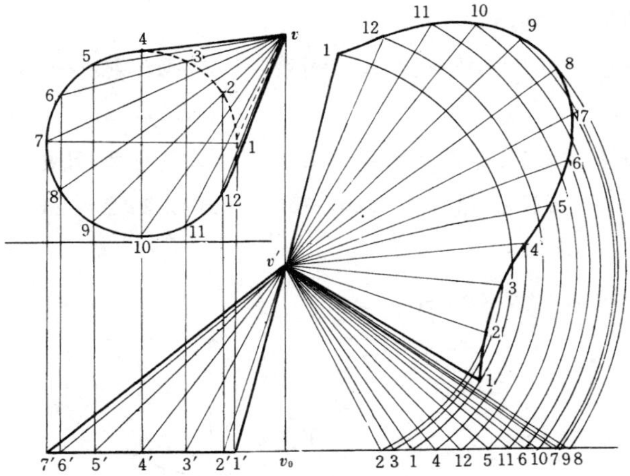

〈그림 11-10〉

③ v' 를 중심으로 $v'1$, $v'2$, $v'3$ 을 반지름으로 하는 圓弧를 그린다.

④ 底圓의 1/12의 길이 12, 23, …을 ③의 圓弧上에 1, 2, 3, …을 구한다.

《참고》 곡선이 어느 점에서 그 점에서의 接線에 대하여 전후로 그의 위치를 변화할 때 그 점을 變曲點(point of inflexion)이라 한다. 變曲點에서 그 곡률 중심은 무한대이고, 變曲點을 경계로 곡선은 전후에서 그 방향을 변화한다.

타원인 단면을 전개하면 展開圖에 變曲點이 존재하는데 이 變曲點을 구하여 보자. 그림 11-11에서 頂點 V로부터 切斷平面에 수직선을 그리고 切斷平面과의 교점 D에서 단면의 輪廓線에 接線을 그어 접점을 취하면 I, I_1점을 얻을 수 있다. 이것이 변곡점이다.

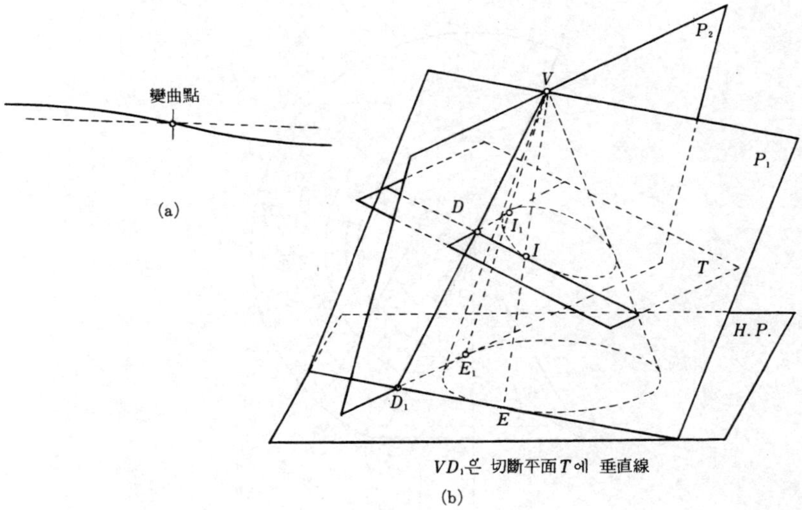

〈그림 11-11〉

작도 11-6. 球의 展開圖를 구하여라.

1) 軸을 포함하고 水平面에 수직인 평면으로 약간 등분한다(그림 11-12).

① 평면도의 圓周를 12 등분한다.

② 입면도의 원주를 $a', b', c', d', \cdots, e'$로 분할한다. 그 等分點과 동일점을 평면도상에 a, b, c, d를 구한다.

③ AE를 半圓周의 길이로 잡고 $a'b' = AB$, $b'c' = BC, \cdots$로 취한다.

④ B, C, D에 있어서 AE에 수선을 그어 $1b1 = 1B1$, $2c2 = 2C2$, $3d3 = 3D3$을 구한다.

그림은 球面의 1/12의 전개도이다.

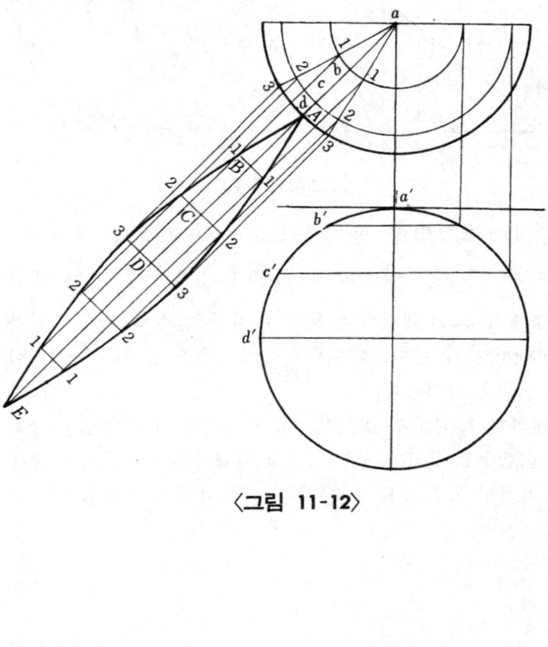

〈그림 11-12〉

2) 水平面에 평행한 평면으로 절단하여 球面의 부분을 원추의 일부로 생각한다(그림 11-13).

① 半球를 A, B, C, D 로 4 등분한다.

② ab 를 연장하고 軸과의 교점을 O_1 으로 하고 A 를 圓錐의 일부로 생각한다.

③ o_1a, o_1b 를 반지름으로 하는 원추의 展開圖上에 帶狀의 球面의 전개도가 구해진다.

④ 이상과 같이 하여 bc 의 연장과 축의 교점을 O_2 로 하고 O_2b, O_2c 를 반지름으로 하는 원추의 展開圖上에 帶上의 球面의 전개도가 구해진다.

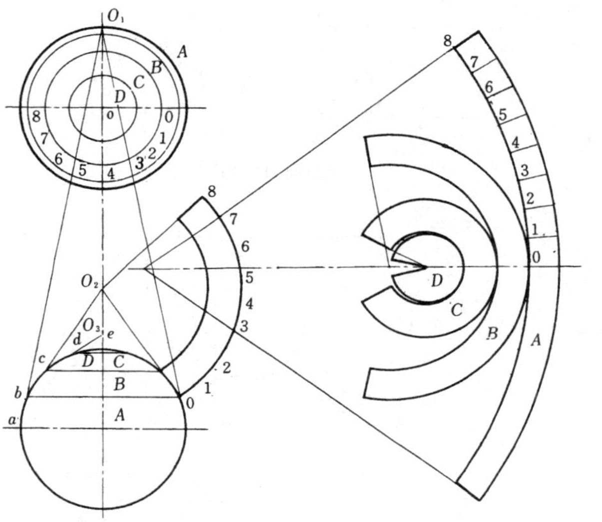

〈그림 11-13〉

작도 11-7. 직교하는 지름이 다른 원통의 연결부의 전개도를 구하여라(그림 11-14).

① 兩端의 圓周를 12 등분하여 1, 2, 3, ⋯, a, b, c, ⋯로 한다.

② $2b$, $3c$, $4d$, ⋯는 細線으로 하고, $1b$, $2c$, $3d$⋯는 가는 破線으로 연결한다.

③ 그림 (a)에서 각 細線의 實長을 구한다. $1b$ 의 實長을 구하는 데는, 밑변 $O1$ 은 平面圖 $1b$ 에서, 높이는 밑변부터 b' 거리에서 측정하여 ob 로 택한다.

④ 展開圖의 3각형 $A1B$ 에 있어서 $A1$ 은 立面圖의 $1'a'$, $B1$ 은 그림 (a)의 $1b$, AB 는 圓弧 $a'b$ 로부터 구해진다. 위와 같이 하여 3각형 $12B$, $BC2$, ⋯를 구하여 1, 2, 3, 4, ⋯와 A, B, C, D, ⋯를 곡선으로 연결하여 전개도를 얻는다.

작도 11-8. 上部가 圓筒, 下部가 4 角筒인 연결부의 전개도를 구하여라(그림 11-15).

① 半圓周를 8 등분하여 1, 2, 3, ⋯, 8, 9 로 한다.

② $1a$, $1b$, $5b$, $5c$, ⋯를 연결하여 3각형 Ⅰ, Ⅲ, Ⅴ, Ⅶ과 曲面形 Ⅱ, Ⅳ, Ⅵ, Ⅷ로 나누어 구한다.

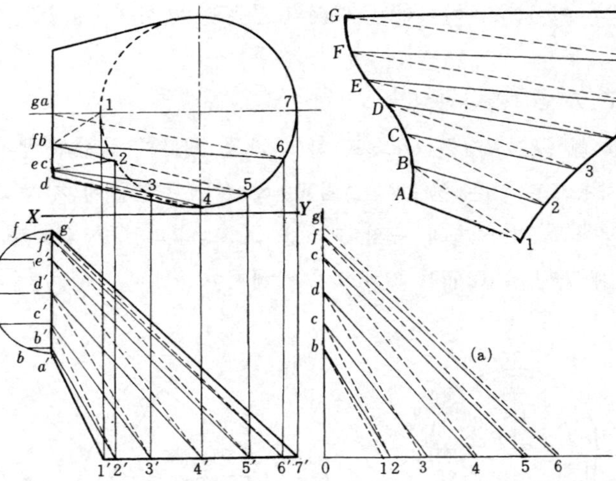

〈그림 11-14〉

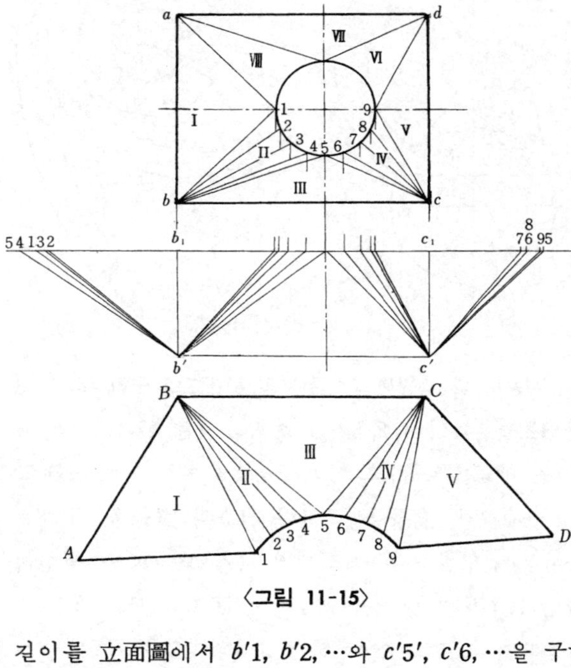

〈그림 11-15〉

③ 각 변의 실제 길이를 立面圖에서 $b'1$, $b'2$, …와 $c'5'$, $c'6$, …을 구한다.

④ 3각형 $A1B$에 연속하여 전개도 $B12345$, $C56789$를 구한다.

작도 11-9. 지름이 다른 경사진 2개의 管의 연결부의 전개도를 구하여라(그림 11-16).

① 상부 및 하부의 圓周를 12등분하여 $a, b, c, \cdots$, $1, 2, 3, \cdots$으로 한다.

② $2b$, $3c$, $4d$, …는 細線으로, $1b$, $2c$, $3d$, …는 가는 破線으로 연결한다.

③ 투상도의 細線과 가는 破線을 포함하고 直立面에 수직인 평면으로 절단하여 사다리

꼴 단면의 실형을 구한다.

④ 사다리꼴의 밑변은 底圓에서, 윗변은 上圓에서, 높이는 投像圖에서 측정하여 그림 (a)(b)에서 빗변의 실장을 구한다.

⑤ 3각형 $AB1$, $12B$, …를 연결하고 A, B, C, D, … 및 1, 2, 3, 4, …를 曲線으로 연결한다.

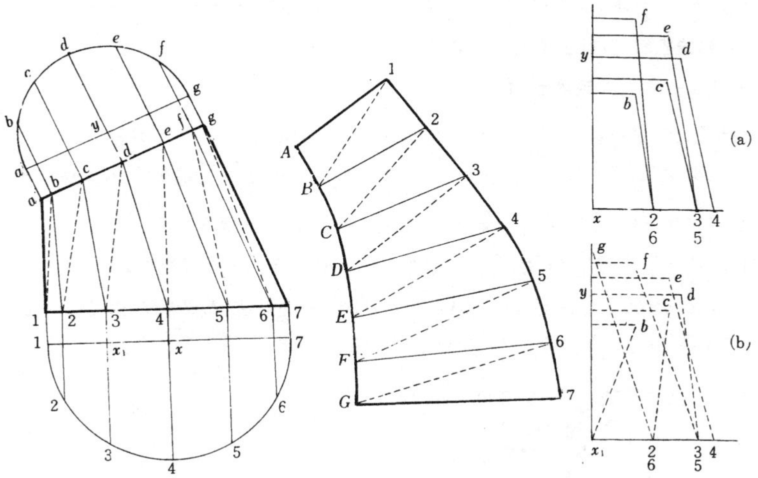

〈그림 11-16〉

작도 11-10. 曲率반지름과 筒의 지름을 주고 4片으로 된 elbow의 전개도를 구하여라(그림 11-17).

① oa, od를 반지름으로 하는 원호를 그린다.

② $\angle aob$를 6등분$\left(\frac{\theta}{2n-2}=\frac{90°}{6},\ n:\text{elbow}의\ 片數,\ \theta:軸의\ 交差角\right)$하여 ①의 원호와의 교점을 e, f, h, g로 한다.

③ a, f, g, b, c, h, e, d에서 ①의 원에 接線을 긋는다.

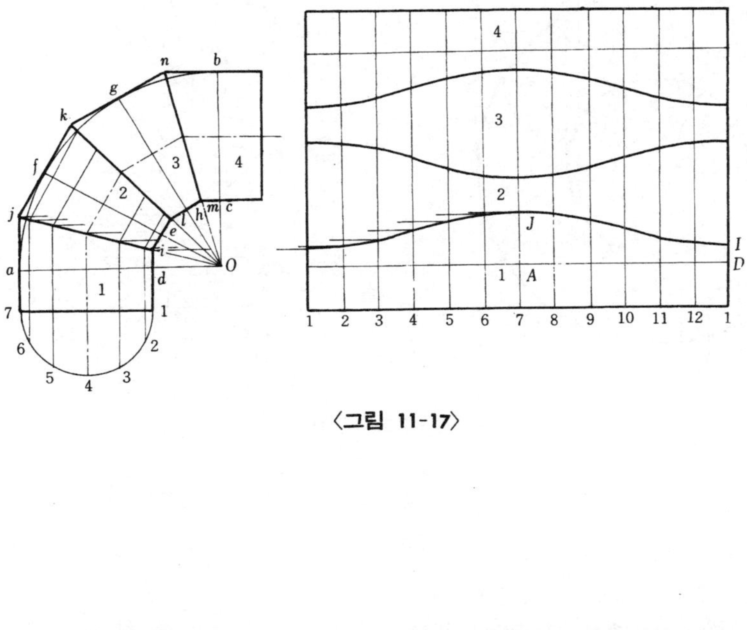

〈그림 11-17〉

④ 접선의 교점 i, j, k, l, m, n에 의하여 4片의 엘보우(elbow)가 생긴다.

⑤ 각 片의 전개도는 원통의 전개와 같은 방법으로 구해진다. 片 2와 片 4는 180° 회전하여 전개한 것이다.

《참고》 엘보우는 축이 교차하는 2개의 파이프를 연결하는 부분이다. 板金工作에서는 각 단면을 같은 각도로 절단해서 1分割片의 전개도를 모든 分割片에 이용할 수 있도록 하고 있다. 두께가 두꺼운 엘보우는 直線管을 分割片으로 절단하여 分割斷面을 서로 반대로 맞대서 용접한다.

작도 11-11. 螺旋板의 전개도를 구하여라(그림 11-18).

① 外圓, 内圓周를 16 등분한다.

② 평면도에서 보는 바와 같이 3각형 $a1b$, $b12$, $b2c$, …로 나눈다.

③ $1a$는 실제 길이이므로 $\widehat{12}$, $1b$, $\widehat{ab}$, …의 실제 길이는 12, $1b$, ab를 밑변으로 하고, 높이를 lead의 $\frac{1}{16}$로 하는 직각 3각형의 빗변으로부터 구해진다.

④ 3각형 $1AB$, $B12$, $2CB$, …를 연결하면 전개도가 구해진다.

《참고》 스크루우(screw) 전개는 農業機械 등에 많이 사용하는 스크루우 컨베이어를 만들 때 많이 이용되므로 作圖를 정확하게 해야 한다. 계산에 의하면

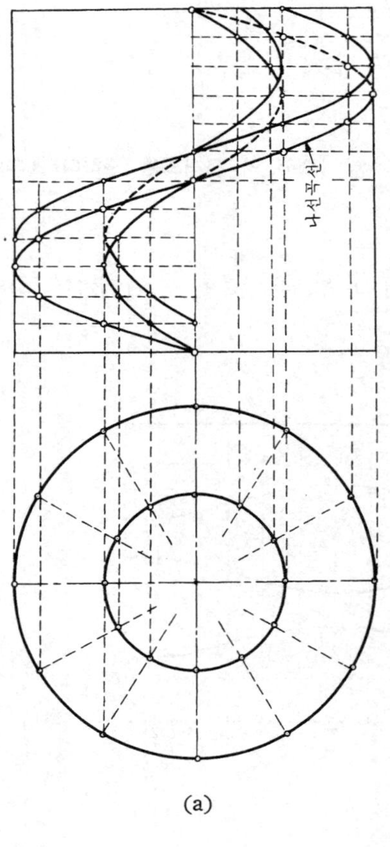

(a)

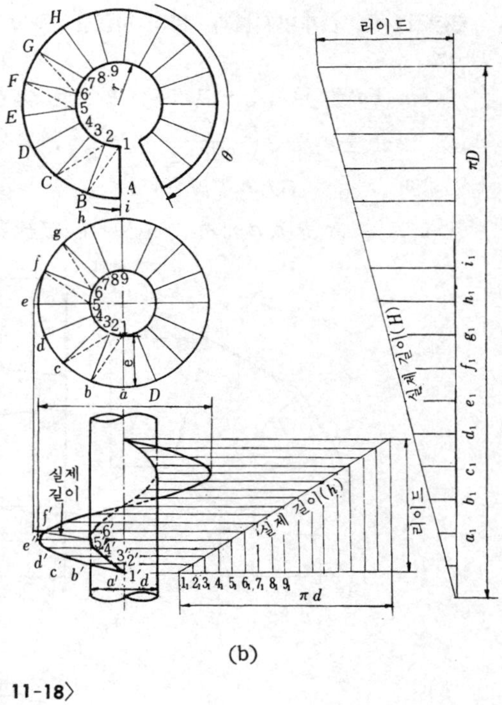

(b)

〈그림 11-18〉

$$h=\sqrt{(\pi d)^2+(\text{lead})^2} \qquad H=\sqrt{(\pi D)^2+(\text{lead})^2}$$

$$r=\frac{h}{H-h}e \qquad e=\frac{D-d}{2} \qquad \theta=\frac{h}{2\pi r}360°$$

스크루우 컨베이어의 블레이드(blade)는 연속되는 스트립으로 만들지 못하므로 반지름 r, 중심각 θ, 원호폭 e인 원판을 만들어 축에 감으면서 용접하여 제작한다.

작도 11-12. 주어진 원추와 圓柱의 相貫線과 전개도를 구하여라(그림 11-19).

① 평면도의 원추의 頂點에서 원추의 母線 va, vb, vc, …를 그린다.

② 원추의 母線과 圓柱의 평면도와의 교점 1, 2, 3, …을 구한다.

③ 圓錐母線의 立面圖上에서 1′, 2′, 3′점을 취하여 연결하면 相貫線이 얻어진다.

④ 원추의 전개도를 구하고 母線上에 12, 1, 2, 3, 4, …점을 구한다.

⑤ 원주의 전개도를 구하고 원주의 모선상에 1, 2, 3, …점을 구한다.

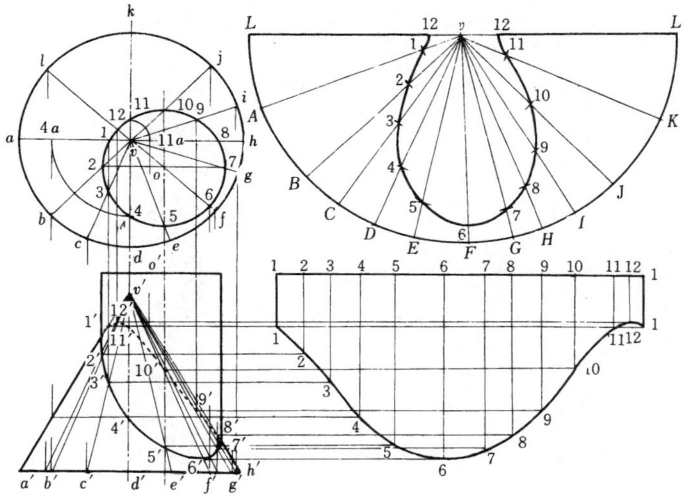

〈그림 11-19〉

작도 11-13. 지름이 다른 2개의 원주가 偏心되어 斜交할 때의 相貫線과 전개도를 구하여라(그림 11-20).

① 경사진 원기둥의 원주를 12등분한다.

② 1, 2, 3, …, 12점을 지나고 直立面에 평행한 평면으로 兩圓柱를 절단하여 그 交點 a', b', c', …를 얻는다.

③ 경사진 원주를 전개하여 77, AA를 기준으로 하여 실제 길이를 立面圖로부터 구한다.

④ 직립한 圓柱의 구멍은 평면도 d, e, f, …와 입면도로부터 구할 수 있다.

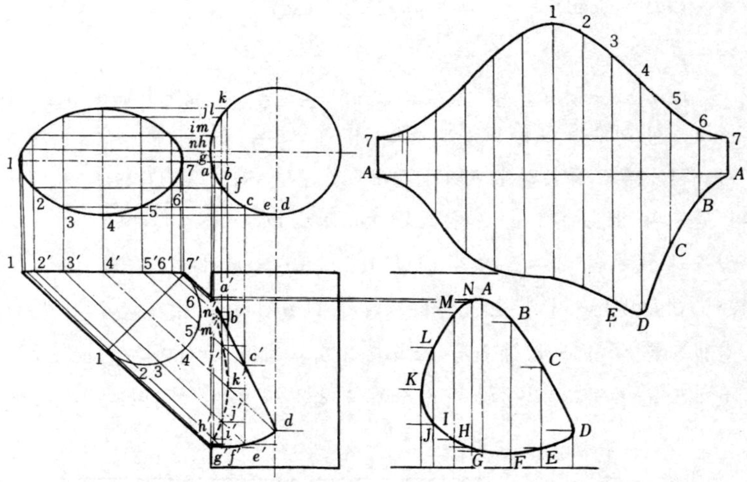

〈그림 11-20〉

第 12 章 軸測投像

12-1 繪畫的 圖法

透視圖에서는 물체가 눈에 보이는 대로 표시되지만, 정확한 치수가 표시되지 않고, 正投像에서는 2개 이상의 도면으로 물체가 표시되어 형상이나 치수는 표시되지만 이 도면으로부터 물체를 머리속에 생각하기란 많은 경험을 요한다. 물체를 單投像面에 繪畫的으로 그리고 치수는 직접 측정할 수 있는 방법으로 표현된 도면을 繪畫的 製圖(pictorial drawing)라고 한다.

繪畫的 圖法은 特許圖, 計劃, 配管, 카탈로그(catalogue) 등 立體圖(기술적 설명도)에 편리하게 사용되고 있다. 또 繪畫的 圖法은 free hand sketch를 그리는 데 유리하므로 연구해야 할 중요한 이유의 하나이다.

12-2 繪畫的 圖法의 분류

1) 軸測投像(axonometric projection)
   - ⓐ 等測(等角)投像(isometric projection)
   - ⓑ 不等測(不等角) 投像(nonisometric projection)
     - a. 2軸測投像(dimetric projection)
     - b. 3軸測投像(trimetric projection)

2) 斜投像(oblique projection)

3) 透視投像(perspective projection)

繪畫的 圖法을 크게 나누면 위와 같이 3으로 나눌 수 있다. 軸測投像 중 3軸投像은 다른 투상보다 보기 쉬우나 그리기에 곤란하고, 2軸投像은 보기 어려우나 3軸投像보다 그리기가 쉽다.

等軸投像은 2軸測 및 3軸測투상보다 보기가 어려우나 그리기가 쉽고 치수 기입이 용이하다. 斜投像은 1面 또는 平行面上에만 圓이나 곡선 부분을 가진 물체에 이용되고, 이러한 형태의 물체에 대해서는 치수 기입이 용이하다.

透視圖는 가장 보기 쉽지만 많은 선이 불균등하게 단축되기 때문에 효용이 제한되어 있다. 그래서 等測投像과 斜投像이 가장 보통으로 이용된다.

12-3 軸測投像의 개념

軸測投像은 이론적으로 單投像面만이 이용되고 있는 정투상이다. 물체는 3면이 나타나도록 회전되어 있다. 그림 12-1에서 투명한 直立面을 상상하면 投像面上의 투상, 즉 입방체의 정면도는 정방형이 된다. 입방체를 직립축의 주위로 90° 이하의 각도를 회전하면, 정면도는 축소된 2면이 나타난다. 이 위치로부터 90° 이하의 각도만큼 입방체를 전방으로 경사시키면 3면이 정면도에 보인다.

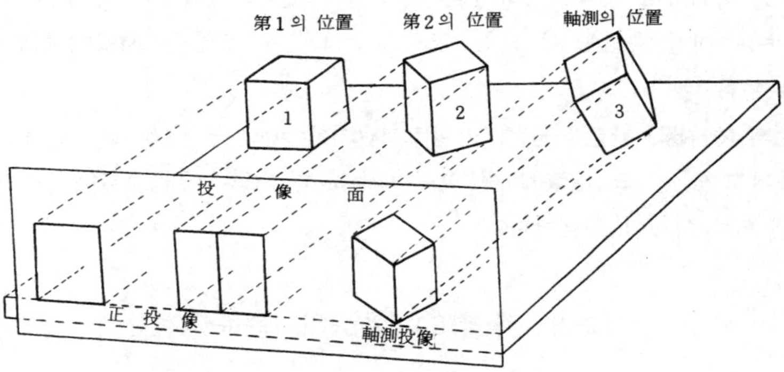

〈그림 12-1〉

입방체의 회전된 각도에 따라서 무한의 軸軸投像이 존재하지만, 가장 단순한 것은

1) 3面이 같게 축소하는 等測 또는 等角의 위치에 있고, 폭, 높이, 두께의 3稜이 같게 축소하는 것을 等測投像이라고 한다.

2) 입방체의 3稜 중에 2稜이 투상면에 등각을 이루도록 회전하면 2稜은 같은 縮率이 되고 1稜만 다른 縮率로 된다. 이것을 2軸測投像이라고 한다.

3) 투상면에 3稜이 모두 서로 다른 각을 이루도록 회전하면 3稜의 縮率이 모두 다르게 된다. 이것을 3軸測投像이라고 한다.

軸測投像은 3軸上의 치수를 측정하여 그린 투상도이고 각각 3軸用의 3종의 축척이 필요하다. 軸測投像圖에서는 명확하게 할 필요가 없으면 破線은 생략하고 중심선은 대칭을 표시한다든가 치수를 기입할 필요가 있으면 그린다.

軸測投像은 입체의 형상을 정확한 치수로 표현하는 것보다도 視覺的으로 그 형태를 표현하는 데 중점을 두고 작도를 간략화하기 위하여 軸測投像軸의 縮率比, 각도를 그대로 해서 원래의 치수로 그리는 방법이 쓰이고 있고, 이와 같이 하여 軸測投像보다도 확대된 그림을 軸測圖(axonometric drawing)라고 한다.

그림 12-2는 실용되고 있는 軸測投像은 1변을 1로 한 立方體를 예로 표시한 軸測圖이다.

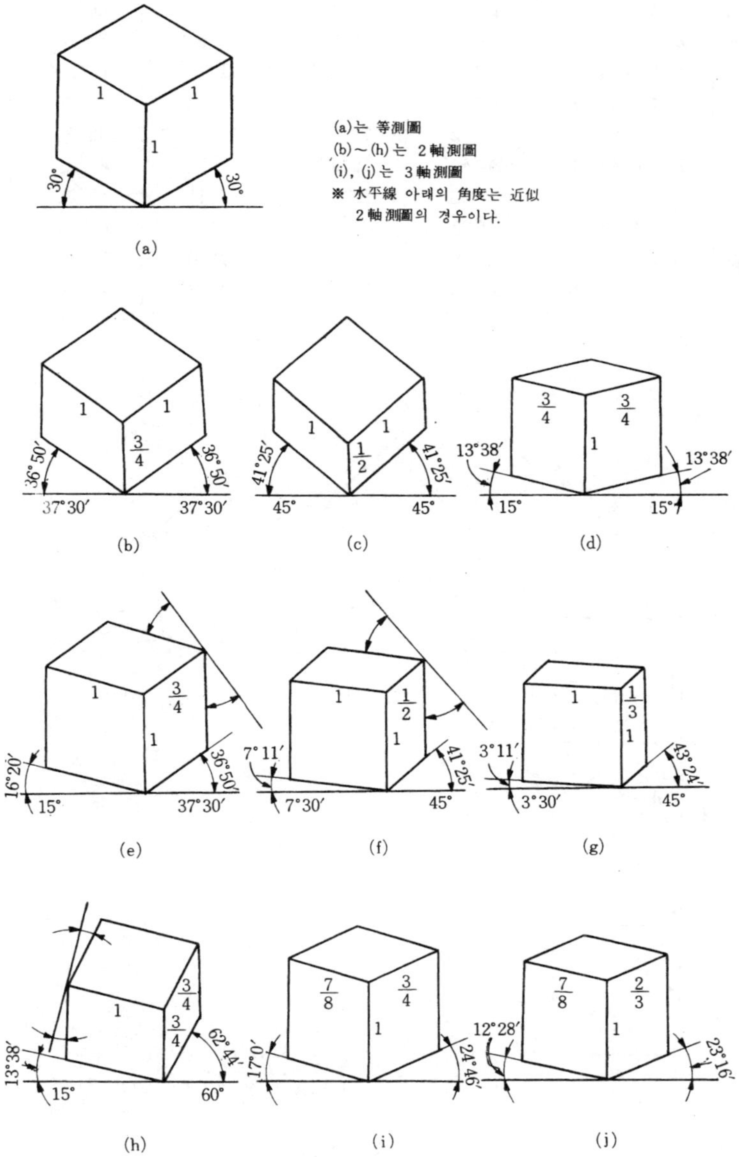

〈그림 12-2〉

그리고 표 12-1 은 3축 x, y, z를 左, 右, 直立軸이라 하고 軸測投像을 그릴 때 그림 12-2의 1로 표시되는 축의 縮率을 나타낸다(그림 12-3 참조).

표 12-1　軸 測 圖 의 비 율

軸 測 圖	軸의 縮率比 x : y : z	視線의 方向 α	視線의 方向 水平傾角 θ	水平線과 이루는 그림 軸의 角度 x軸의 角 X	水平線과 이루는 그림 軸의 角度 y軸의 角 Y	比가 1인 軸에 대한 眞縮率
(a) 等 測 圖	1 : 1 : 1	45°	35°16′	30°	30°	0.8165
(b) 2軸測圖	1 : 1 : 3/4	45°	48°30′	36°50′	36°50′	0.8835
(c) 〃	1 : 1 : 1/2	45°	61°52′	41°25′	41°25′	0.9428
(d) 〃	3/4 : 3/4 : 1	45°	14° 2′	13°38′	13°38′	0.9701
(e) 〃	1 : 3/4 : 1	32° 2′	27°56′	16°20′	36°50′	0.8835
(f) 〃	1 : 1/2 : 1	20°42′	19°28′	7°11′	41°25′	0.9428
(g) 〃	1 : 1/3 : 1	13°38′	13°16′	3°11′	43°24′	0.9733
(h) 〃	1 : 3/4 : 3/4	19°28′	43°19′	13°38′	62°44′	0.9701
(i) 3軸測圖	7/8 : 3/4 : 1	39° 8′	22° 3′	17° 0′	24°46′	0.9269
(j) 〃	7/8 : 2/3 : 1	35°38′	17°59′	12°28′	23°16′	0.9513

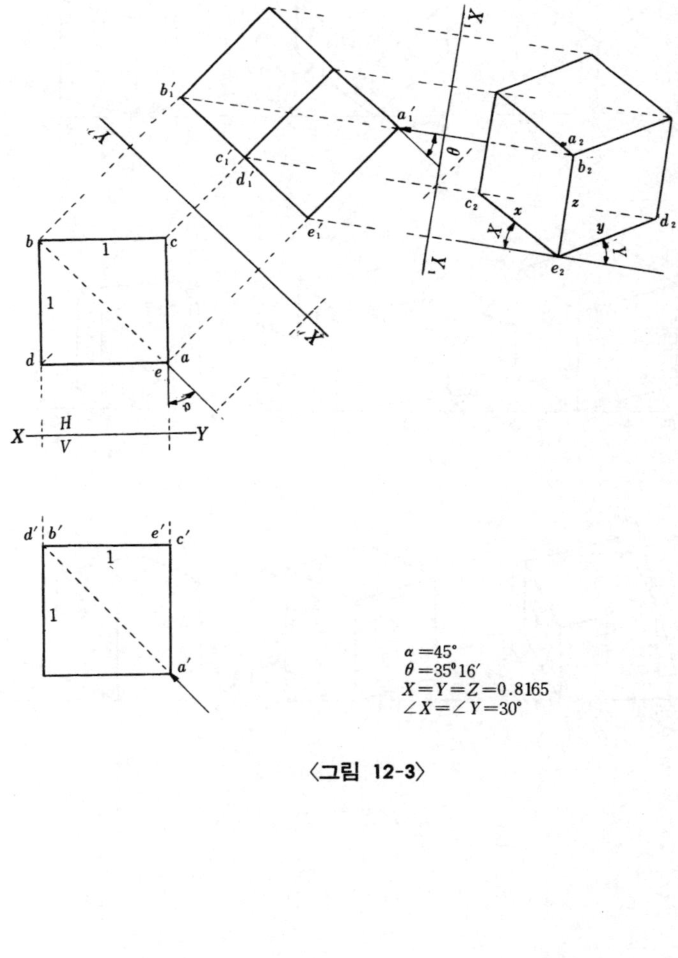

〈그림 12-3〉

12-4 軸 測 尺

그림 12-4에 있어서 OD, OE, OF는 공간의 1점 O에 있어서 서로 직교하는 3직선의 투상이며, D, E, F를 투상면에 평행한 面 위의 3직선의 跡(trace)으로 한다.

① DOE의 실제 모양 DO_1E, EOF의 실제 모양 EO_2F, FOD의 실제 모양 FO_3D를 구한다.

② O_1A_1, O_1B_1, O_2B_2, O_2C_2, O_3C_3, O_3A_3를 단위 길이로 잡는다.

③ A_1, B_1, C_2로부터 DE, EF에 垂線을 세워 OD, OE, OF와의 교점을 a, b, c로 한다.

Oa, Ob, Oc는 각 主軸(OD, OE, OF)의 방향으로 단위길이의 투상을 나타낸다. 이 Oa, Ob, Oc를 기준으로 하여 그림 (b)에 표시하는 3개의 主軸方向의 縮尺 A, B, C를 만들어, 이것을 각 軸方向의 척도로 사용한다. 이것을 軸測尺(axonometric scale)이라고 한다. 여기서 S는 原尺을 나타낸다.

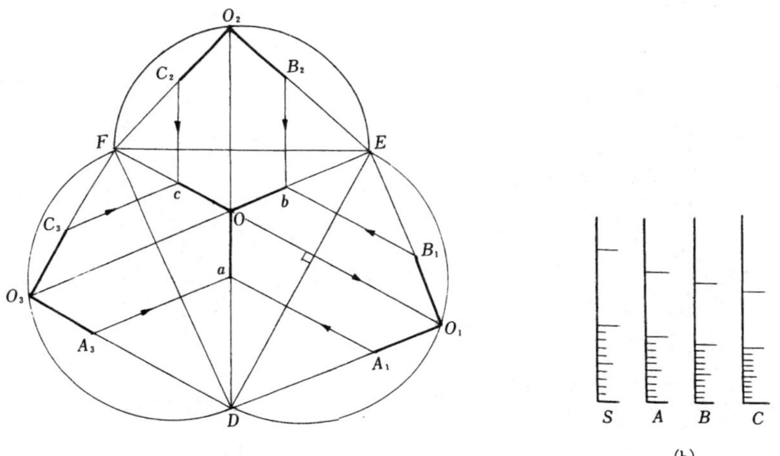

(a) (b)

〈그림 12-4〉

12-5 等 測 投 像

軸測投像의 특별한 경우로서 3주축의 투상이 서로 120°를 이룰 때 이것을 等測投像(isometric projection)이라고 한다. 等測投像圖에서 주축에 평행인 모든 線은 等測線이고 평행하지 않는 線은 不等測線이다.

그림 12-5에서 각 주축이 서로 120°를 이룰 때 그림 12-4와 같이

① DOE의 실제 모양 DO_1E를 구한다.

② O_1A_1, O_1B_1을 단위 길이로 잡는다.

③ A_1과 B_1으로부터 DE에 수선을 내리고 OD, OE와의 교점을 a, b로 잡으면 $Oa = Ob = Oc$로 되고 主軸方向으로 축척이 된다.

3각형 O_1gD와 ogD에 있어서

$$\angle O_1Dg = 45°, \qquad \angle oDg = 30°$$

$$\frac{oa}{O_1A_1} = \frac{oD}{O_1D} = \frac{\cos 45°}{\cos 30°} = \sqrt{\frac{2}{3}} \fallingdotseq 0.8165$$

즉 O_1A_1을 1로 하면 $oa = \sqrt{\frac{2}{3}}$로 된다.

이것을 縮尺比로 하는 축척을 等縮尺(isometric scale)이라 하고, 주축을 等測軸(isometric axis)이라고 한다.

이 때 視線이 수평면에 대하여 경사진 角은 35°16′이다.

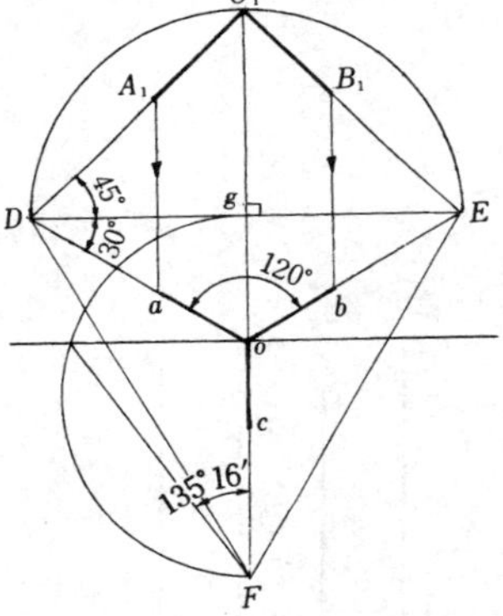

〈그림 12-5〉

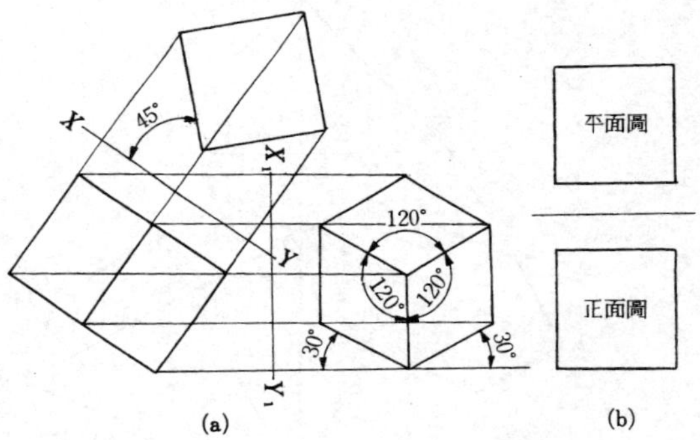

〈그림 12-6〉

正投像으로부터 等測投像圖를 그려보면 그림 12-6과 같이 평면도의 한 변을 기선에 45° 경사시켜 평면도와 입면도를 그린 다음 기선에 대하여 120°(또는 60°) 경사진 부기선을 정하여 부입면도를 그림 12-6과 같이 그리면 된다.

또 그림 12-7과 같이 副投像에 의하여 等測投像圖를 그릴 수도 있다.

12-6 等　測　圖

等測投像에서 縮尺比를 $\sqrt{\frac{2}{3}}$로 하는 等測尺을 사용하여야 한다. 그러나 축척을 만들기도 불편하고 現尺을 사용하는 것보다 불편하므로 等測尺을 사용하지 않고 現尺을 사용하

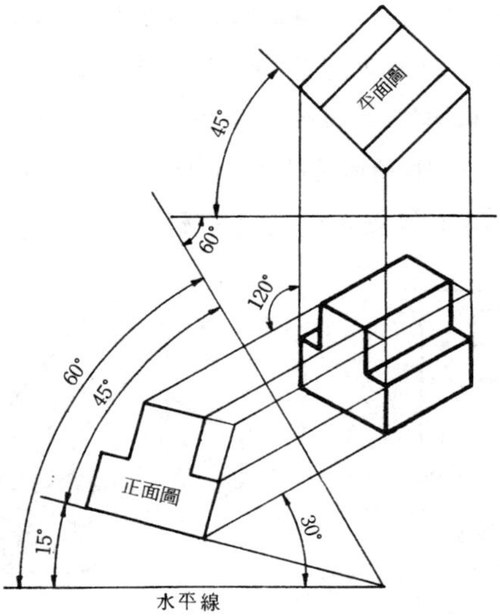

〈그림 12-7〉

여 作圖하여도 外形狀의 변화는 없다. 그러나 이와 같이 現尺을 사용하여 等測投像圖를 그리면 이것은 투상이 아니다. 실제로 길이는 1.23 : 1, 視覺의 영향은 $1.23^3 : 1.00^3$ 의 비가 되어 약 22.5% 커지지만 전혀 같은 형상의 그림이 된다. 이것을 等測圖(isometric drawing)라고 한다.

그림 12-8의 (c)는 等測圖로서 (b)의 正投像, (a)의 等測投像에 비하여 크게 그려져 있음을 알 수 있다.

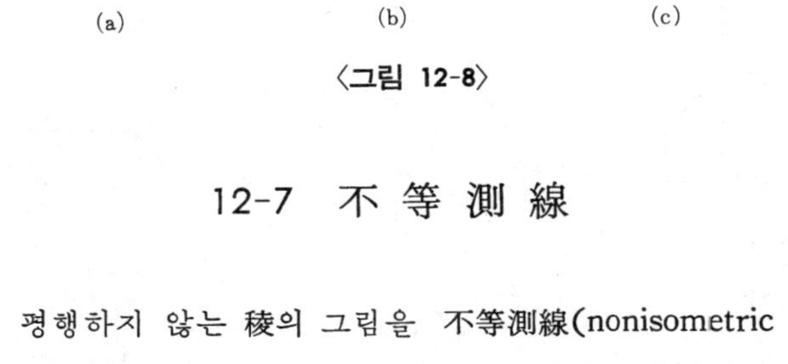

〈그림 12-8〉

12-7 不 等 測 線

等測軸의 1개에 평행하지 않는 稜의 그림을 不等測線(nonisometric line)이라고 한다. 치수는 等測線의 그림 위에서만 측정되고, 不等測線上에서는 측정되지 않는다. 예를 들면 입방체의 각 면의 대각선은 不等測線이고, 길이는 같지만 그들의 等測圖는 입방체의 等

測圖上에서 전부 같은 길이는 아니다. 不等測線은 等測圖에서 실장을 나타내지 않기 때문에 선의 각 단은 等測圖를 설정하고 이들 두 점을 연결함으로써 不等測線을 정하지 않으면 안 된다. 그림 12-9의 (a)와 (b)에서 AB는 等測圖에서 實長이 아닌 不等測線이므로 밑면 위의 점 A와 B까이의 垂直거리에 의하여 A점과 B점을 정하고 그림 (b)와 같이 AB를 연결하여 線 AB의 等測圖가 언어진다.

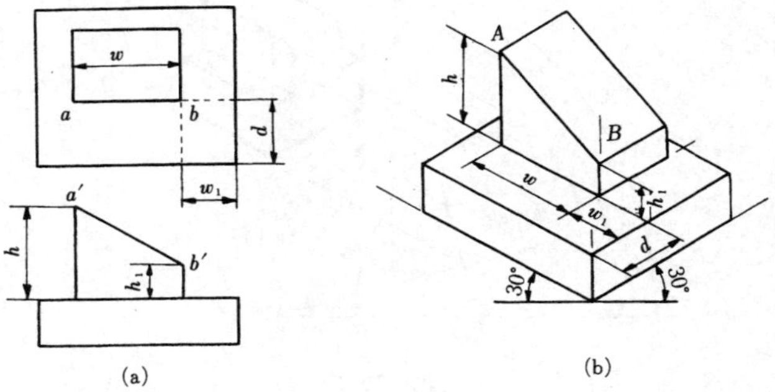

〈그림 12-9〉

작도 12-1. 그림 12-10의 (a)와 같은 불규칙한 7변형의 等測圖를 그려라.

1) 側面圖形〔그림 (b)〕

① 水平線에 대하여 90°의 수직축과 30°의 경사축을 그린다.

② 圖形의 모서리까지의 치수를 等測軸上에 측정하여 모서리점을 표시한다.

③ 각 모서리점을 직선으로 연결하면 等測圖가 언어진다.

2) 平面圖形〔그림 (c)〕

① 水平線에 대하여 左, 右로 30° 경사진 等測軸을 그린다.

② 그림 (a)의 정면도로부터 모서리의 치수를 等測軸에 표시하여 모서리점을 정한다.

③ 각 모서리점을 직선으로 연결한다.

《참고》 等測軸에 평행하지 않는 변은 不等測線이다.

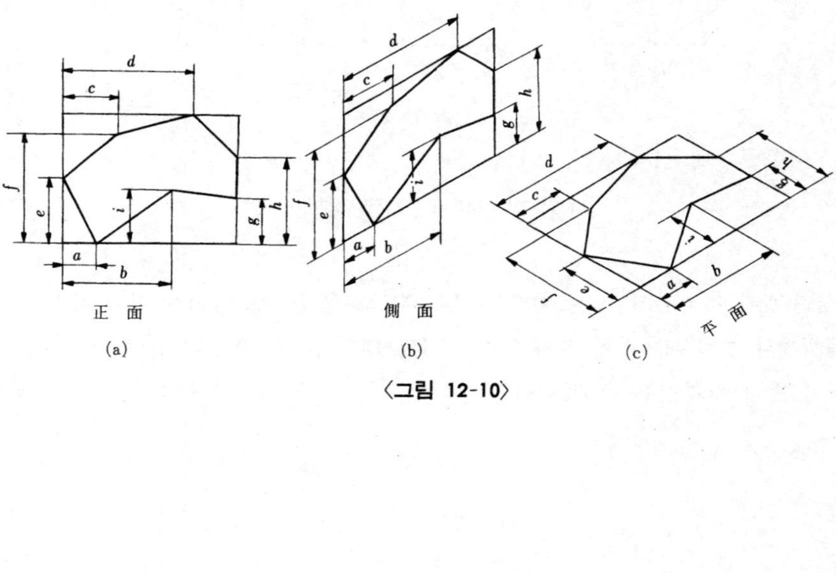

〈그림 12-10〉

작도 12-2. 그림 12-11에 표시된 입체의 等測圖를 구하여라(그림 12-12).

① 수평선에 대하여 30°, 90°의 3軸을 긋는다.

② 입체를 포함하는 直方體를 3축에 일치시켜 現尺으로 그림 12-12(a)를 그린다.

③ 그림 12-12(b)에서 보는 바와 같이 각 모서리점을 3축과 그 평행선상에 구한다.

④ 그림 12-12(c)는 그 완성도이다.

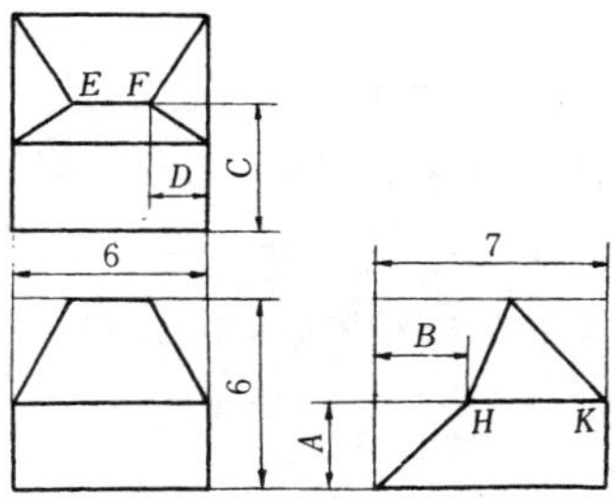

〈그림 12-11〉

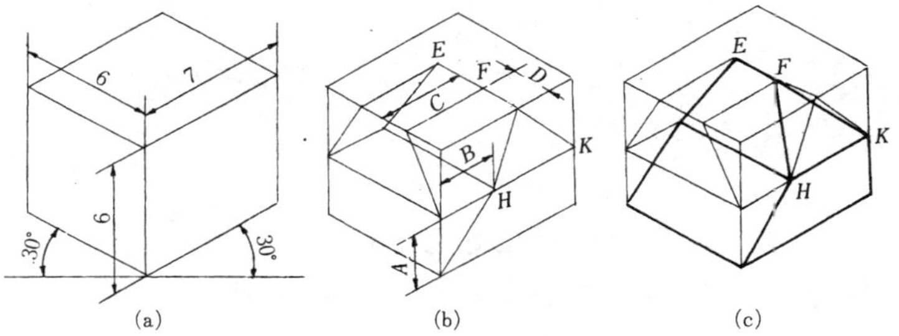

〈그림 12-12〉

작도 12-3. 그림 12-13에 표시된 불규칙한 曲面을 갖는 입체의 等測圖를 구하여라(그림 12-14).

① 곡선상에 1, 2, 3, … 점을 구하여 축 AB, BC에 평행한 선분을 긋고 1, 2, 3, … 으로 한다.

② 직 4각형 $ABCD$, 두께 CE에 의하여 等測圖를 구한다.

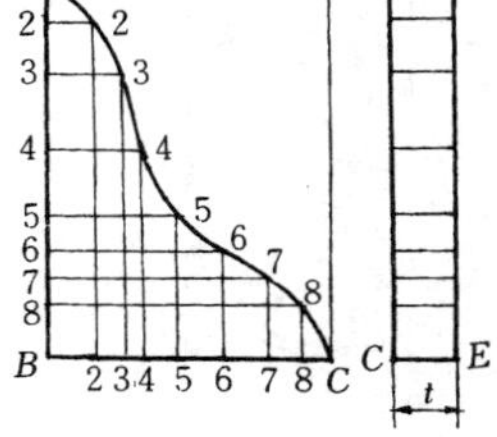

〈그림 12-13〉

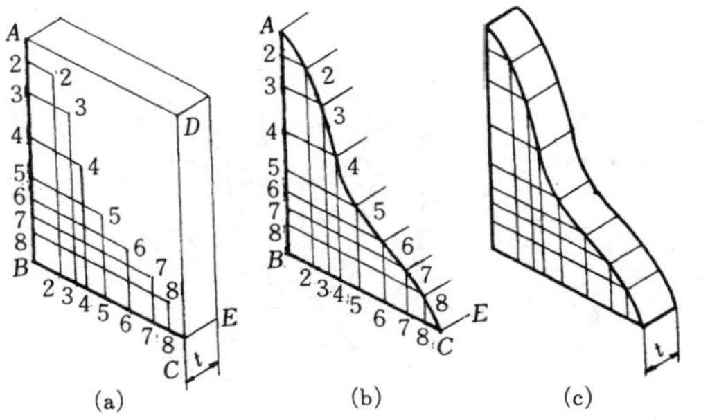

〈그림 12-14〉

③ 1, 2, 3, …으로부터 兩軸에 평행선을 긋고 교점 2, 3, 4, …를 구하여 曲線으로 연결한다.

④ 曲線上의 각 점으로부터 CE에 평행선을 긋고 CE와 같은 길이로 잡으면 입체의 等測圖 (c)가 구해진다.

작도 12-4. 圓의 等測圖를 근사적으로 구하여라.

1) 座標法(그림 12-15)

① 圓周를 12등분하고 정 4각형으로 둘러싼다.

② 각 等分點을 지나는 수평, 수직선을 그린다.

③ 그림 (b)와 같이 정방형과 등측도를 만든다.

④ 等測圖 내의 12개의 점을 곡선으로 연결한다. 그러면 타원이 된다.

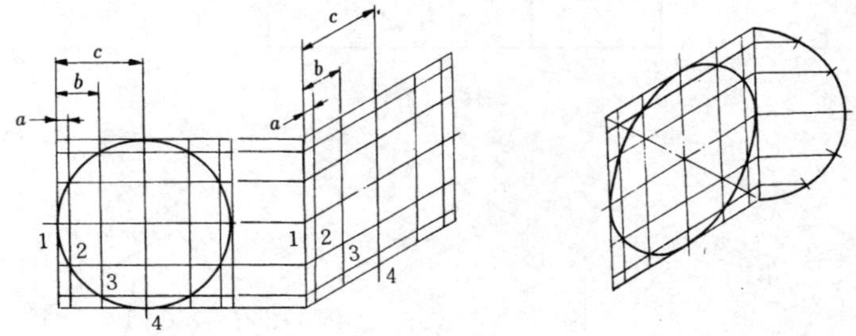

(a)　(b)　(c)

〈그림 12-15〉

2) 等測圖 또는 원을 표시하는 타원을 그리는 방법(4中心法)

① 正方形의 等測圖의 각 변 中點 a, b, c 및 d에서 垂線을 그리면 4圓弧의 중심 e, f, g, h가 설정된다.

② 等測圖에서 이들 중심 2개는 對角線上에 있고 2개는 정방형의 모서리점에 있는 것을 알 수 있다(等測投像에서 뿐임).

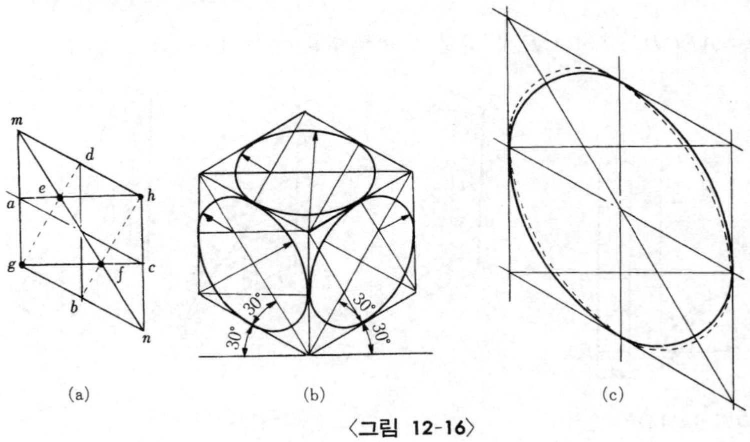

(a)　(b)　(c)

〈그림 12-16〉

③ 作圖를 간단히 하기 위하여 ②로부터 *ah*, *gc*와 *mn*만 그려도 좋다.

④ 이와 같이 그린 타원은 실제의 타원보다 長軸이 짧고 短軸이 길다〔그림 12-16(c) 참고〕.

《참고》 이 作圖法은 직선에 접하는 圓의 중심은 接點에 세운 垂直線上에 있다는 사실을 이용한 것이다.

3) 交互 4 中心楕圓(alternate 4-center ellipse)

① 그림 12-17과 같이 等測中心線을 그린다(중심선 交角은 60° 또는 120°).

② 중심에서 실제의 지름으로 원을 그린다.

③ 圓은 等測中心線과 *a*, *b*, *c*, *d*에서 만난다.

④ 이들 교점에서 다른 중심선에 수직선을 그린다.

⑤ 그림과 같이 垂線의 교점을 중심으로 큰 원호 2개와 작은 원호 2개를 그린다.

《참고》 원의 等測 中心을 갖고 타원을 그리기 시작할 때는 평행 4변형보다 교호 4중심 타원이 추천되고 있다.

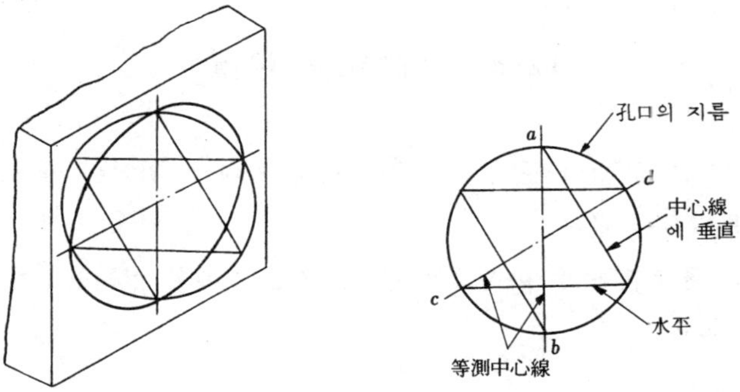

〈그림 12-17〉

4) 4중심법으로 等測同心圓을 그릴 때

① 그림 12-18과 같이 實際圓軸에 4中心을 정한다.

② 4개의 o_1과 4개의 o_2에 의하여 等測同心圓을 그린다.

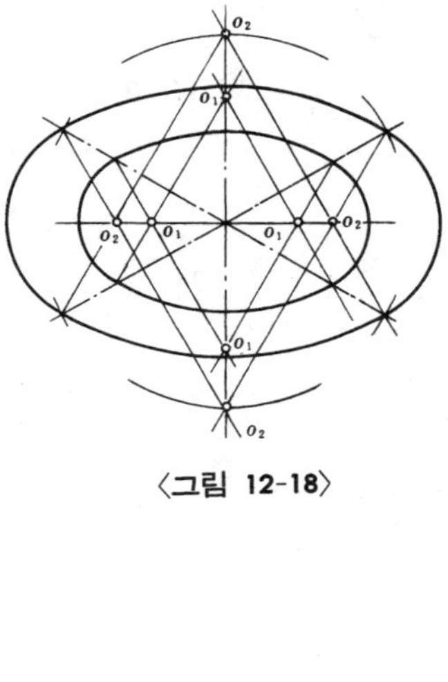

〈그림 12-18〉

5) 동일 지름의 數개의 원이 있을 때

① 그림 12-19와 같이 上面의 楕圓은 4中心法에 의하여 그린다.

② 4개의 중심을 높이 D만큼 같은 거리로 이동하여 밑면을 그린다.

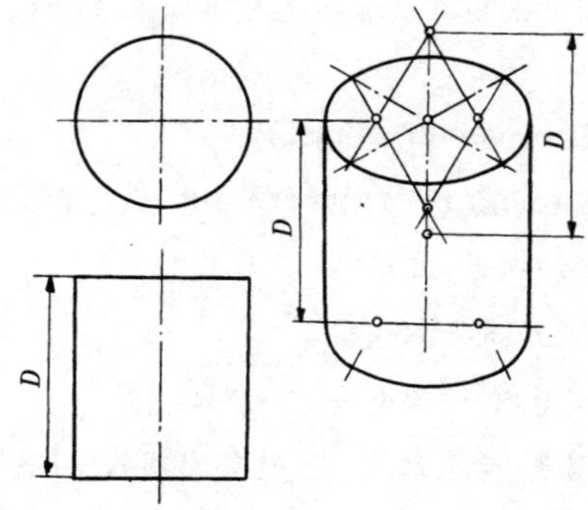

〈그림 12-19〉

12-8 等測軸의 位置

等測軸은 그림 12-20과 같이 문제의 요구에 따라 임의의 위치에 놓아도 좋으나 축간의 각도는 120°가 되어야 한다.

축방향의 선택은 물체를 보통 바라보는 위치, 또는 물체의 형태를 가장 잘 표현하는 위치에 따라 결정한다.

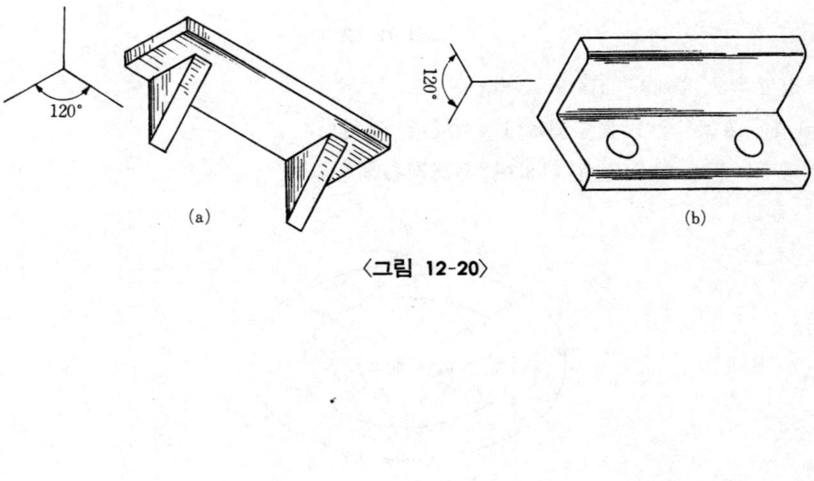

〈그림 12-20〉

第13章 斜投像

13-1 斜投像과 斜投像圖

입체로부터 平行光線, 平行視線 또는 投射線이 투상면 또는 화면에 90° 각으로 마주치지 않을 때 형성되는 外形線 또는 그림을 斜投像(oblique projection)이라고 한다. 斜投像은 평행평면 내에 일련의 圓, 曲線 또는 불규칙한 外形線을 포함하고 있는 입체에 가장 일반적으로 이용된다.

그림 13-1과 같이 입방체의 1면이 直立投像面에 평행하게 놓여 있고 投射線이 투상면에 45° 경사시켜 투사되면 투상면과 평행한 면은 실제 모양이 표시되고, 동시에 投像面에 수직인 稜 AB의 斜投像 $A'B'$는 AB의 實長이다. 만약 投射線이 45° 보다 큰 각으로 경사되면 斜投像은 實長보다 단축되고, 45° 보다 작은 각이 되면 AB의 투상은 實長보다 크게 된다. 그러나 평행면의 투상은 항상 실형을 나타나게 되어 편리하다.

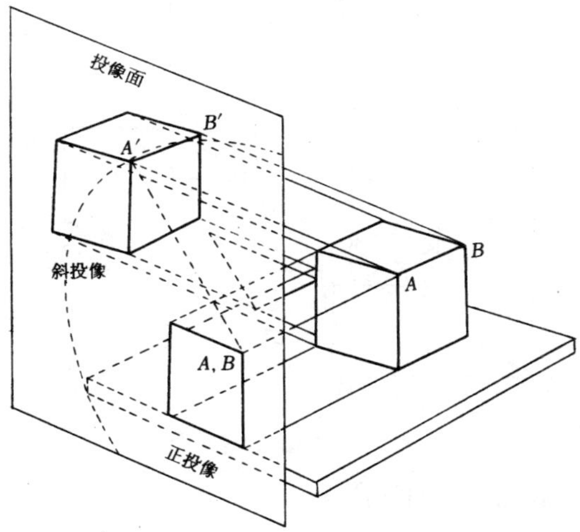

〈그림 13-1〉

그림 13-2와 같이 L形 블록의 모서리점 $a(a')$를 지나 直立投像面에 경사진 광선 r-r'가 있다면 광선 R의 直立投像面과의 교점 A가 구해진다. 점 A의 평면도는 基線上에 있다. 점 A는 모서리 점 $a(a')$의 斜投像이다.

같은 방법으로 입체의 모든 점의 斜投像을 구하여 선으로 연결하면 입체의 斜投像이 된다.

稜 $a'f' \sim af$, $b'e' \sim be$ 등의 斜投像 AF, BE가 수평선과 이루는 각 δ를 斜投像의 傾角(inclination of oblique projection), 實長에 대한 斜投像의 비 $\frac{AF}{af}$, $\frac{BE}{be}$ 등을 斜投像의 比率(μ)(ratio of oblique projection)이라고 한다.

각 δ는 광선 방향의 변화와 함께 변하는 것은 분명하다. 따라서 투상면에 수직한 직선의 斜投像은 傾角 δ와 比率 μ가 주어지면 쉽게 정할 수 있다.

그림에서 x축, z축은 實長을 나타내지만 y축은 投射線의 傾角에 따라 변화한다.

이 y축(斜行軸)의 변화량에 따라 다음과 같이 분류할 수 있다.

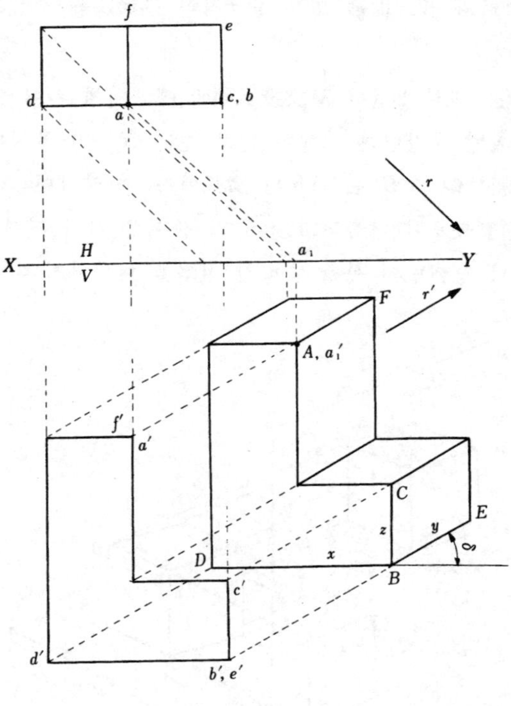

〈그림 13-2〉

(1) 캐벌리어 투상(cavalier projection)

斜行軸이 實長을 나타낼 때, 즉 投射線이 투상면에 45° 角을 이룰 때를 말하며 이 경우는 수평, 직립, 斜行軸의 縮率比가 일반적으로 $1:1:1$ ($\mu=1$)이다.

(2) 캐비닛 투상(cabinet projection)

斜行軸이 cavalier 투상의 $\frac{1}{2}$ 크기일 때, 즉 投射線이 투상면과 63°26′의 角을 이룰 때를 말하며 이 때 3축에 이용되는 縮率比는 $1:1:\frac{1}{2}\left(\mu=\frac{1}{2}\right)$이다.

(3) 一般斜投像(general oblique projection)

投射線이 투상면과 45° 또는 63°26′ 이외의 角을 이룰 때를 말한다. 실제로는 斜行軸의 縮率은 1과 $\frac{1}{2}$의 중간$\left(\mu=\frac{2}{3},\ \mu=\frac{3}{4}\text{ 등}\right)$을 취한다.

이상 세 가지 斜投像은 直立面上에 만든 투상이지만 水平面上에 만들어진 斜投像을 밀리터리 투상(military projection)이라고 하며, 건축물의 鳥瞰圖를 만드는 데 편리하다.

μ와 δ의 값은 임의이지만 일반적으로 $\mu=1,\ \frac{3}{4},\ \frac{1}{2},\ \delta=30°,\ 45°,\ 60°$로 잡는다. μ와 δ의 값을 변경하여 正6面體의 斜投像을 그려보면 그림 13-3과 같다.

斜行圖는 等軸測, 2軸測, 3軸測보다 다음과 같은 잇점이 있다.

1) 正面의 圓 또는 불규칙한 外形線이 실형으로 표시된다.

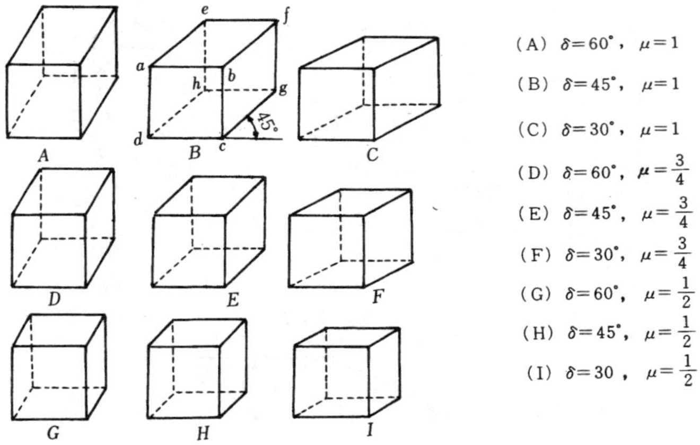

〈그림 13-3〉

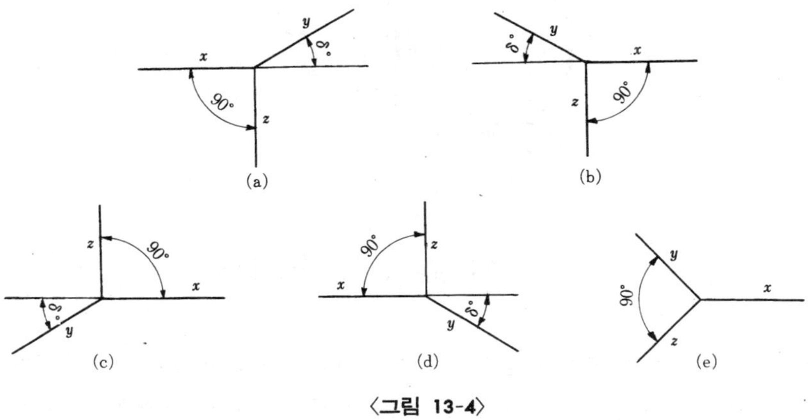

〈그림 13-4〉

2) 축 위치의 선택 범위가 넓다.

일반적으로 이용되는 軸의 표준위치는 그림 13-4와 같다.

앞에서 말한 바와 같이 투상면에 평행한 面上의 角度, 圓, 불규칙한 外形線은 실형으로 표시된다. 斜行面上에 설정될 때는 等軸測圖에 사용된 작도법을 일반적으로 이용할 수가 있다.

斜面上의 圓을 타원으로 표시할 때는 軸의 위치를 변경하는 것 외에는 等測圓의 작도법과 같다. 만약 斜行軸이 수평과 30°가 아닐 때는 그림 13-5의 (b), (c)와 같이 外形線이 각도 δ에 따라 다소 변한다.

4중심 타원은 等測圖나 斜行圖의 사행축이 축소되지 않았을 때만 이용할 수 있다.

원, 원호 및 불규칙한 外形線은 그림 13-6과 같이 正投像圖에 의한 座標法으로 그릴 수 있다.

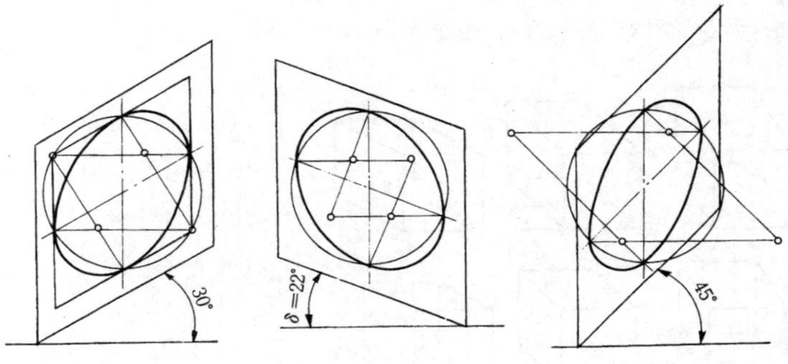

〈그림 13-5〉

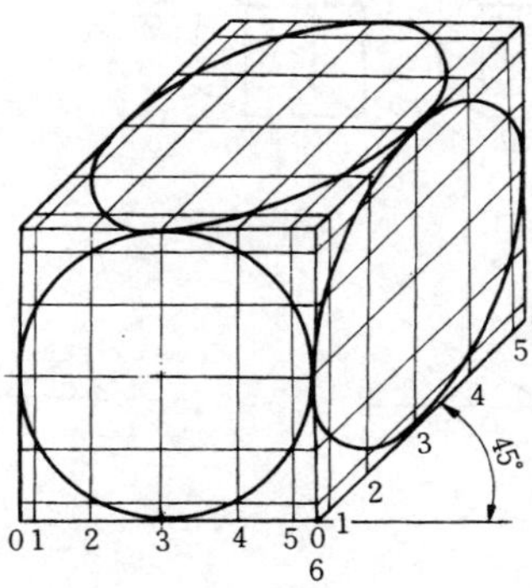

〈그림 13-6〉

13-2 Military projection

입방체의 밑면을 水平投像面에 평행으로 놓을 때의 斜投像이므로 밑면은 실형이 되고 일반적으로 높이의 z축만이 길이와 방향을 변화시켜 투상된다. 따라서 다른 2축 x, y가 수평선과 이루는 각을 임의로 선택하여 작도한다. 이 각도는 보통 30°와 60°의 組合이나 45°로 취한다(그림 13-7 참조).

水平投像面上에 밑면을 갖는 직립주나 건축물의 斜投像鳥瞰圖(bird's eye drawing) 등을 그리는 데 좋고, 평면도에 중점을 두고 높이는 입체감을 주는 목적으로 이용된다.

그림 13-8에 비교하기 위하여 입체의 正投像, 等軸測, 2軸測 및 military 투상을 표시한다.

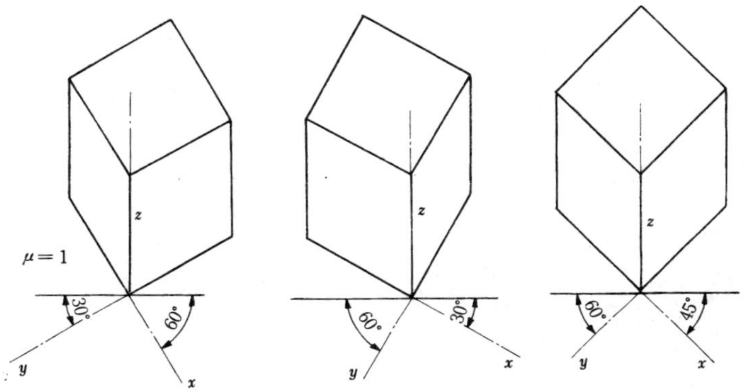

〈그림 13-7〉

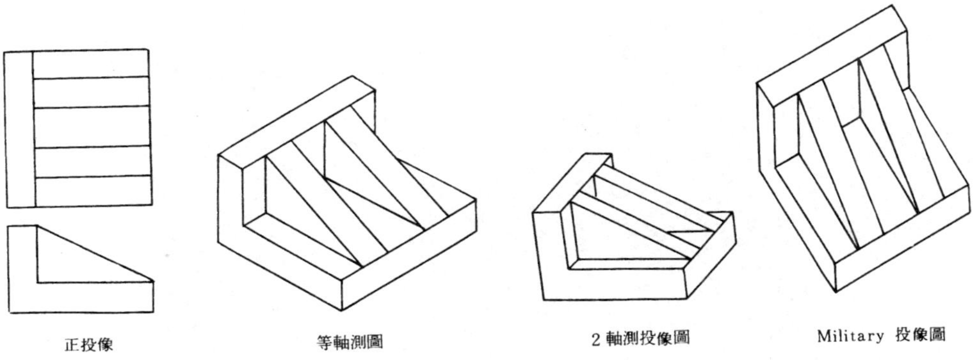

〈그림 13-8〉

第 14 章 陰 影

14-1 陰 影

그림 14-1 과 같이 光源 S로부터 발사하는 光線을 不透明體球가 받으면 S를 頂點으로 球를 포함하는 錐面을 형성하며, 錐面과 球와의 接觸線을 $ABCD$라 하면 球의 표면은 接觸線 $ABCD$를 경계로 밝은 면과 어두운 면이 생긴다. 이 물체의 밝은 면을 光面(illuminated face)이라 하고 어두운 면을 陰面(shade)이라고 한다. 또 光面과 陰面의 경계선 $ABCD$를 陰線(line of shade)이라고 한다.

光源을 頂點으로 하여 물체와 陰線에서 접촉하는 光線으로 되는 錐面과 임의의 평면과의 交線 $A_1B_1C_1D_1$으로 구분되는 부분은 S로부터 직접 光線을 받지 않는 어두운 부분이 생긴다. 이 부분을 球의 平面上에서의 影(shadow)이라 하고, 平面의 밝은 부분과 影의 경계 $A_1B_1C_1D_1$을 影線(line of shadow)이라고 한다. 즉 影線은 陰線의 影이다.

이상은 광원이 유한거리에 있는 경우, 즉 輻射光線(radiating ray)의 경우이나, 光源이 무한거리에 있는 평행광선(parallel ray)의 경우는 그림 14-2에 표시한 바와 같이 光線柱(cylinder of ray)로 되며, 光線柱와 물체와의 接觸線 $ABCD$가 陰線이 되고 光線柱와 평면과의 交線 $A_1B_1C_1D_1$이 影線이 된다.

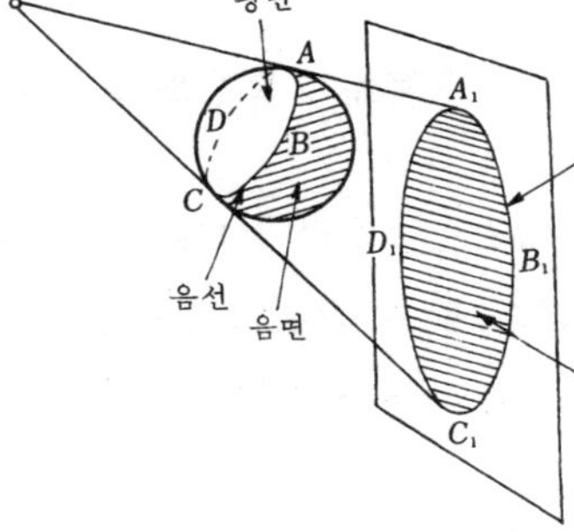

〈그림 14-1〉

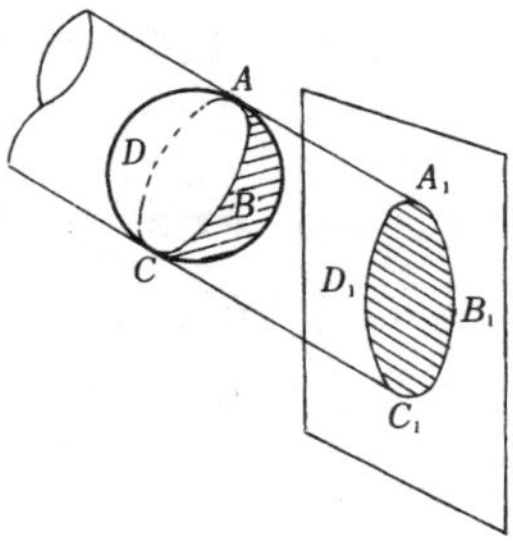

〈그림 14-2〉

14-2 光線의 방향

유한 거리에 있는 한 점으로부터 발사하는 輻射光線의 경우는 광원의 위치가 주어지고, 平行光線일 경우는 화살표로 光線의 방향이 주어진다.

공간에서 光線의 방향은 임의로 잡을 수 있으나 左上으로부터 右下로 향하여 물체의 底平面에 던져지는 影에 대하여 생각하여 보자.

光線의 방향은 그림 14-3에서 보는 바와 같이 공간에서는 R, 水平面에서는 r, 直立面에서는 r'로 나타낸다. 이 r, r'를 標準光線이라고 한다.

입체의 陰影을 구하려면

1) 입체의 陰面

2) 立體底平面上의 影

3) 입체의 일부가 다른 입체의 면 위에 던져지는 影

이상 3가지를 구하지 않으면 안 된다.

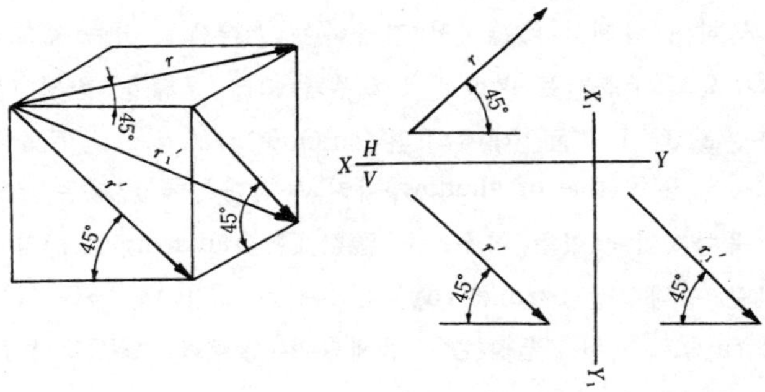

〈그림 14-3〉

작도 14-1. 4角柱의 음영을 구하여라(그림 14-4).

① a', d', c'로부터 底平面에 45° 되는 선분을 긋고 底平面과의 교점을 a_1', d_1', c_1'로 한다.

② a, d, c로부터 XY와 45°되는 선분을 긋고 a_1', d_1', c_1'로부터 XY에 그은 垂線과의 교점 A_h, D_h, C_h를 구한다. 변 AE의 影은 aA_h, DH의 影은 dD_h, CG의 影은 cC_h, 底平面上의 影은 $aA_hD_hC_hC$로 된다. 그림에서 側面 AF, BG는 光面, AH, DG는 陰面이다.

작도 14-2. 圓錐의 陰影을 구하여라(그림 14-5).

① v'로부터 底平面과 45°되는 線分을 그어 v_1'를 구한다.

② v로부터 XY와 45°되는 선분을 긋고 v_1'로부터 XY에 그은 수선과의 교점을 V_h로

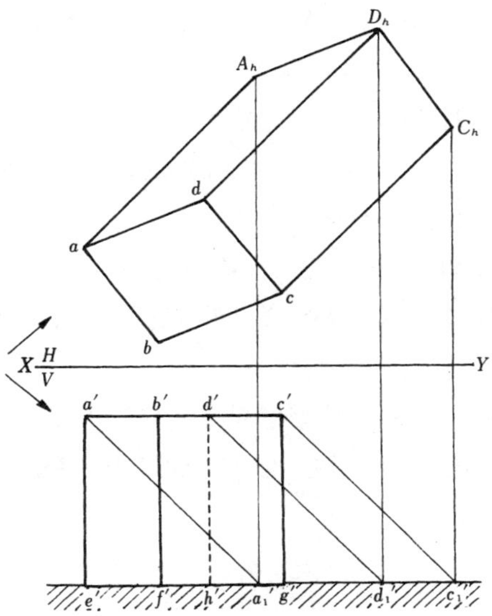

〈그림 14-4〉

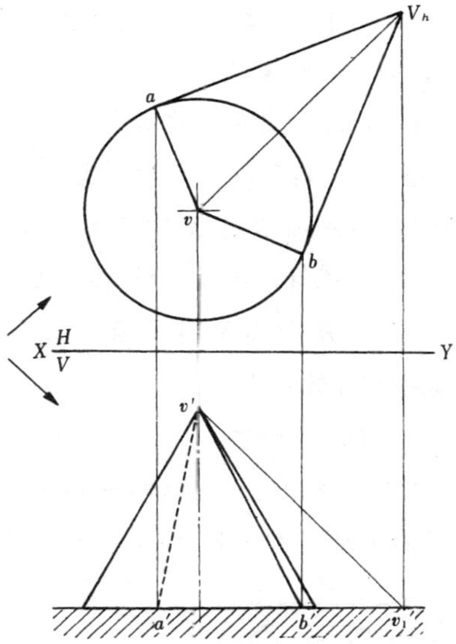

〈그림 14-5〉

한다. V_h는 頂點의 底平面上의 影이 된다.

③ V_h로부터 底圓에 접선을 그으면 V_ha, V_hb는 底平面의 影이 된다.

④ VA, VB는 陰線이 된다.

작도 14-3. 圓板上의 원추의 음영을 구하여라(그림 14-6).

① v'와 o'로부터 底平面과 45°되는 線分을 긋고 底平面과 O면과의 交點을 v_1', o_1', v_2'로 한다.

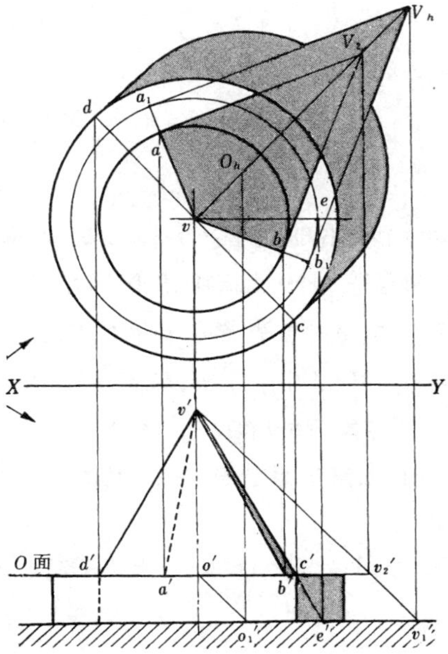

〈그림 14-6〉

② v로부터 XY와 45°되는 線分을 긋고 v_1', o_1', v_2'로부터 XY에 그은 수선과의 교점을 V_h, O_h, V_2로 한다.

③ V_2로부터 圓錐의 底圓에 접선 V_2a, V_2b는 O面上에 있어서 원추의 影이 된다.

④ 원추의 立面圖를 원판의 底平面까지 연장하여 e'를 구하고, e원(平面圖)을 구하여 V_h로부터 e원에 접선을 그으면 원추의 底平面上의 影이 된다.

⑤ 圓板上面의 底平面上의 影은 O_h를 중심으로 하는 동일 반지름의 圓이다.

⑥ 圓筒部分의 影은 ⑤의 影과 底圓의 共通接線이며, C, D는 원통의 陰線, VA, VB는 圓錐의 陰線이다.

만일 光線의 방향이 그림 14-7과 같이 왼쪽 아래로부터 기선을 향하여 45°의 방향이 되면 기선에 대하여 그림 (b)와 같이 $r-r'$로 표시된다. 이 때는 물체의 陰影이 水平, 直立兩投像面에 나타나는 影에 대하여 생각할 수 있다.

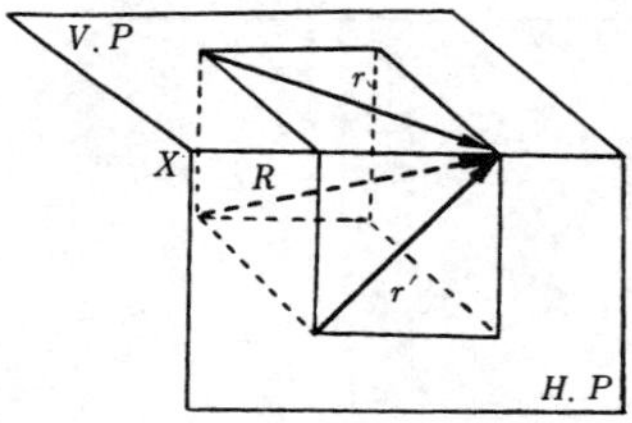

(a)

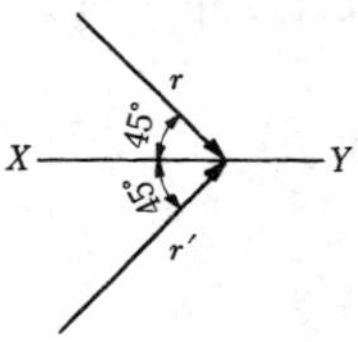

(b)

〈그림 14-7〉

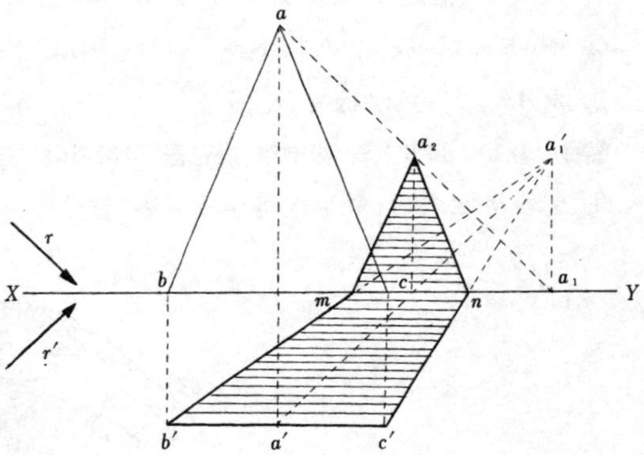

〈그림 14-8〉

작도 14-4. 직립면에 수직이고 수평면에 평행인 3각형 *ABC*의 影을 구하여라(그림 14-8).

① 점 $a(a')$에서 광선의 방향을 따라 光線의 水平跡(a_2)과 直立跡(a_1')을 구한다.

② 만일 水平投像面이 없다면 3각형의 影은 $a_1'b'c'$일 것이나 중간에서 水平投像面이 가로막고 있으므로 影은 기선에서 꺾어져 a_2, m, b', c', n이 된다.

작도 14-5. 주어진 4角錐의 음영을 구하여라(그림 14-9).

① 角錐의 頂點 $V(V')$에서 光線의 방향을 따라 光線의 水平跡(V_2)과 直立跡(V_1')을 구한다.

② 角錐의 影은 $V_1'd'b'$일 것이나 중간에 놓인 水平投像面 때문에 影은 기선상에서 꺾어져 V_2, m, d', b', n이 된다.

③ 角錐의 VDC, VBC면은 陰面이다.

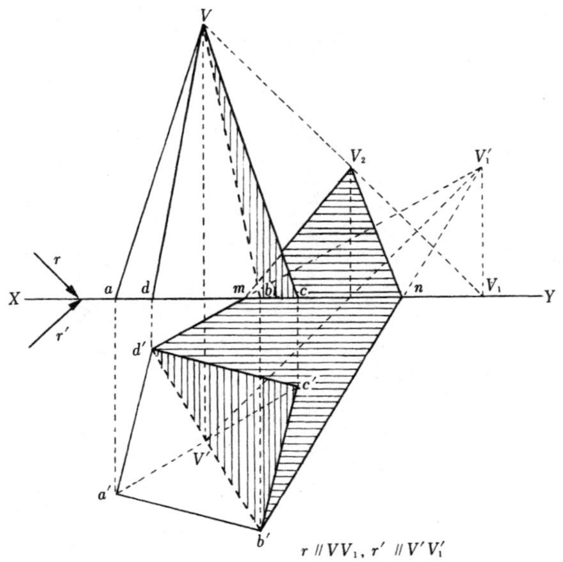

〈그림 14-9〉

작도 14-6. 주어진 원주의 陰影을 구하여라(그림 14-10).

① 원주의 上面의 중심 $o(o')$에서 光線 방향을 따라 光線의 直立跡 o_1'를 구하여 o_1'를 중심으로 圓柱단면과 같은 원을 그린다.

② 두 원에 접선을 그리면 원주의 음영이 되지만 중간에 水平投像面이 있어서 기선에서 음영이 꺾인다.

③ 水平投像面上에 나타나는 陰影은 圓柱上面 원주의 A, B, C 점의 光線의 水平跡 (a_2, b_2, c_2)을 구하여 연결한다.

④ $abcd$ 원호로 둘러싸인 면은 陰面이다.

《참고》 D점의 光線의 跡은 直立跡이며 d_1'이다.

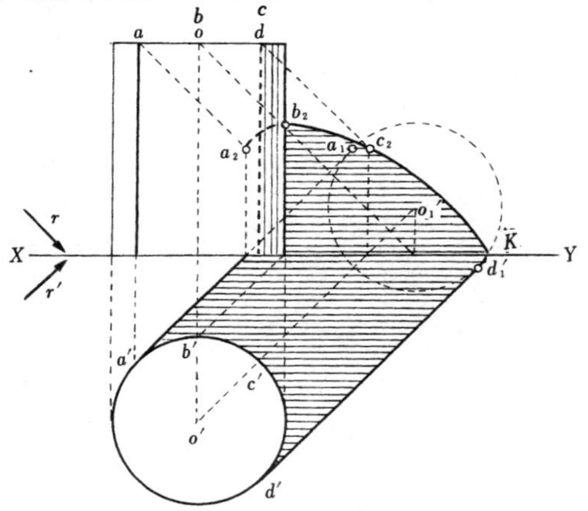

〈그림 14-10〉

標 高 投 像

第 15 章

15-1 標 高 投 像

正投像에 있어서는 공간의 위치를 평면도, 입면도의 2투상을 가지고 표시하였지만 평면도만을 주고 그의 수평면으로부터의 거리를 표시하면 그 공간의 위치가 정해진다.

그리하여 그 평면도의 높이를 기입한 투상은 **標高投像**(indexed projection)이라 하며, 그의 평면도를 **標高平面圖**(indexed plan), 그리고 그 높이를 표시하는 숫자를 **標高**(index)라고 한다.

15-2 點과 直線의 標高投像

그림 15-1에서 A, B, C를 空間의 점, a, b, c를 투상면에 있어서의 正投像이라 하면 A는 수평면 上方 3 cm, B는 수평면 下方 4 cm, C는 水平面上의 점이므로 그림 15-1에서의 투상 a, b, c의 곁의 숫자 3, −4, 0(상방을 正, 하방을 負라 한다)으로 표시하고 a_3, b_{-4}, c_0라 하면 공간의 점 A, B, C의 위치를 표시할 수 있다.

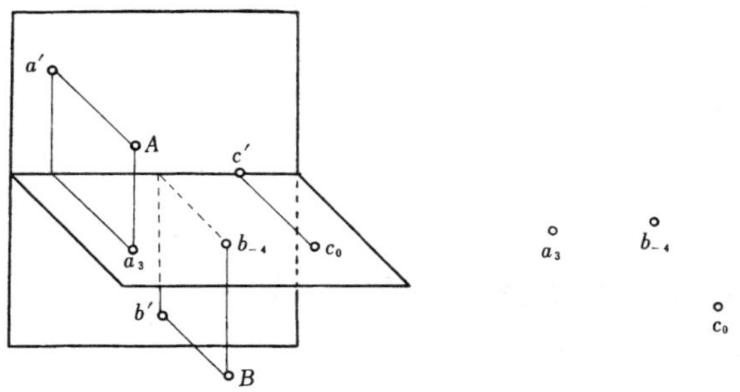

〈그림 15-1〉

15-3 勾 配 尺

그림 15-2에서 AB를 주어진 공간의 직선이라 한다. A는 수평면 上方 3 cm, B는 수평면 上方 6 cm라 하면 平面圖 a_3b_6는 공간에 있는 직선 AB의 위치를 표시한다.

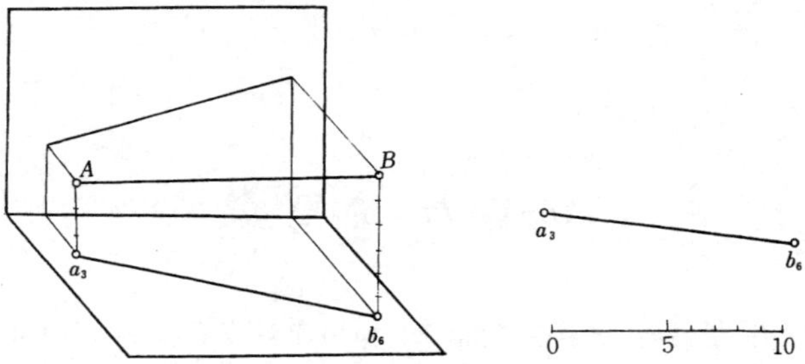

〈그림 15-2〉

正投像에서는 평면을 표시하는데 있어서 평면의 跡을 가지고 표시하나, 標高投像에서는 그 평면상에 있는 平面跡에 수직한 직선의 標高平面圖로서 그의 평면을 표시할 수 있다. 즉 그림 15-3 (b)에서 $t'Tt$ 평면의 水平跡 Tt에 수직한 임의의 직선 ad를 긋는다.

P는 5 cm, Q는 10 cm, R는 15 cm 되는 높이의 점을 Tt' 상에 취하여 Tt에 평행하게 pb, qc, rd를 그으면 ad 상의 標高 0, 5, 10, 15 등의 점의 평면도를 얻는다.

이러한 눈금을 붙이면 ad는 직선 AD의 표고 평면도를 표시할 뿐만 아니라 평면 $t'Tt$의 水平面에 대한 勾配를 표시한다.

이러한 직선의 標高平面圖를 평면의 勾配尺(scale of slope)이라고 한다. 구배척은 일반 직선의 표고 평면도와 구별하기 위하여 좌측에 굵은 평행선을 긋는다.

작도 15-1. 주어진 직선의 實長, 水平面과 이루는 角 및 水平跡을 구하여라(그림 15-4).

① a_4, b_8이 주어진 직선의 표고 평면도이다. a_4, b_8에서 수선을 세워 $a_4A = 4$, $b_8B = 8$ 되는 A, B 점을 구한다.

② BA를 연장하고 b_8a_4의 연장과의 교점을 C_0라 하면 AB는 實長이고 α는 직선이 수평과 이루는 것이다.

C_0는 水平跡이다.

작도 15-2. 주어진 점 P_6를 포함하며 주어진 평면 ab에 평행한 평면을 구하여라(그림 15-5).

① ab에 평행한 임의의 직선 cd를 긋는다.

② P_6를 지나 양직선에 수선을 세워 cd와의 교점을 6으로 한다.

③ cd의 6을 기준으로 하여 cd에 ab의 표고를 이동시켜 0, 5, 10 점을 구하면 cd는 p_6를 포함하고 ab에 평행한 평면의 구배척이 된다.

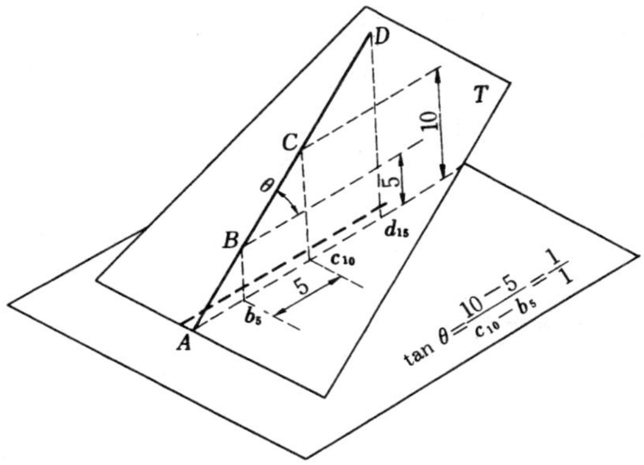

(a)

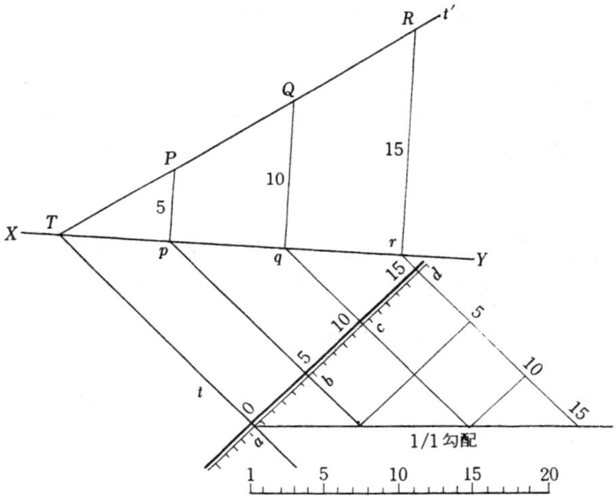

(b)

〈그림 15-3〉

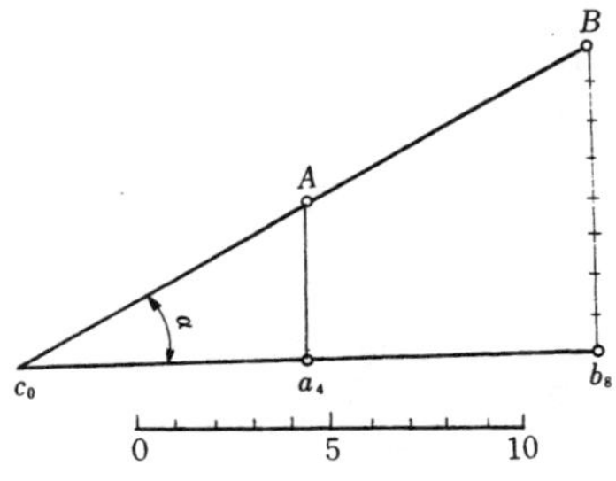

〈그림 15-4〉

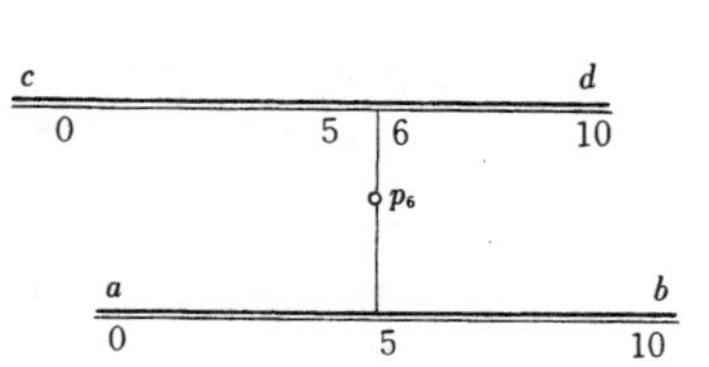

〈그림 15-5〉

작도 15-3. 주어진 a_4, b_{11}, c_6 를 포함하는 평면을 구하여라(그림 15-6).

① a_4b_{11} 상의 표고 6이 되는 d_6 점을 구한다.

② c_6d_6 에 수직한 임의의 직선 ef 를 그린다.

③ c_6d_6 와 ef 와의 교점을 6이라 한다.

④ a_4d_{11} 로부터 ef 에 수선을 내려 4, 11점을 구한다. 4, 6, 11로부터 ef 에 눈금을 넣은 표고를 구하면 ef 는 구배척이 된다.

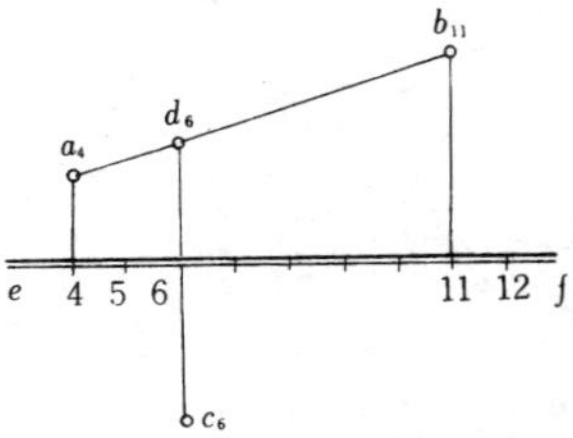

〈그림 15-6〉

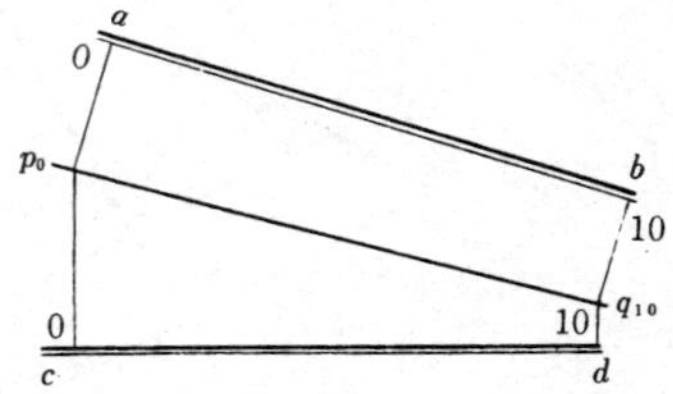

〈그림 15-7〉

작도 15-4. 주어진 두 평면 *ab*, *cd* 의 교절선을 구하여라(그림 15-7).

① ab 및 cd 상의 표고, 예를 들어 0, 10에서 각각 ab, cd 에 수선을 세워 그의 교점을 P_0 및 q_{10} 이라 하면 p_0q_{10} 은 두 평면에 공통인 점으로서 交線이 된다.

작도 15-5. 주어진 두 평면 a_0b_{15}, c_0d_{15} 가 이루는 사이각을 구하여라(그림 15-8).

① 주어진 두 평면의 교선 e_0f_{15} 를 구한다.

② e_0f_{15} 상의 임의점 P 에서 수선을 세워 e_0a_0, e_0c_0 와의 교점을 gh 라 한다.

③ f_{15} 에서 e_0f_{15} 에 수선을 세워 15의 높이로 $f_{15}f'$ 를 취한다.

④ P 로부터 e_0f' 에 수선을 세워 $pq' = PQ$ 되는 Q 점을 e_0f_{15} 상에서 구한다.

$\angle gQh$ 는 구하는 角이다.

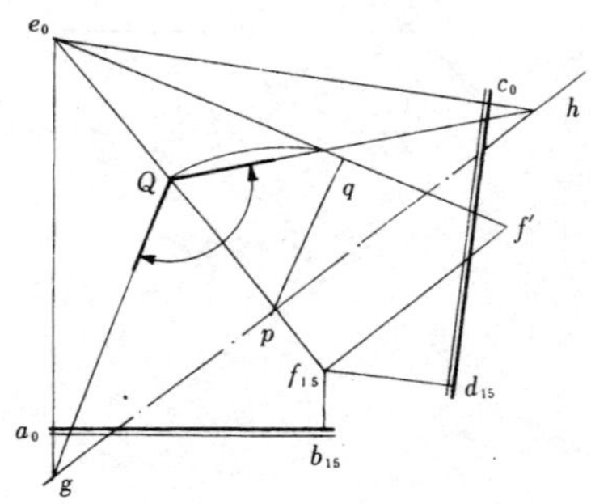

〈그림 15-8〉

15-4 等 高 線

地球表面의 기복상태를 표시하기 위하여 어떠한 수평면을 기준으로 하여 지표의 相等한 높이에 있는 지점을 순차적으로 연결하면 곡선, 즉 지형의 표고 평면도를 얻는다. 이것을 等高線(contour line)이라고 한다. 높이를 측정하는 기준 水平面은 海水面을 사용한다.

작도 15-6. 等高線으로 표시된 지형과 주어진 평면 *ab* 와의 교선을 구하여라(그림 15-9).

① *ab* 상의 0, 20, 40, 60, …되는 점에서 구배척에 수선을 세운다.

② 指數 0, 20, 40, 60, …을 갖는 등고선과의 교점을 연결하면 교선의 평면도가 된다.

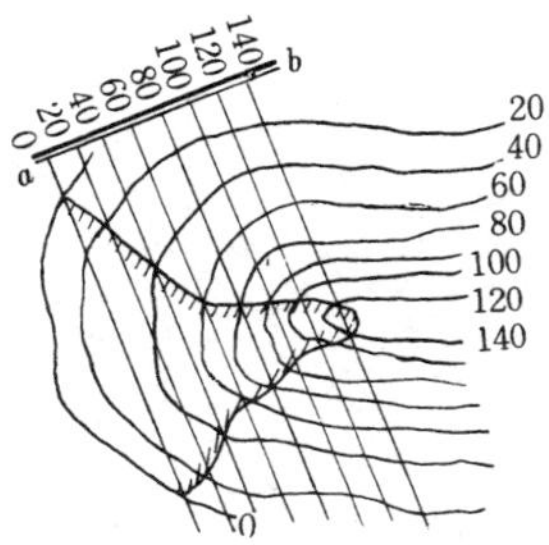

〈그림 15-9〉

작도 15-7. 표고 25 m 의 건설용 水平敷地를 조성하기 위하여 敷地輪廓線 *ABCD* 가 주어졌을 경우 盛土(fills)는 $1:1\frac{1}{2}$, 切取(cuts)는 1 : 1 의 斜面勾配가 될 경우에 공사하는 경계선을 구하여라〔그림 15-10(b)〕.

① 구배 1 : 1 되는 구배척 1 m 를 만들고 25 m, 26 m, 27 m, …, 30 m 에서의 수직선과 25, 26, 27, …, 30 의 등고선과의 교점 1, 2, 3, …, 19, 20 을 구하여 곡선으로 연결하면 절취 경계선이 된다.

② 구배 $1:1\frac{1}{2}$되는 구배척 *pq* 에서 ①과 같은 방법으로 20, 21, 22, …, 27, 28, 1 의 盛土 경계선을 얻는다.

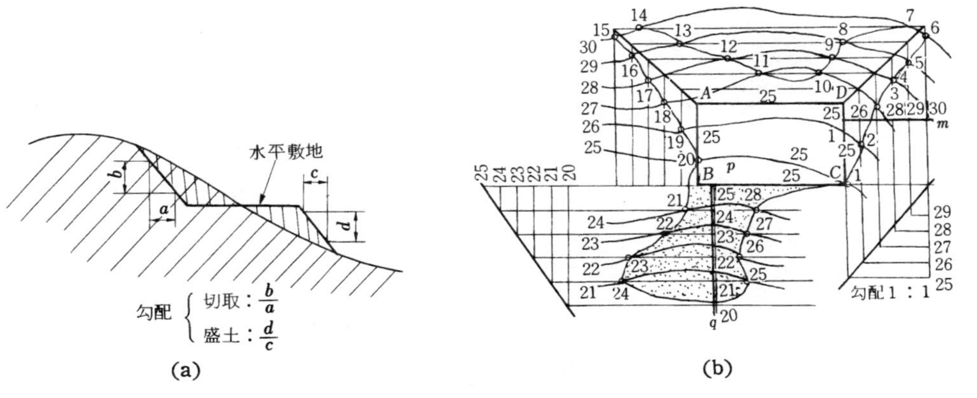

〈그림 15-10〉

작도 15-8. 표고 50 m 의 도로 경계선이 주어지고 절취는 1 : 1, 盛土는 1 : 2 의 斜面勾配가 될 경우에 공사하는 경계선을 구하여라(그림 15-11).

① 구배척 *lm*, *pq* 를 그린다.

② *lm* 구배척의 눈금 50, 52, 54, …에 있어서 그린 수직선과 등고선과의 교점 2, 3, 4, …,

8, 9 를 구하여 곡선으로 연결하면 切取線이 구해진다.

③ *pq* 구배척의 눈금 50, 48, 46 에서 그린 수선과 등고선과의 교점 1, 2, 9, 10, 11 을 구하고 곡선으로 연결하여 盛土 경계선을 구한다.

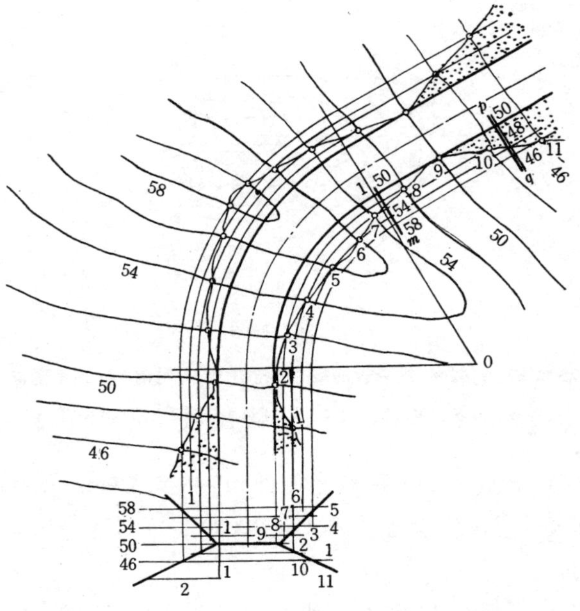

〈그림 15-11〉

透 視 投 像

第 16 章

16-1 透 視 投 像

모든 投射線이 평행하지 않고 한 점으로부터 放射되는 투상을 透視投像 또는 透視圖 (perspective drawing)라고 한다.

透視投像에서는 통례상 눈의 위치를 第1象限에 위치하고 주어진 물체는 直立面의 배후에 둔다. 透視圖는 물체의 위치 형상을 표시함과 동시에 원근을 표시하는 특징이 있다.

그림 16-1에 透視圖에 사용되는 명칭을 열거하면

1) 視點(point of sight) : 눈의 위치 E
2) 視線(visual line) : 물체와 視點을 연결하는 線
3) 畫面(picture plane) : 투시도를 그리는 투상면 $P.P.$
4) 基面(ground plane) : 畫面에 수직인 수평면 $G.P.$
5) 視心(visual center) : 視點에서 畫面에의 垂線의 다리 S'
6) 停點(station point) : 視點에서 基面에의 수선의 발 S
7) 地平線(horizon) : 視心을 지나 畫面에서 基線에 평행한 직선 H-H
8) 地平面(plane of horizon) : 地平線을 포함하고 基面에 평행한 平面
9) 基線(ground line) : 畫面과 基面과의 交線 X-Y

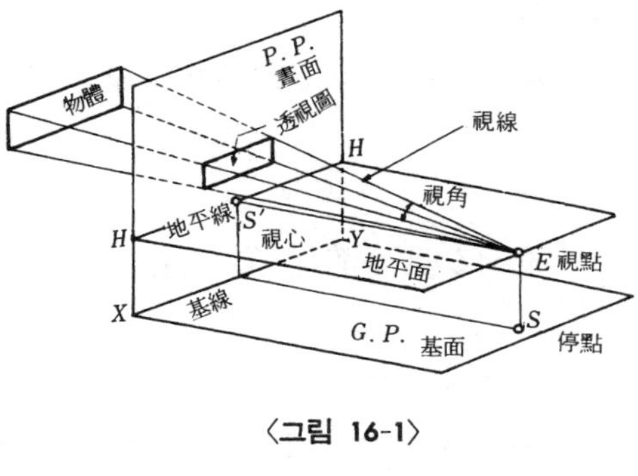

〈그림 16-1〉

視點을 頂點으로 하여 입체를 포함시킨 錐面을 視錐(visual cone)라 하고, 이 錐面의 頂角, 즉 2개의 시선을 맺는 각을 視角(visual angle)이라고 한다. 그리고 이 視錐 안에 들어가는 것은 보이지만, 시선 밖에 있는 것은 보이지 않는다.

16-2 直 接 法

視線의 평면도와 視線의 입면도를 그어 透視圖를 구하는 방법을 直接法(direct method)이라고 한다.

그림 16-2에서 점 A의 平面圖를 a, 立面圖를 a'라 하고 S, S'를 각각 停點 및 視心이라고 한다.

① Sa를 연결하고 XY와의 교점을 a_0라 한다.

② a_0에서 XY에 세운 垂線과 $S'a'$와의 교점을 A'라 하면, A'는 구하는 透視圖가 된다.

여기서 Sa를 점 A의 足線(foot line), $S'a'$를 目線(eye line)이라고 한다. 이와 같이 足線과 目線을 이용하여 透視圖를 그리는 방법을 직접법이라 하며, 평면도 및 입면도가 간단한 도형에 이용한다. 그림 16-3은 그림 16-2의 투상도이다.

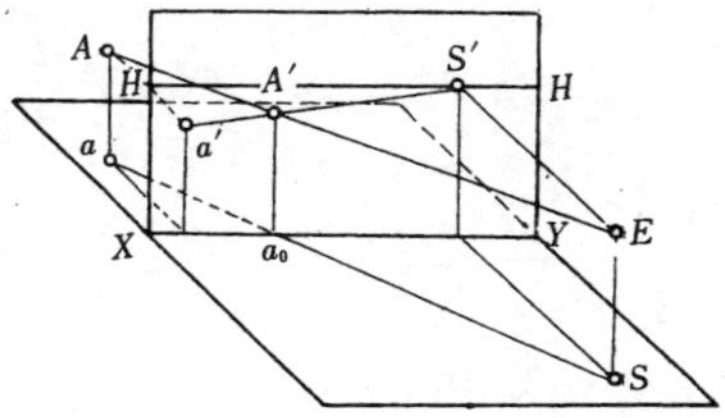

〈그림 16-2〉

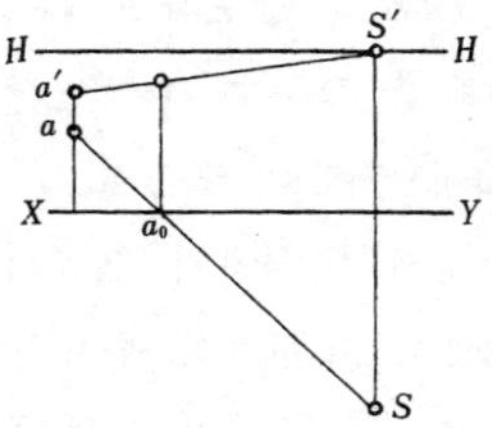

〈그림 16-3〉

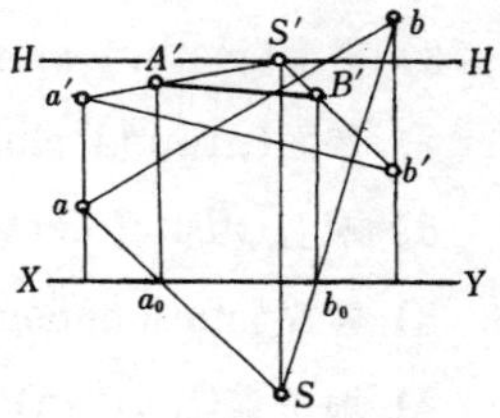

〈그림 16-4〉

작도 16-1. 직선 $ab(a'b')$의 透視圖를 그려라(그림 16-4).

① Sa 및 Sb를 연결하여 XY와의 교점을 a_0, b_0라 한다.

② a_0 및 b_0에서 XY에 垂線을 세워 $S'a', S'b'$와의 교점을 A' 및 B'라면, $A'B'$는 직선 AB의 透視圖이다.

16-3 消 點 法

그림 16-5에서 BA의 연장과 畫面과의 교점을 J라면, AB의 透視圖 $B'A'$의 연장도 역시 J에 일치한다. E를 지나 AB에 평행선 EV를 그으면 AB와 EV는 무한거리에서 교차한다. 즉 EV와 畫面의 교점 V는 직선 AB의 無限거리의 점의 투시도가 된다.

이 JV를 직선 AB의 全透視圖(total perspective)라 하고, 점 V를 消點(vanishing point)이라고 한다.

또 AB에 평행한 임의의 직선 CD와 畫面의 교점을 F라 하면, 직선 CD의 全透視圖는 FV가 된다. 즉 AB에 평행한 모든 直線의 透視圖는 한 점 V에서 만난다. 消點은 직선이 畫面과 맺는 角에 의하여 위치가 달라진다.

畫面에 수직인 직선의 消點은 視心으로 되고, 基面에 평행할 때에는 地平線上에 있다.

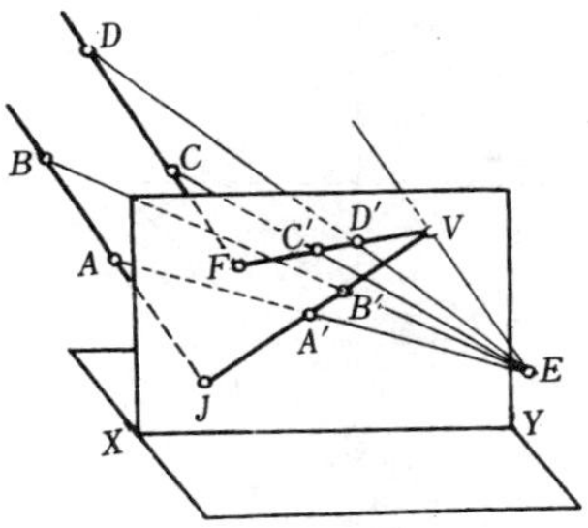

〈그림 16-5〉

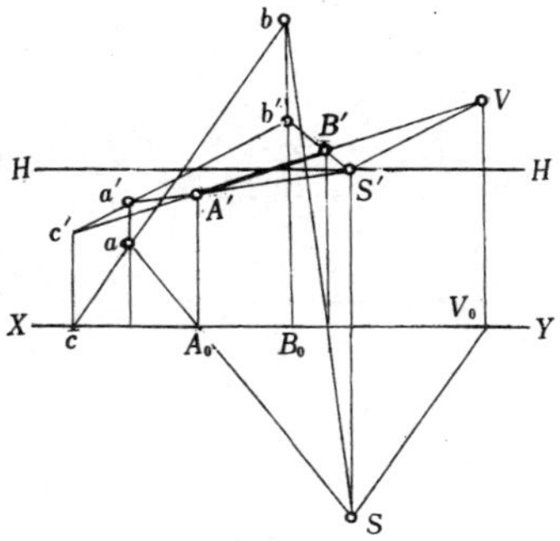

〈그림 16-6〉

작도 16-2. 消點에 의하여 직선 AB의 투시도를 구하여라(그림 16-6).

① 視點에서 AB에 평행선을 그어 消點 V를 구한다(SV_0는 ab에, $S'V$는 $a'b'$에 평행하다).

② AB의 直立跡 c'를 구한다.

③ $c'V$는 AB직선의 全透視圖이며 AB 직선의 투시도는 $c'V$상에 있다.

④ $S'a'$, $S'b'$와 Vc'와의 교점, 또는 A_0 B_0에서 기선에 세운 垂線과 Vc'와의 교점으로부터 투시도 $A'B'$를 얻는다.

16-4 距離點法

점의 투시도는 그 점을 지나는 임의의 두 직선의 투시도의 교점으로써 구해진다. 두 직선은 임의로 고를 수 있으나, 만일 방향이 일정한 두 직선, 예를 들면 1개는 畫面에 수직되게, 다른 하나는 畫面에 45°되는 水平直線을 고르면 작도상 편리하다(그림 16-7).

畫面에 수직인 직선을 투시도의 垂直線(perpendicular line), 基面에 평행하고 畫面과 45°되는 직선을 對角線(diagonal line)이라 하고, 수직선의 消點은 視心과 일치하며, 대각선은 視點에서 화면에 이르는 거리와 같은 거리의 점을 地平線上 視心의 좌우에 2개의 消點을 갖는다. 이 점을 특히 距離點(distance points)이라고 한다.

작도 16-3. 視心과 거리점에 의하여 $a(a')$ 점의 투시도를 구하여라(그림 16-8).

① 停點 S에서 기선에 45° 선을 그어 距離點 D_1, D_2를 구한다.

② a'에서 基線에 平行線을 긋고 $aa_0 = a'a_1 = a'a_2$라 한다.

③ D_2a_1 또는 D_1a_2와 $S'a'$와의 交點 A'는 구하는 투시도가 된다.

《참고》 $a'a_1$ 및 $a'a_2$는 A에서 화면에 이르는 거리와 같다. 그리고 a_1, a_2는 A에서 화면과 45°되는 수평직선의 直立跡이다. 따라서 A에서 화면과 45°되는 수평직선의 투시는 직선 D_2a_1, D_1a_2 上에 있다.

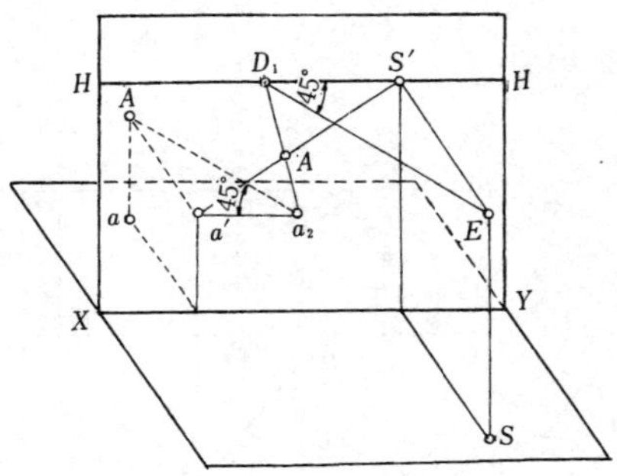

〈그림 16-7〉

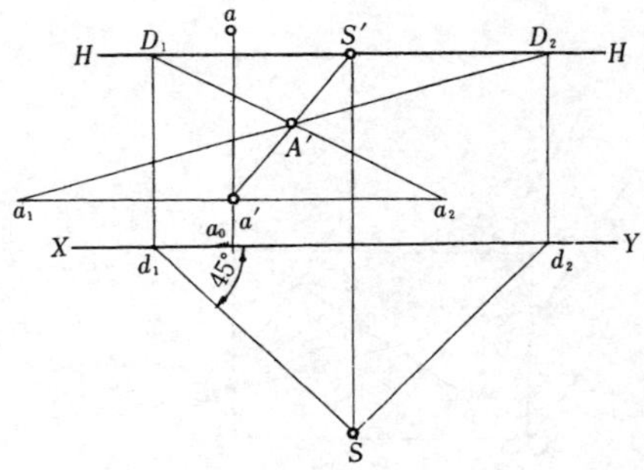

〈그림 16-8〉

작도 16-4. 1변이 基線에 평행하고 基面上에 놓여 있는 정 4 각형의 투시도를 구하여라(그림 16-9).

① 視心 S'와 거리점 D가 정해져 있다(평면도 $abcd$는 기선을 축으로 회전한 것).

② Ka, Ld의 全透視圖 $S'K, S'L$을 구한다.

③ Md의 全透視圖 MD를 구한다(Md는 45° 선이므로).

④ $S'K, S'L$과 DM과의 交點 B', D'에서 XY에 평행선을 그으면 $A'B'C'D'$는 구하는 투시도가 된다.

《참고》 화면에 평행한 직선의 消點은 무한거리에 있고, 투시도는 實線에 평행하다.

화면에 수직인 직선의 消點은 視心이 되고, 수직선들의 투시는 視心에 합친다. 따라서 화면에 수직인 직선과 수평인 직선들로 이루어진 입체의 투시도는 視心과 停點, 또는 視心과 거리점에 의하여 해결된다.

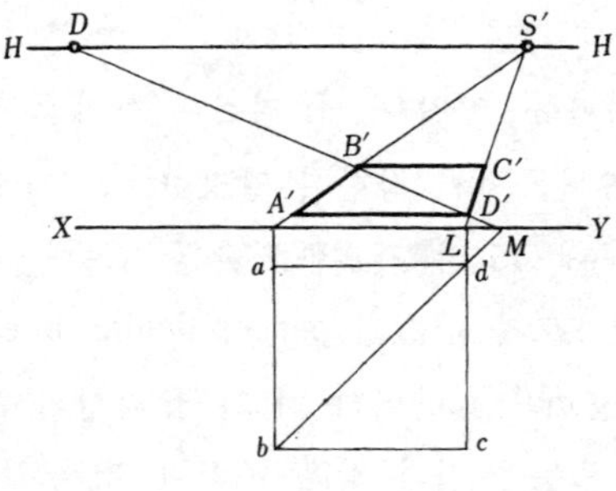

〈그림 16-9〉

16-5 測 點 法

투시도로부터 직선의 實長을 구할 수 있는 방법이다. 그림 16-10에서 임의의 직선 AB의 연장과 화면과 만나는 점을 A라 한다. 視點 E로부터 AB에 평행선을 그어 消點을 V라 한다.

畫面上 임의의 방향에 $AB_1 = AB$되는 B_1점을 구하고 같은 모양으로 V로부터 AB_1에 평행하고 $VM = VE$되는 M점을 구한다. 2등변 3각형 AB_1B와 VEM은 닮은꼴이며 $ME /\!/ BB_1$이 된다.

점 M은 BB_1 및 여기에 평행한 모든 직선의 消點이 된다.

B_1M은 BB_1의 全透視가 된다.

같은 모양으로 AB선상에서 임의점 c를 취하여 AB_1 상에 $B_1C_1 = BC$로 하면 C_1C는 ME에 평행하고 되므로 C점의 투시는 AV와 C_1M과의 교점 C'가 된다. 또 AV와 B_1M과의 교점 B'가 B점의 투시도이다.

$B'C'$는 BC의 투시도이고, B_1C_1은 BC의 實長과 같다.

이러한 모양의 점 M을 測點(measuring point)이라고 한다. 그리고 AB_1을 測線(measuring line)이라 한다.

AB_1의 방향은 임의이므로 AB의 측점은 무수히 있다. 즉 V를 중심, VE를 반지름으로 하는 圓周上에 있고 VM은 임의 방향으로 할 수 있으나 地平線에 평행한 경우가 작도상 편리하다.

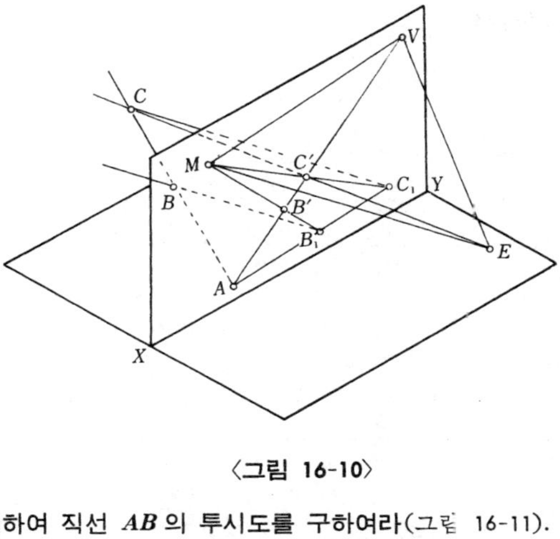

〈그림 16-10〉

작도 16-5. 測點에 의하여 직선 AB의 투시도를 구하여라(그림 16-11).

① 직선 AB의 消點 V를 구한다. ($Sv_0 /\!/ ab$, $S'V /\!/ a'b'$)

② Sv_0의 實長 m_1V에 의하여 地平線에 평행하게 VM을 그어 測點 M을 정한다.

③ AB의 直立跡 C'를 구하여 $C'V$를 그린다. VC'는 AB직선의 全透視이다.

④ C'에서 VM에 평행선 $C'B_1$을 긋는다.

⑤ $C'B_1$ 上에서 CA, CB의 實長을 옮겨 A_1, B_1을 구한다.

⑥ $C'V$와 MA_1, MB_1과의 교점 $A'B'$는 AB의 투시도이다.

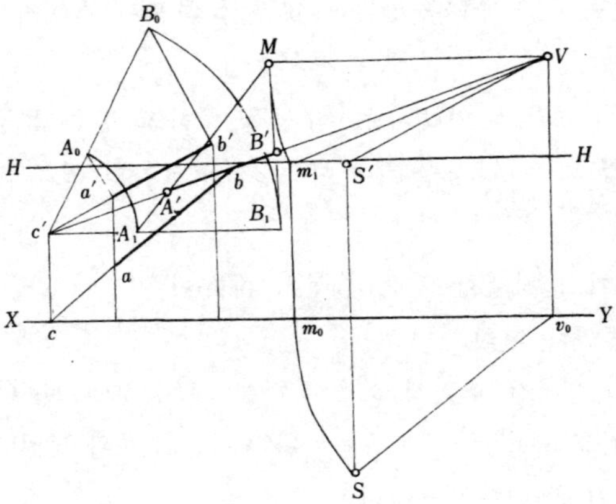

〈그림 16-11〉

작도 16-6. 주어진 투시도 P_0Q_0의 實長을 구하여라(그림 16-12).

V : 消點, V_C : 視心, S : 停點, HL : 地平線

① V에서 HL에 수선을 내려 V_1을 정하여 V_1S를 연결한다.

② V_1S의 實長 S, V를 구하여 測點 M을 구한다.

③ M에서 P_0, Q_0점을 지나는 선을 그어 測線 TG와 만나는 점 P, Q를 정한다.

④ PQ는 직선의 실장이다.

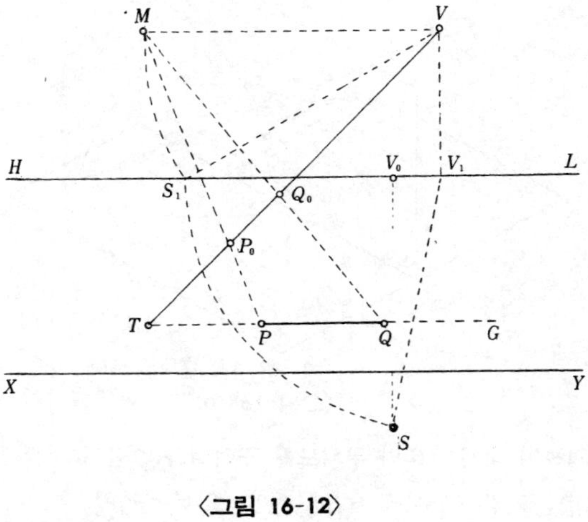

〈그림 16-12〉

16-6 透視圖의 종류

입체(직 6면체를 예로 하여)의 화면에 대한 관계 위치로부터 다음과 같이 분류한다.

(1) 平行透視(parallel perspective)

한 面이 基面에 평행하고 다른 면의 하나가 畫面에 평행한 위치의 투시를 말한다(그림 16-13의 A).

화면에 평행한 직선과 수직인 직선들로 만들어지는 경우이므로 작도 16-4절의 참고와 같이 視心과 停點 또는 視點과 距離點에 의하여 투시도를 구한다.

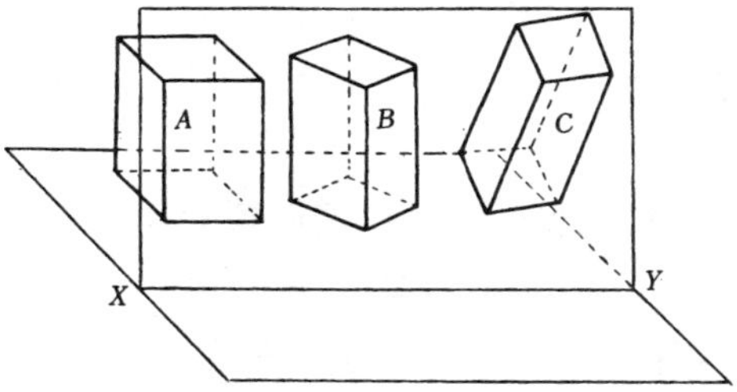

〈그림 16-13〉

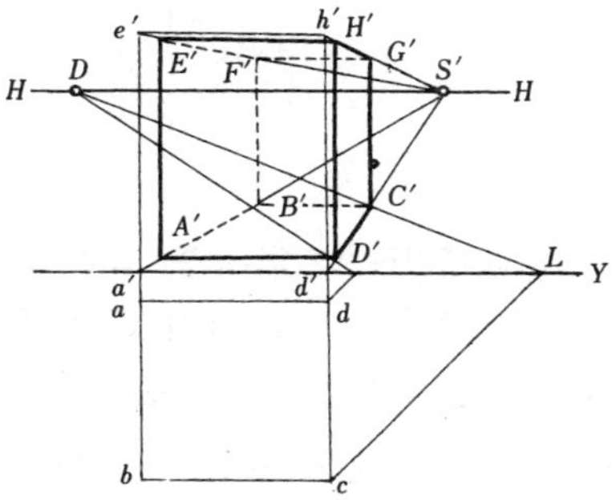

〈그림 16-14〉

작도 16-7. 基面上에 直立하고 1면이 화면에 평행한 4角柱의 투시도를 구하여라(그림 16-14).

D : 거리점, S' : 視心, $a'e'$: 각주의 높이

① ab의 直立跡 a', cd의 直立跡 d'를 구하여 $S'a'$, $S'd'$를 연결한다.

② d와 c에서 45° 선을 그어 XY와의 교점과 D를 연결한다.

③ $S'd'$와 ②에 의한 직선의 교점 D', C'는 c, d점의 투시도이다.

④ C', D'에서 기선에 평행선을 그어 A', B'를 구한다(화면에 평행한 직선의 투시는 평행이 된다).

⑤ e', h'와 S'를 연결하고, $A'B'C'D'$에서 수선을 그어 $E'F'G'H'$의 투시도를 얻는다.

작도 16-8. 그림 16-15에 표시된 兩投像을 주고 家屋의 투시도를 구하여라.

① 밑면의 투시도 $A'B'C'D'$를 구한다.

② DK와 $S'g_0$와의 교점 G_0로부터 기선에 수선을 세워 $S'g'$와의 교점을 G'라 하면 G'는 G의 투시도이다.

(2) 有角透視(angular perspective)

한 面이 基面이 평행하고 다른 면이 화면에 경사된 위치의 투시를 말한다(그림 16-13의 B).

일반적으로 입체의 투시는 視心과 거리점에 의하여 해결하지만 경사진 線面으로 이루어진 것은 視心 거리점 외에 소점, 측점을 사용하는 것이 편리하다.

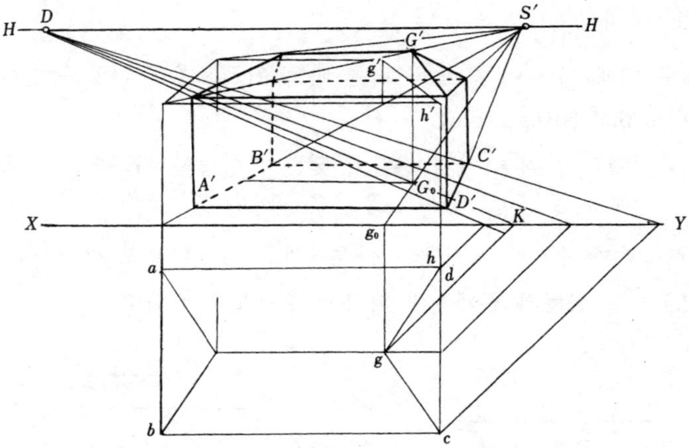

〈그림 16-15〉

작도 16-9. 주어진 4각형의 투시도를 구하여라.

abcd 는 基面上에 있는 4각형 *ABCD* 의 *HH* 를 基線으로 하는 平面圖이다.

물체가 제 2 상한에 있기 때문에 그림이 겹쳐 보기가 어려우므로 평면도를 *XY* 와 *HH* 의 거리만큼 上方으로 이동하여 그렸으므로 停點 *S* 도 이 거리만큼 이동된 것이다.

그림 16-16 은 目線과 足線에 의하여 구하는 방법, 즉 직접법(direct method)에 의한 것

그림 16-17 은 目線과 한 개의 消點에 의한 것

그림 16-18 은 足線과 한 개의 消點에 의한 것

그림 16-19 는 消點에 의한 것

그림 16-20 은 2개의 消點을 갖기 곤란한 경우, 1消點과 1측점에 의한 것

(e_0a_0, f_0c_0, …는 實長)

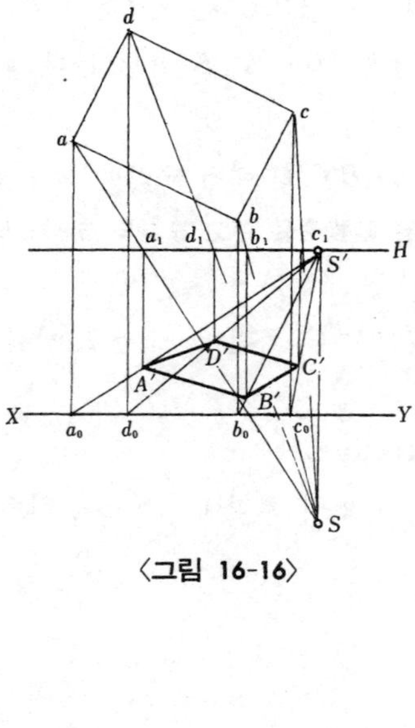

〈그림 16-16〉

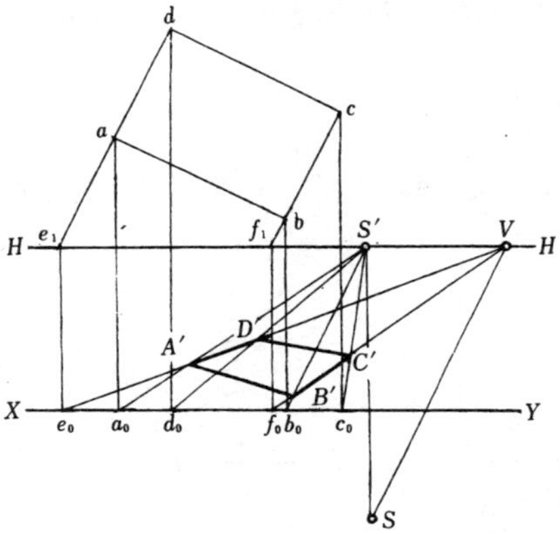

〈그림 16-17〉

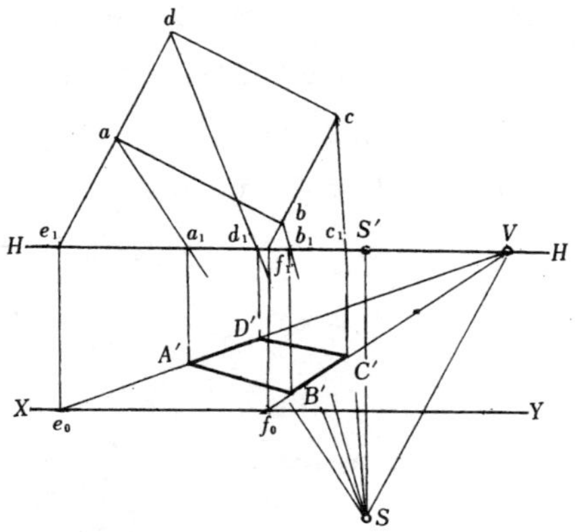

〈그림 16-18〉

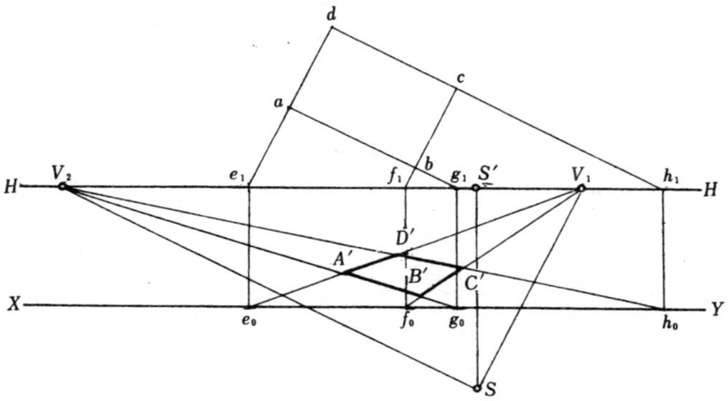

〈그림 16-19〉

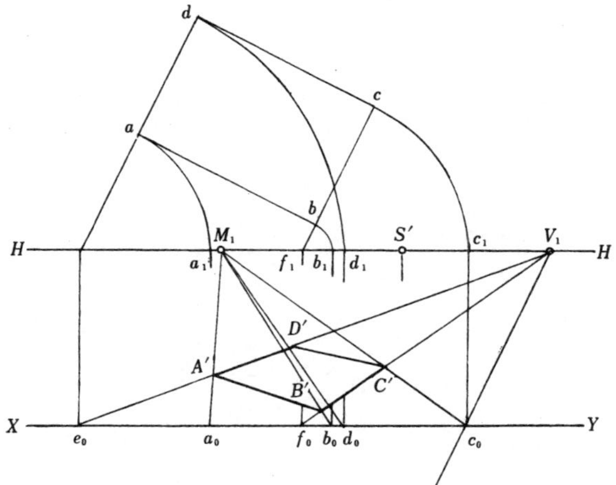

〈그림 16-20〉

작도 16-10. 주어진 직 4 각형을 밑변으로 하는높이 h 의 6 면체의 투시도를 구하여라(그림 16-21).

① 밑변의 투시 $A'B'C'D'$ 를 구한다.

② e_0e' 를 높이 h 로 한다.

③ e' 와 消點 V_1 과를 연결하고, A' 에서 XY 에 내린 垂線上에 A_1' 를 구할 수 있다.

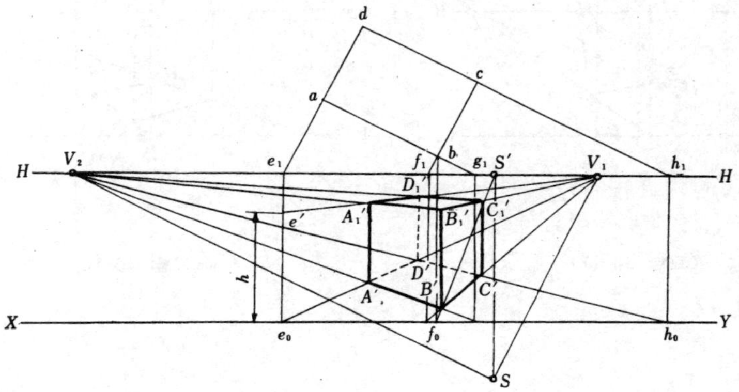

〈그림 16-21〉

찾 아 보 기